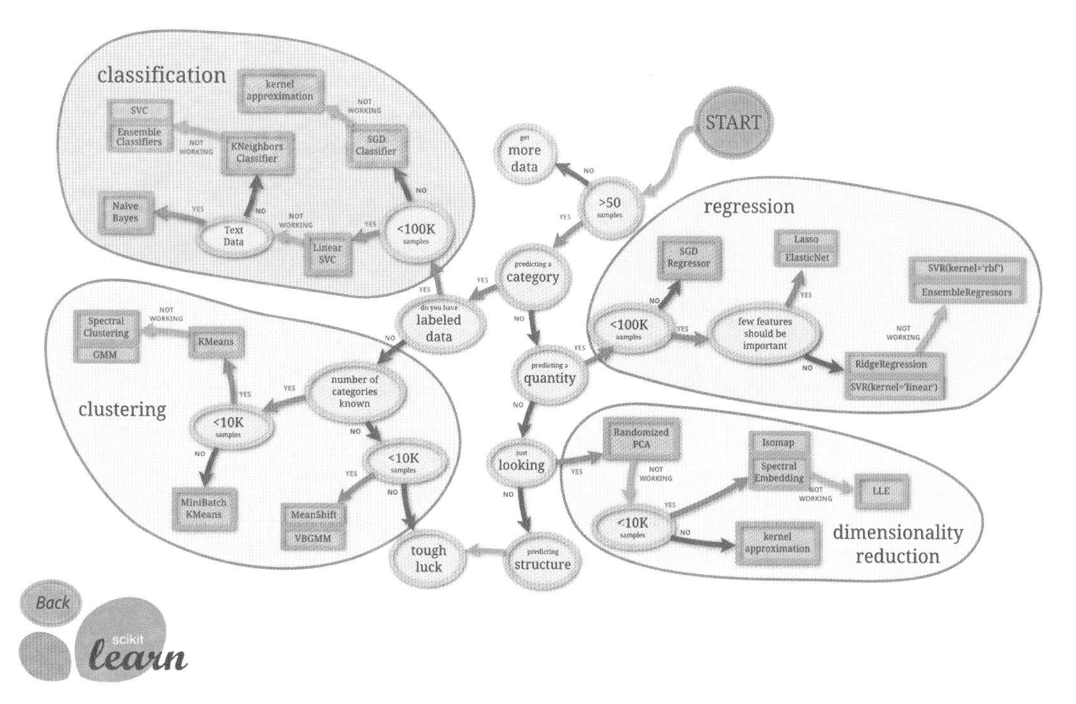

图 5.1　Scikit-learn 主要机器学习模型的全景图(图片引用自 Scikit-learn 官网)

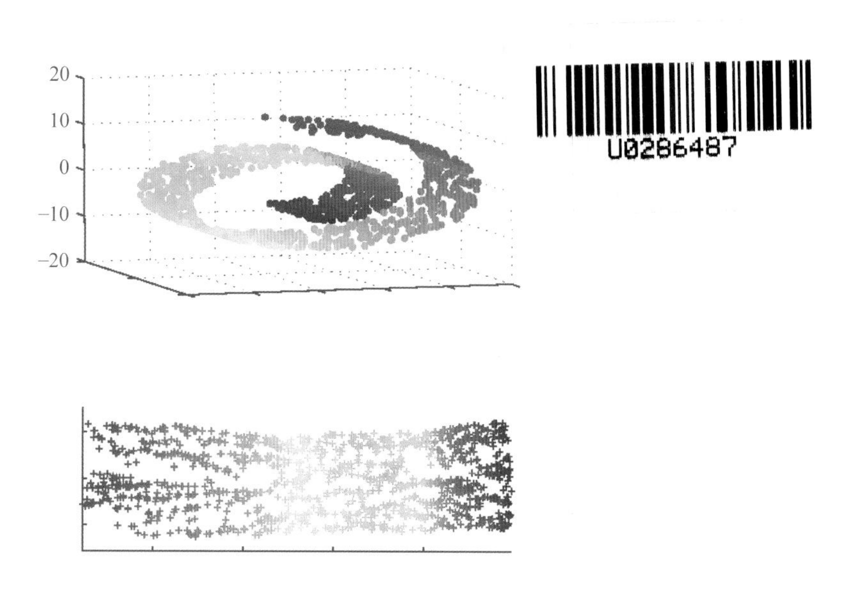

图 5.8　Isomap 算法解决三维流形分布数据的二维降维问题

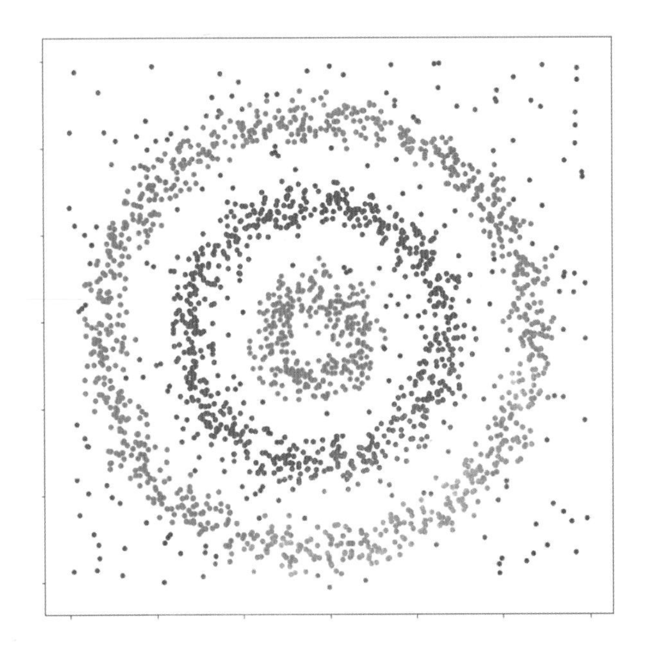

图 5.10　DBSCAN 聚类算法的典型效果示意图

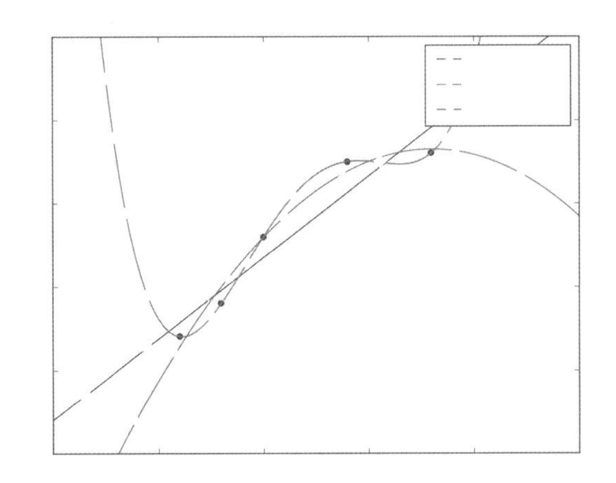

图 5.26　不同参数规模的模型拟合情况

1	1 ×1	1 ×0	0 ×1	0
0	1 ×0	1 ×1	1 ×0	0
0	0 ×1	1 ×0	1 ×1	1
0	0	1	1	0
0	1	1	0	0

4	3	

图 6.14　卷积神经网络的典型模型结构：卷积层

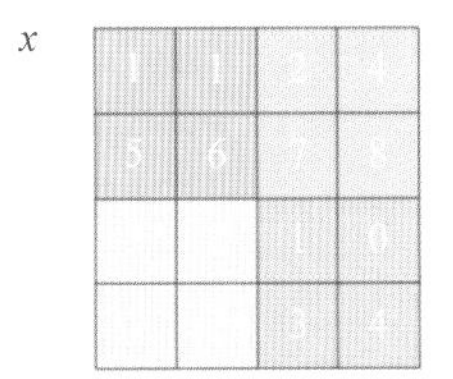

图 6.15　卷积神经网络的典型模型结构：池化层

高等学校创意创新创业教育系列丛书

Python 机器学习及实践

——从零开始通往Kaggle竞赛之路

2022年度版

范淼 徐晟桐 著

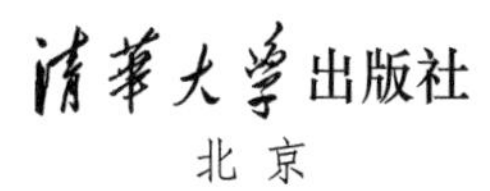
出版社
北京

内 容 简 介

本书在不涉及大量数学模型与复杂编程知识的前提下，从零开始逐步带领读者熟悉并掌握当下流行的基于 Python 3 的数据分析，以及支持单机、深度和分布式机器学习的开源程序库，如 pandas、Scikit-learn、PyTorch、TensorFlow、PaddlePaddle、PySpark-ML 等。全书分 4 部分。入门篇包括对全书核心概念的指南性介绍，以及在多种主流操作系统（Windows、macOS、Ubuntu）上配置基本编程环境的详细说明。基础篇涵盖 Python 3 的编程基础、基于 pandas 的数据分析，以及使用 Scikit-learn 解决大量经典的单机（单核/多核）机器学习问题。进阶篇介绍如何使用 PyTorch、TensorFlow、PaddlePaddle 搭建多种深度学习网络框架，以及如何基于 PySpark 的 ML 编程库完成一些常见的分布式机器学习任务。实践篇利用全书所讲授的 Python 编程、数据分析、机器学习知识，帮助读者挑战和参与 Kaggle 多种类型的竞赛实战，同时介绍如何使用 Git 在 Gitee、GitHub 平台上维护和管理日常代码与编程项目。

本书适合所有对人工智能领域，特别是机器学习、数据挖掘、自然语言处理等技术及其实践感兴趣的初学者。

图书在版编目（CIP）数据

Python 机器学习及实践：从零开始通往 Kaggle 竞赛之路：2022 年度版/范淼，徐晟桐著. —2 版. —北京：清华大学出版社，2022.10 (2024.12重印)
（高等学校创意创新创业教育系列丛书）
ISBN 978-7-302-61424-1

Ⅰ. ①P… Ⅱ. ①范… ②徐… Ⅲ. ①软件工具－程序设计－高等学校－教材 Ⅳ. ①TP311.56

中国版本图书馆 CIP 数据核字(2022)第 134013 号

责任编辑：谢 琛
封面设计：常雪影
责任校对：李建庄
责任印制：丛怀宇

出版发行：清华大学出版社
网　　址：https://www.tup.com.cn, https://www.wqxuetang.com
地　　址：北京清华大学学研大厦 A 座　　**邮　　编**：100084
社 总 机：010-83470000　　**邮　　购**：010-62786544
投稿与读者服务：010-62776969，c-service@tup.tsinghua.edu.cn
质量反馈：010-62772015，zhiliang@tup.tsinghua.edu.cn
课件下载：https://www.tup.com.cn，010-83470236
印 装 者：三河市君旺印务有限公司
经　　销：全国新华书店
开　　本：210mm×235mm　　**印　张**：23　　**彩　插**：1　　**字　　数**：465 千字
版　　次：2016 年 10 月第 1 版　　2022 年 10 月第 2 版　　**印　　次**：2024 年12月第 3 次印刷
定　　价：99.00 元

产品编号：095903-01

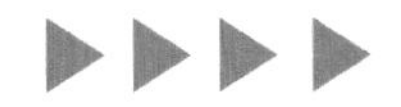

前 言

在本书第1版付梓之后，我便继续投身于互联网人工智能（Artificial Intelligence，AI）新产品的研发领域。时隔近5年，回望这段时间，我亲身感受到了人工智能理论和技术日新月异的飞速发展。

在此期间，我看到了大量承载着人工智能前沿理念和技术的次时代原型产品被孵化出来，不断刷新着人类的认知：波士顿动力（Boston Dynamics）公司的机器人Atlas可以像人类运动员一样实现跑步越障、后空翻和惊人的三级跳动作；OpenAI设计的人工智能体能够在Dota 2这样环境复杂的策略对抗游戏中几乎“全面碾压”人类优秀选手；DeepMind构建的AlphaGo系列对弈程序接连战胜了多位人类顶尖围棋大师；国内外自动驾驶平台所支持的新型汽车陆续投入量产……同时，许多世界顶级的科研人员在机器视觉、语音合成、阅读理解等人工智能的细分领域进行着不懈的理论探索，就在这短短几年间，我们不断听闻人工智能已经逐渐在这些细分领域超越人类的平均水平。而这些各自深耕的细分领域技术经过工程化的打磨和融合之后，又重新在一些既有的人工智能产品上给我们带来了全新的体验。例如，更加实时和准确的机器同声传译；或者是那些能和真人打电话，聊天过程完全不会尴尬，甚至有点“萌”的多轮对话语音助手。

这些新的技术进步和大量的读者来信时刻鞭策着我。许多表示本书第1版给予了他们莫大的帮助；同时也有资深的前辈指出了第1版中的疏漏和不足。这里，我一并诚挚地感谢大家。其实从本书第1版发行之后，我就一直有意继续跟进、维护和更新本书；怎奈步入职场之后，业余时间的确不如在校期间那般充裕，再版的计划一再被搁置。

这5年间，我也意识到书中一些重要的机器学习平台已经有了明显的变化。比起本书的第1版，Scikit-learn从0.17.0更新到0.24.2，并且其1.0版本也发布在即；TensorFlow也有多年的历史，版本号持续维护到2.6。期间，许多新的机器学习模型被添加到Scikit-learn与TensorFlow中，一些API也被调整和修改；许多其他的机器学习平台，如PyTorch、PaddlePaddle等，也逐渐受到更多的关注。上述现象都不停地暗示我应该做出改变了。因此，我在互联网人工智能产业界5年有余的积累之后，决定开始第2版《Python机器学习实践——从零开始通往Kaggle竞赛之路（2022年度版）》的规划和写作。

自这一版开始，本人将力争持续跟进Python、pandas、Scikit-learn、PyTorch、

TensorFlow、PaddlePaddle，以及 PySpark-ML 的更新，及时推出再版，保持和维护全书内容的先进性和代码的可用性。同时，本书将继续延续我们的理念：力求减少读者对编程技能和数学知识的过分依赖，进而降低理解本书与实践机器学习模型的门槛；试图让更多的兴趣爱好者体会到使用经典模型，乃至更加高效的方法解决实际问题的乐趣。

全书介绍的上述核心工具，均是作者本人长期总结行业经验，精心筛选后的成果。在面对现实中的工程或者科研问题，或参加一些公开的竞赛（如 Kaggle、天池竞赛等）时，相信本书都能够帮助读者使用 Python 编程语言快速上手，并结合一系列经典的开源工具，搭建行之有效的计算机程序来解决实际问题。

在大数据时代，只要是与数据相关的从业人员，掌握 Python 编程、数据分析、机器学习的能力，都是不错的职业加分项。不论是在金融、统计、数理研究、社会科学、工业工程等领域的从业者，还是在互联网行业的程序员、数据分析师、运营人员、产品经理等，都会对本书有着不同程度的学习需求。

本书所介绍的知识也能够帮助读者通过一些专业类的考试，如人工智能工程师认证、注册数据分析师认证（CDA、CPDA）等。同时，鉴于内容的入门性和普适性，本书也可以被广泛用于初、高中生的信息学兴趣培训，专科职业教育，本科、研究生通识课程的讲授等。

衷心地希望每一位读者朋友都能够从本书获益，这也是对我最大的鼓励和支持。欢迎大家关注我的新浪微博 https://weibo.com/fanmiaothu。普及人工智能，使机器学习的理论与实践成为一种大众的通识教育，始终是我编写本书的长期目标和动力。

全书基于 Python 3 的实践代码和数据均已分别开源在 Gitee 和 Github 平台：

下载地址 1

- 中国境内的读者，请在 gitee.com 上搜索关键词 ML-Kaggle-Gitee-2022，或扫描二维码-下载地址 1 进行下载。
- 其他地区的读者，请在 github.com 上搜索关键词 ML-Kaggle-Github-2022，或扫描二维码-下载地址 2 进行下载。

下载地址 2

扫描书后的二维码-源程序亦可获取本书代码。

欢迎大家批评指正书中的任何错误，并发送至电子邮箱：fanmiao.cslt.thu@gmail.com。

致谢

感激父母长久以来对我的关爱和支持，让我可以持续不断地追求学业的成长和进步。

自我踏入北京邮电大学校门的第二年，便十分有幸得到吴国仕教授的指导。彼时的我还不知道，作为一名大一新生，能够有这样一位在企业智能信息化方面深有造诣的老教授亲自指导，是一件多么幸运的事情。

而后，我在人工智能方向上的成长之路便开始了。在清华大学、纽约大学、百度公司等多个人工智能领域的优秀科研院所与企业，我先后得到了郑方、周强、Ralph Grishman、王海峰、王建民等一众知名教授的悉心指导。从每一位老师的身上，我都发现了许许多多不同的优秀品质。不管是对人还是对事，这些优秀品质，都对我的成长和求学之路给予了莫大的帮助。

在漫长的求学之路上，我也结识了一些行业内优秀的学者朋友，感谢张民、马少平等教授为本书撰写推荐语。

感谢清华大学出版社的谢琛编辑。从第 1 版开始，她就担任本书的责任编辑。如果没有她一直以来的辛勤工作，这本书也无法高质量地呈现到各位读者面前。

范森

2022 年 6 月

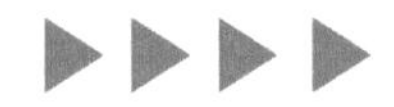

目　录

第1部分　入　门　篇

第 3 部分　进　阶　篇

第 1 部分

入　门　篇

第1章

全书指南

作为本书的起始章节，本章将对全书若干重要知识的背景做全面的介绍。这些核心的知识点包括 Python 编程、数据分析、机器学习、Kaggle 竞赛，以及 Git 代码管理。为了达成“从零开始，将基于 Python 的数据分析与机器学习知识熟练并且灵活实践到 Kaggle 竞赛中”的目标，本章提供了“全书一站式学习指南”内容如下。

（1）从 Python 3 的基础编程开始学习，然后过渡到利用 pandas 从事数据分析和使用 Scikit-learn 完成经典的单机（单核/多核）机器学习任务。

（2）进阶学习基于 PyTorch/TensorFlow/PaddlePaddle 的深度学习网络搭建、训练和评估方法，以及基于 PySpark-ML 的分布式机器学习实践。

（3）灵活运用上述知识，解决 Kaggle 竞赛平台上的若干经典问题；并使用 Git 工具，将自己的代码成果在云端（如 Gitee 或者 Github 上）安全地存储，而且能够在任何本地计算机上随时取用、保持同步管理。

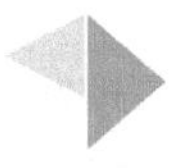

1.1 Python 编程

如果翻阅英文字典查找 Python 的含义，我们会得到“蟒蛇”这个解释。事实上，就 Python 的命名和起源曾有一段逸闻。这门编程语言框架设计和解释器的开发，均是由一名荷兰籍的计算机从业者 Guido von Rossum 在 1989 年的圣诞假期开始的。而 Python 这个名字来源于 Guido 本人非常喜爱的一部在 1960—1970 年 BBC 播放的室内情景幽默剧 *Monty Python's Flying Circus*。

稍微了解一点计算机发展历史的读者，一定听说过汇编语言甚至机器语言。那个年代，程序员的工作生活远没有像现在这样滋润：在加州硅谷一个阳光明媚的工作日，现今的程序员可以不选择去自己所在的公司，而是坐在一间舒适的咖啡厅里，打开自己的苹果笔记本电脑，远程连接到隶属于自己的一台性能优越的计算服务器，开始一天的工作。相反，那时候的程序员几乎需要整天对着一台轰然作响的庞然大物（如图 1.1 所示），迫使自己像它一样思考，写出更加贴近机器指令的程序，甚至还要花费更大的精力，根据有限的计算资源做各种各样的程序优化，最大限度地榨取计算机的性能。

图 1.1　美国第一台计算机背后的女程序员

Python 的作者 Guido 苦恼于这样的工作状态并希望一切能够改变。因此，他决心设计一种兼顾可读性和易用性的编程语言。果然，Python 集许多高级编程语言的优点于一身：不仅可以像脚本语言（Script Languages）一样，用非常精炼易读的寥寥几行代码来完成一个需要使用 C 语言通过复杂编写才能完成的程序任务；而且还具备面向对象编程语言（Object-oriented Programming Languages）各式各样的强大功能。不同于 C 等编译型语言（Compiled Languages），Python 作为一门解释型语言（Interpreted Languages），也非常便于调试代码。同时，Python 免费使用和跨平台执行的特性，也为这门编程语言带来了越来越多开源库的贡献者和使用者。

许多著名公司，如 Google、Dropbox 等，甚至将 Python 列为其内部最为主要的开发语言。因此，如果读者初涉计算机编程，那么学习 Python 语言无疑是明智之选；而本书借由 Python 编程语言来深入介绍机器学习话题，也显得更为高效与易读。

笔者个人认为，Python 语言与机器学习实践可谓“珠联璧合”。因为使用 Python 编程接触甚至掌握机器学习的经典算法，至少有以下 4 项优势。

（1）方便调试的解释型语言。Python 是一门解释型编程语言。与 Java 类似，Python 源代码都要通过一个解释器（Interpreter），转换为独特的字节码。这个过程不需要保证全部代码一次性通过编译，相反，Python 解释器逐行处理这些代码。因此，Python 调试过程非常方便，也特别适合使用不同机器学习模型进行增量式开发。

（2）跨平台执行作业。上文提到 Python 的源代码都会先解释成独特的字节码，然后才会被运行。从另一个角度讲，只要一个平台安装了用于运行这些字节码的虚拟机，那么

Python 便可以执行跨平台作业。这一点不同于 C++ 这类编译型语言，但是却和 Java 虚拟机很相似。由于机器学习任务经常在多种平台广泛执行，因此以 Python 这类解释型语言作为编码媒介，也不失为一种好的选择。

(3) 广泛的应用编程接口。除了那些编程人员自行开发所使用的第三方程序库以外，业界许多著名的公司都拥有用于科研和商业的云平台，如亚马逊的 AWS(Amazon Web Services)、谷歌的大量免费 API 等。这些平台同时也面向互联网用户提供具有机器学习功能的 Python 应用编程接口(Application Programming Interface)。许多平台的机器学习功能模块不需要用户来编写，只需要用户像搭建积木一样，使用 Python 语言并且遵照 API 的编写协议与规则把各个模块串接起来即可。

(4) 丰富完备的开源工具包。软件工程中有一个非常重要的概念，即代码与程序的重用性。为了构建功能强大的机器学习系统，如果没有特殊的开发需求，通常情况下，我们都不会从零开始编程。学习算法时，经常会涉及向量计算。在 Python 中，我们一定需要自己花费时间编写这样的基础功能吗？答案是否定的。Python 自身免费开源的特性使得大量专业甚至天才型的编程人员参与到 Python 第三方开源工具包(程序库)的构建中。更为可喜的是，大多数的工具包(程序库)都允许个人免费使用，乃至商用。其中就包括本书主要使用的多个用于机器学习的第三方程序库，如便于向量、矩阵和复杂科学计算的 NumPy 与 SciPy；仿 MATLAB 样式绘图的 Matplotlib；包含大量经典机器学习模型的 Scikit-learn；对数据进行快捷分析和处理的 pandas；以及集成了上述所有第三方程序库的综合实践平台 Anaconda。

这里需要提前向读者声明的是，Python 编程语言有两个版本，分别是 Python 2 与 Python 3。因为一些“历史遗留”问题，这两个版本不仅无法相互兼容，而且就连一些基本的编程语法都不一致。所以，建议读者在学习 Python 的时候，姑且把它们视作两种不同的编程语言。鉴于未来 Python 2 将不再更新，Python 3 则会继续发布新版本，本书决定采用 Python 3 作为编程语言，书上所有的示例代码都可以流畅运行于 Python 3 解释器。

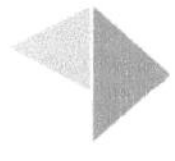

1.2　数据分析

数据分析是数学与计算机科学的交叉学科，其数学基础早在 20 世纪初期就已经确立，直到计算机的出现才让大规模数据分析的操作得以推广。

数据分析是用适当的统计方法，对收集来的大量数据进行分析，并将它们加以汇总和消化，以求最大化地发挥数据的价值。这样做的目的是从数据中提取有用信息，并且形成便于人们理解的结论。

简单的数据分析包括加权求和、求平均、计算协方差、直方图分布等经典统计学操作。

由于这些经典的操作依托于一致且标准的计算方式,许多数据分析软件(如 Microsoft Excel、IBM的SPSS等)为了提高数据分析的效率,都默认集成了上述算法。

而一些复杂的数据分析需求,就要求我们从大量数据中寻找其内在规律。然而,探索数据内在的规律并没有十分统一和固定的标准算法。这类需求一般称为数据挖掘问题,主要包括关联分析、聚类分析、分类分析、异常分析、特异群组分析和演变分析等。

从不同的角度剖析数据分析方法,可将数据分析方法划分为结构化/非结构化数据分析,定性/定量数据分析,以及离线/在线数据分析。

(1) 结构化/非结构化数据分析。从被分析的数据类型角度,数据分析可以分为结构化与非结构化数据分析。结构化数据一般指的是行列数据,存储在数据库里,可以用二维表结构来逻辑表达实现的数据。对比结构化数据,那些不方便用数据库二维逻辑表来表现的数据即称为非结构化数据,包括所有格式的办公文档、文本、图片、XML、HTML、图像、音频、视频信息等。对于结构化数据,我们可以使用Excel等表格处理软件实现对其的存储和分析;但是随着大数据时代来临,更大的挑战来自对非结构化数据的分析。

(2) 定性/定量数据分析。从分析的结果类型角度,数据分析可以分为定性分析与定量分析。定性分析一般不需要给出具体的数值结果,而是需要将数值结果映射到预先定义好的性质类别上,便于更多阅读数据报告的人理解。而定量数据分析则要求给出具体的数值,以及相对/绝对提升或者降低的百分比。定量分析的结果一般适于专业人士阅读和参考。

(3) 离线/在线数据分析。从分析的时效性角度,数据分析可以分为离线数据分析与在线数据分析。离线数据分析主要负责处理较复杂和耗时的数据,一般构建在云计算平台之上,如开源的HDFS文件系统和MapReduce运算框架。Hadoop机群包含数百台乃至数千台服务器,存储了数PB乃至数十PB的数据,每天运行着成千上万个离线数据分析作业,每个作业处理几百MB到几百TB甚至更多的数据,运行时间为几分钟、几小时、几天甚至更长。在线数据分析也称为联机分析处理,用来处理用户的在线请求,它对响应时间的要求比较高,通常不超过若干秒。与离线数据分析相比,在线数据分析能够实时处理用户的请求,允许用户随时更改分析的约束和限制条件。

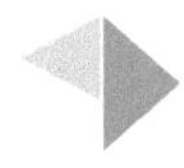

1.3 机器学习

机器学习(Machine Learning)是一门既“古老”又“新兴”的计算机科学技术,是隶属于人工智能(Artificial Intelligence)研究与应用的一个重要分支。

早在计算机发明之初,一些科学家就开始构想拥有一台可以具备人类智慧(人工智能)的机器,其中就包括计算机结构理论的先驱、人工智能之父——艾伦·麦席森·图灵

(Alan Mathison Turing)。图灵在 1950 年发表的论文《计算机器与智能》(*Computing Machinery and Intelligence*)中提出了具有开创意义的图灵测试(Turing Test),用来判断一台计算机是否达到了具备人工智能的标准。我们将有关图灵测试(如图 1.2 所示)的原文节选如下:

The new form of the problem can be described in terms of a game which we call the "imitation game". It is played with three people, a man (A), a woman (B), and an interrogator (C) who may be of either sex. The interrogator stays in a room apart from the other two. The object of the game for the interrogator is to determine which of the other two is the man and which is the woman.

⋮

We now ask the question, "What will happen when a machine takes the part of A in this game?" Will the interrogator decide wrongly as often when the game is played like this as he does when the game is played between a man and a woman? These questions replace our original, "Can machines think?"

这段英文原文的中心主旨是:"如果通过问答这种方式,我们已经无法区分对话的那端到底是机器还是人类,那么就可以说,这样的机器已经具备了人工智能。"

图 1.2　图灵测试示意图

尽管仍然有一些科学家并不完全赞同这种测试标准,但我们不得不承认这样一个事实:在计算机刚被发明不到 10 年的时间里,图灵能够提出这种具有前瞻性的构想,甚至为我们提供了用来测试人工智能的初步蓝图,是极为难能可贵的。

机器学习作为人工智能的重要分支之一,从 20 世纪 50 年代开始,也经历了下面几次具有标志性的事件。

(1) 1959 年，IBM 公司前员工塞缪尔(Arthur Samuel)开发了一个西洋棋程序。这个程序可以在与人类棋手对弈的过程中，不断提升自己的棋艺。在该程序开发 4 年之后，程序战胜了设计者本人。又过了 3 年，程序战胜了美国一位保持 8 年常胜不败的专业棋手。

(2) 1997 年，IBM 公司的深蓝(Deep Blue)超级计算机在国际象棋比赛中力克俄罗斯专业大师卡斯帕罗夫(Garry Kimovich Kasparov)，自此引起了全世界从业者的瞩目。

(3) 2011 年，同样由 IBM 公司开发的沃森深度问答系统(Waston DeepQA)在美国知名的百科知识问答电视节目 *Jeopardy* 中一举击败多位优秀的人类选手成功夺冠，又使得我们朝着达成图灵测试的目标更近了一步。

(4) 最近的一轮机器学习浪潮来自深度学习(Deep Learning)和强化学习(Reinforcement Learning)的兴起。2016 年，谷歌公司 DeepMind 研究团队正式宣布其创造和撰写的机器学习程序 AlphaGo 打败了欧洲围棋职业冠军，见证了人工智能的极大进步。

按照机器学习理论先驱塞缪尔的说法，他并没有编写具体的程序告诉西洋棋程序如何行棋。事实上这也是不可能的，因为下棋的策略千变万化，人们无法通过编写完备的，哪怕是固定的执行规程来对战人类棋手。从塞缪尔的西洋棋程序，到谷歌的 AlphaGo，我们可以总结出机器学习系统具备如下特点。

(1) 许多需要机器学习系统去解决的问题都是无法直接通过使用固定的规则或者流程完成的。例如，"辨别一张相片中都有哪些人或者物体"，这种问题对人类而言似乎非常容易，但是我们却无法将这种辨别能力通过一套明确的规则告知机器。与之相对的，手机中的计算器程序就不属于具备人工智能的系统，因为其中的计算方法都有清楚而且固定的规程。

(2) 所谓具备"学习能力"的程序都是指它能够不断地从正在进行的任务的数据中吸取经验教训，从而应对未来类似的任务。我们习惯把这种对未知的预测能力称为泛化力(Generalization)。

(3) 机器学习系统更加诱人的地方在于它具备不断改善自身应对具体任务的能力。我们习惯称这种完成任务的能力为性能(Performance)。塞缪尔的西洋棋程序和谷歌的 AlphaGo 都是典型的借助过去对弈的经验或者棋谱，不断提高自身性能的机器学习系统。

尽管我们通过西洋棋程序的例子，总结了一些机器学习系统具备的特性，但是笔者仍然喜欢引述美国卡内基梅隆大学(Carnegie Mellon University)机器学习研究领域的著名教授 Tom Mitchell 的经典定义来作为阐述机器学习理论的开篇：

*A program can be said to learn from experience **E** with respect to some class of tasks **T*** *and performance measure* **P**, *if its performance at tasks in* **T**, *as measured by* **P**, *improves with experience* **E**.

这真是令人称道的表述,而且带有英文独特的韵脚和节律。我们尝试翻译一下:如果一个程序在使用既有的经验(E)执行某类任务(T)的过程中被认定为是“具备学习能力的”,那么它一定需要展现出利用现有经验(E),不断改善其完成既定任务(T)的性能(P)的特质。

下面,我们会对其中的3项关键概念:任务(Task)、经验(Experience)、性能(Performance)逐一进行剖析。之后,我们将以一个“良/恶性乳腺肿瘤预测”的机器学习问题作为实例,对上述概念进行具体阐释。

1.3.1 任务

机器学习的任务种类有很多,经典的任务类型包括监督学习(Supervised Learning)和无监督学习(Unsupervised Learning)。其中,监督学习关注对事物未知表现的预测,一般包括分类问题(Classification)和回归问题(Regression);无监督学习则倾向于对事物本身特性的分析,常用的技术包括数据降维(Dimensionality Reduction)和聚类问题(Clustering)等。

分类问题,顾名思义,便是对所属的类别进行预测。类别既是离散的,同时也是预先知晓数量的。例如,根据一个人的身高、体重、三围等数据,预测其性别;这里性别不仅是离散的(男、女),同时也是预先知晓数量的。或者,根据一朵鸢尾花的花瓣、花萼的长宽等数据,判断其属于哪个鸢尾花亚种;鸢尾花亚种的种类与数量也满足离散和预先知晓这两项条件,因此这也是一个分类预测问题。

回归同样也是预测问题,只是预测的目标往往是连续变量。例如根据房屋的面积、地理位置、建筑年代等进行销售价格的预测,价格就是一个连续变量。

数据降维是对事物的特性进行压缩和筛选,这项任务相对比较抽象。如果我们没有特定的领域知识,就无法预先确定采样哪些数据。现如今,传感设备采样成本相对较低,而筛选有效信息的成本更高。例如,在识别图像中人脸的任务中,我们可以直接读取图像的像素信息。若是直接使用这些像素信息,那么数据的维度会非常高,特别是在图像分辨率越来越高的今天。因此,我们通常会利用数据降维的技术对图像进行降维,保留最具有区分度的像素组合。

聚类则是依赖数据的相似性,把相似的数据样本划分为一个簇。不同于分类问题,我们在大多数情况下不会预先知道簇的数量和每个簇的具体含义。现实生活中,大型电子商务网站经常对用户的信息和购买习惯进行聚类分析,一旦找到数量不菲并且背景相似的客户群,便可以针对他们的兴趣投放广告和促销信息。

至此，根据上述对机器学习“任务”这一概念的描述，相信读者朋友可以很快确定“良/恶性乳腺肿瘤预测”的问题属于二分类任务。待预测的类别分别是：良性乳腺肿瘤与恶性乳腺肿瘤。通常，我们使用离散的整数来代表类别。

1.3.2 经验

我们习惯性地把数据视作经验；事实上，只有那些对机器学习任务有用的特定信息，才会被当作经验纳入考虑范围。反映数据内在规律的信息通常称为特征(Feature)。比如，在前面提到的人脸图像识别任务中，我们很少直接把图像最原始的像素信息，作为经验交给机器学习系统；而是进一步通过降维，甚至一些更为复杂的数据处理方法，得到更加有助于人脸识别的轮廓特征。

对于监督学习问题，我们所拥有的经验包括特征向量(Feature Vector)和标签/目标(Label/Target)两部分。我们一般借由一个特征向量来描述一个数据样本；标签/目标的表现形式则取决于监督学习任务的具体类型(如离散的标签/目标对应分类问题，连续的标签/目标对应回归问题)。

无监督学习问题自然就没有标签/目标，因此也无法从事预测任务，但却适合对数据的内在规律进行分析。正是因为这个区别，我们经常可以获得大量的无监督数据；而监督数据的标签/目标，却经常因为耗费大量的时间、金钱和人力，导致数据量相对较少。

另外，更为重要的是，除了标签/目标的表现形式存在离散变量、连续变量的区别，将原始数据转化为特征向量的过程也会遭遇多种不同的数据类型：类别型(Categorical)特征，数值型(Numerical)特征，甚至是缺失的数据(Missing Value)等。在实际操作过程中，我们需要把这些特征转化为具体的数值参与运算。这里暂不过多交代，当我们在后面的实例中遇到时会具体说明。

“良/恶性乳腺肿瘤预测”问题的部分数据如表1.1所示，我们所使用的经验包含两个维度的特征：肿块厚度(Clump Thickness)和细胞尺寸(Cell Size)；除此之外，还有对应代表肿瘤类型的目标/标签。而且，每一行都是一个独立的数据样本。

表1.1 威斯康星大学乳腺肿瘤部分数据

	肿块厚度	细胞尺寸	肿瘤类型		肿块厚度	细胞尺寸	肿瘤类型
0	1	1	0	3	8	8	0
1	4	4	0	4	1	1	0
2	1	1	0	5	10	10	1

我们所要做的便是让机器学习模型从上述的经验中习得判别肿瘤类型的方法。我们

通常把这种既有特征，同时也带有目标/标记的数据集称作训练集(Training Set)，用来训练我们的学习系统。在“良/恶性乳腺肿瘤预测”问题中，我们拥有 524 条独立的、用于训练的乳腺肿瘤样本数据。

1.3.3　性能

所谓性能，便是用来评价机器学习任务完成质量的指标。为了尽可能客观地评估任务的完成质量，我们需要为此收集一批与训练集来源相同的数据，我们称这样的数据集为测试集(Testing Set)。测试集不仅需要具备与训练集相同类型的特征，同时也要有相应的标准答案。这样一来，我们可以将训练集上习得的模型应用在测试集上，并取得对应的预测结果。通过与对应的正确答案进行比对，就可以评估出机器学习任务完成的质量。而且更为重要的是，我们需要保证出现在测试集中的数据样本一定不能被用于模型训练。简而言之，训练集与测试集之间是彼此互斥的。

对待具有预测性质的问题，我们经常关注预测的准确程度。具体来讲，对于分类问题，我们要根据预测正确类别的百分比来评价其性能优劣，这个指标通常被称作准确率(Accuracy)；回归问题则无法使用类似的指标，我们通常会衡量预测值与实际值之间的偏差大小。以“良/恶性乳腺肿瘤预测”问题为例，我们使用准确率作为衡量学习模型/系统性能的指标，并且用于测试的乳腺肿瘤样本数据共有 175 条。

前面已经提到过，作为一个学习系统，其自身需要借助经验，不断表现出改善性能的能力。为了说明这个观点，我们以“良/恶性乳腺肿瘤预测”问题为例，向读者展示这个学习的具体过程。

(1) 首先，观察测试数据集中的 175 条肿瘤样本在二维特征空间的分布情况。如图 1.3 所示，X 代表恶性肿瘤，O 代表良性肿瘤。

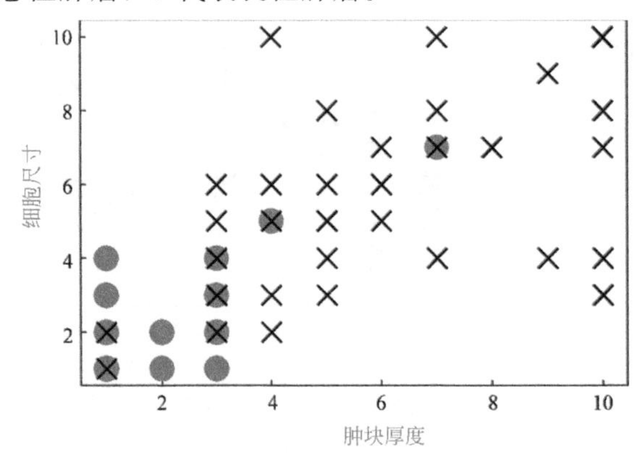

图 1.3　良/恶性乳腺肿瘤测试集的数据分布

（2）然后，随机初始化一个二类分类器。这个分类器使用一条直线来划分良/恶性肿瘤。决定这条直线走向的有两个因素：直线的斜率和截距。这些被我们统一称为模型的参数（Parameters），也是分类器需要通过学习从训练数据中得到的。最初随机初始化分类器的性能表现如图 1.4 所示。

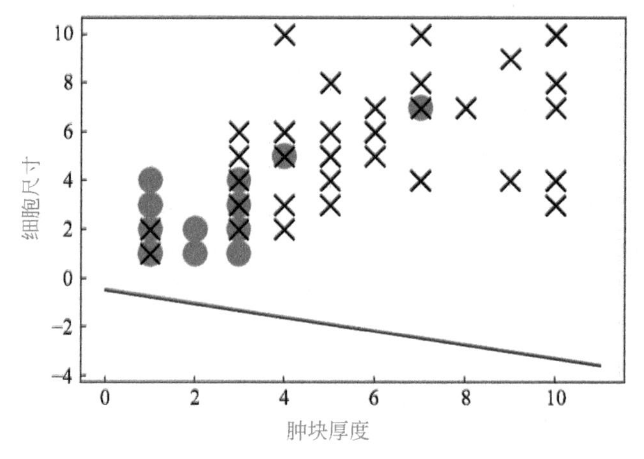

图 1.4 随机参数下（无学习）的二类分类器

（3）随着我们使用一定量的训练样本作为经验，分类器在肿瘤分类任务上所表现的性能有了逐步的提升，如图 1.5 所示，当学习 10 条训练样本时，分类器的性能改善了一些，测试集上的分类准确率为 83.43%。

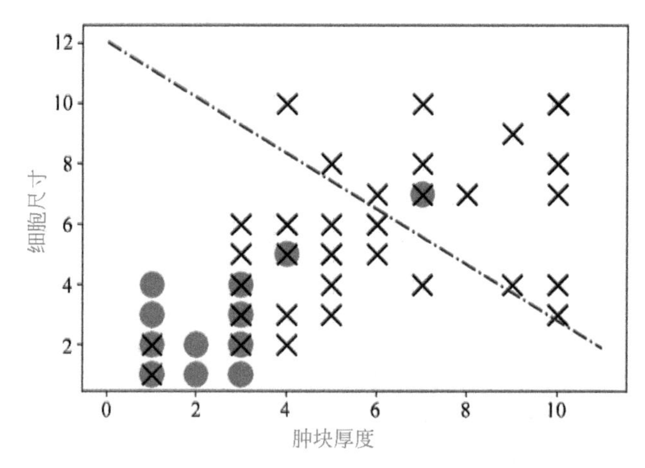

图 1.5 学习 10 条训练样本得到的二类分类器

(4) 继续学习全部训练样本之后，分类器的性能得到了大幅提升，如图 1.6 所示，测试集上的分类准确率最终达到 93.71%。

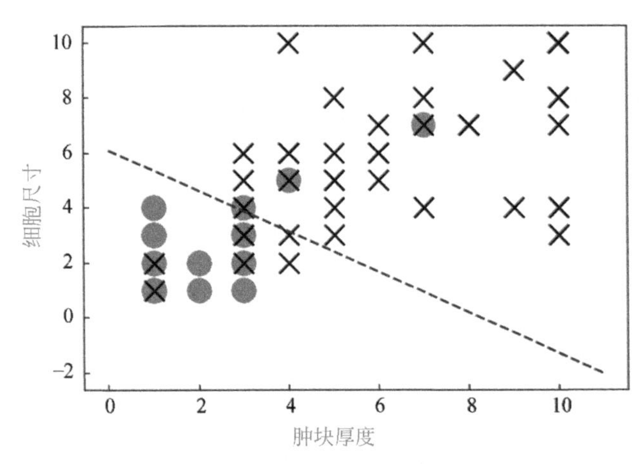

图 1.6　学习全部训练样本得到的二类分类器

综上，我们通过一个现实生活中的例子，向读者阐释了一个学习系统的关键概念。在后续的章节中，还会有更多有趣而实用的机器学习项目等待着大家。

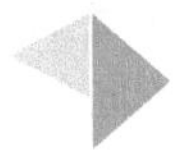

1.4　Kaggle 竞赛

Kaggle 是当前世界上最为流行的，采用众包(Crowdsourcing)策略，为科技公司、研究院所乃至高校课程提供数据分析与预测模型的竞赛平台。该平台成立于 2010 年 4 月，由 Anthony Goldboom 等人创立，公司总部设在美国加利福尼亚州旧金山市。

Kaggle 平台设立的宗旨在于：汇聚全世界从事数据分析与预测的专家以及兴趣爱好者的集体智慧，利用公开数据竞赛的方式，为科技公司、研究院所和高校课程中的研发课题提供有效的解决方案。这一初衷使得问题提出者与解决者实现了双赢。

一方面，许多科技公司、研究院和高校拥有大量的数据分析任务和研发课题。如果仅靠有限的内部研究人员处理和分析，不但耗费大量的时间，而且也需要向这些研究人员支付高昂的薪资。这也是为什么只有少数实力雄厚的高新科技公司拥有内部的研究院，如 Google Research、Microsoft Research、百度深度学习研究院等。如果仅拿出一小部分奖金(迄今为止，Kaggle 平台上最常见的悬赏是 $ 50 000，大约是一位在美国 IT 企业工作的普通职位科研人员一个季度的薪水)，便可以向全世界的聪明人征集解决方案，那何乐而不为呢？

另一方面，越来越多从事数据分析与预测工作意愿的兴趣爱好者，因为难以获得大量可供分析的数据，自己的才华也难以施展。科研机构和大型企业非常看重数据的价值，特别是那些和自己主流业务相关的数据。例如，Google服务器上存储着全世界互联网用户的搜索日志。对于外部个体的兴趣爱好者，要想获得这些企业和科研机构的数据几乎是不可能的事。但是，如果有一个像Kaggle这样著名的大型平台，随着上面聚拢的兴趣爱好者甚至行业专家越来越多，大型企业和科研机构也会逐渐信赖这些参赛者，并且放心地提供一些重要数据。

正因为上述两方面原因，Kaggle吸引了大量科学家和开发者的关注，并于2017年宣布被Google收购。

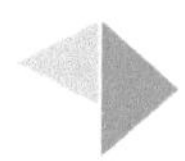

1.5 Git代码管理

Git作为版本控制工具，最早用于Linux的内核开发。与CVS、Subversion或者Perforce等集中式版本控制工具不同，Git采用了分布式的版本控制系统，即不需要服务器端的软件，就可以进行版本控制。

在Git中，绝大多数的操作都只需要访问本地文件和资源，而不需要外链到服务器去获取版本历史。Git只需要直接从本地数据库中读取相关的历史版本，进行差异计算。如果想查看当前的代码版本与一周前的代码版本之间所引入的全部修改，Git会查找到一周前的文件做一次本地的差异计算，而不是由远程服务器处理或从远程服务器拉回旧的版本文件，再交给本地进行处理。

这也意味着当用户处在网络离线状态时，仍然可以进行几乎任何Git操作，直到有网络连接时再上传。相比之下，如果使用Perforce，没有连接服务器时几乎不能做任何事；而用Subversion和CVS的话，可以修改文件，但不能向数据库提交修改，因为本地数据库离线了。

Git分布式版本控制系统的出现也彻底颠覆了原有代码管理的组织模式。一旦使用Git，我们便不再依赖唯一的、集中式的版本库。Git让每个开发者都可以拥有一份完整的本地版本库，这份本地版本库来自GitHub或者Gitee托管的共享版本库。使用Git做版本控制可以让核心开发团队与共享版本库之间不必一直保持连接状态，类似查看日志、提交、创建分支等操作都可以脱离网络在本地的版本库中完成。作为非核心成员的项目贡献者，也可以修改其本地版本库；但是，如果想要将自己的改进合入共享项目，让更多同一个项目的开发者受益；那么，贡献者需要让核心开发团队了解和接纳自己对项目的改进。

上述特性使得Git对源代码的发布和交流极其方便。这对于Linux内核这样的大型项目来说很重要，现在的许多项目版本管理也都开始使用Git。原本Git只适用于

Linux/UNIX 平台，现如今已经可以在 Windows、macOS，以及 Linux 内核的多种操作系统中得以广泛使用。

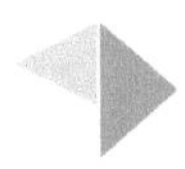

1.6 章末小结

本章作为全书的指引性章节，主要为帮助读者了解和熟悉本书重点讲述了几项核心概念：Python 编程、数据分析、机器学习、Kaggle 竞赛，以及 Git 代码管理。

第 2 章

基本环境搭建与配置

本章主要介绍如何在多种主流操作系统（如 Windows、macOS 及 Ubuntu）中，利用 Anaconda 平台，从零开始搭建和配置本书所需的基本环境。尽管部分读者也能够从网络上查阅到许多其他的环境搭建和配置方式，但是本章所介绍的一系列步骤，是作者本人经过反复对比和实机测试后总结出的最为高效和系统性的解决方案。

本章所介绍的基本环境搭建和配置方案，不仅能够为广大读者省去大量不必要的复杂程序指令和操作，而且也能够方便大家系统性地管理和维护诸如 Python 基本编程、数据分析、机器学习等不同用途的程序环境。

2.1 Windows 操作系统下基本环境的搭建与配置

本节重点介绍如何在 Windows 操作系统下，借助 Anaconda3 快速并且系统地搭建和配置基本环境，为广大使用 Windows 操作系统的读者顺利完成 Python 的基本编程、数据分析、机器学习，甚至 Kaggle 竞赛奠定充分的环境基础。

2.1.1 查看 Windows 的版本与原始配置

如图 2.1 所示，我们使用 Windows 10 的 64 位操作系统。Windows 系统作为微软公司的图形化的操作系统，因其适配大量机型和庞大的应用程序生态，早已被广泛应用于各行各业。许多家用的私人计算机，无论是笔记本电脑还是台式机，也都会采用 Windows 操作系统。

为了确认 Windows 10 中是否已经预装了 Python 解释器，我们在命令行提示符中依次输入命令 python 和 python3，分别尝试调用 Python 2 与 Python 3 的解释器。如图 2.2 所示，程序自动跳转到微软的应用商店，让我们下载对应的解释器。这说明，Windows 10 没有预装任何版本的 Python 解释器。

图 2.1　本书所使用的 Windows 版本与硬件配置

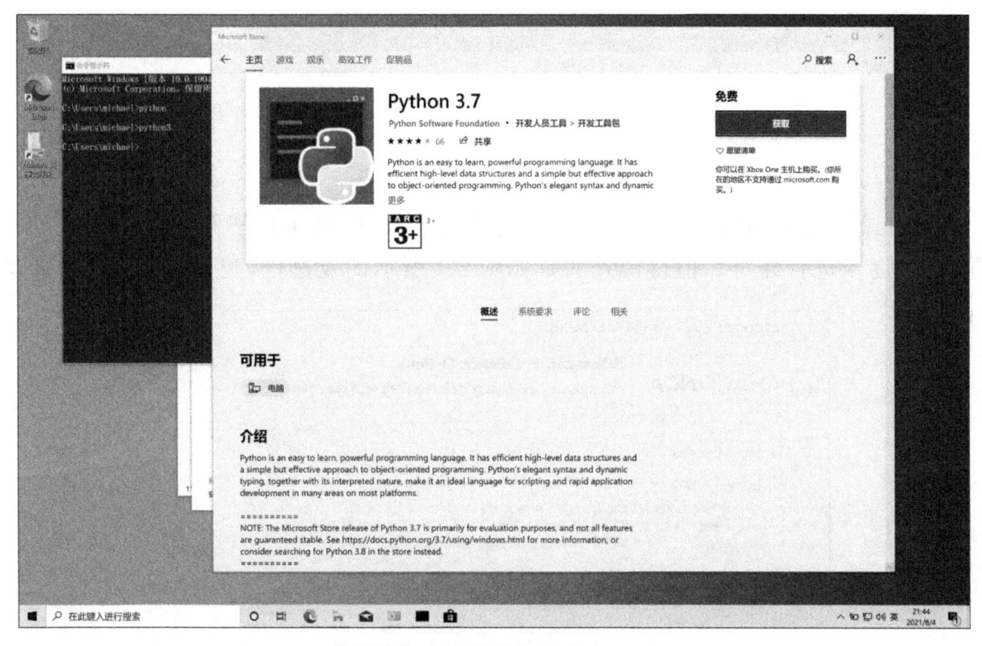

图 2.2　微软应用商店

2.1.2　下载并安装 Anaconda3（Windows）

由于 Windows 10 没有任何预装的 Python 解释器，我们需要访问 Anaconda 的官网，如图 2.3 所示，下载适配 Windows 操作系统的基于 Python 3 版本的 Anaconda3 安装包。

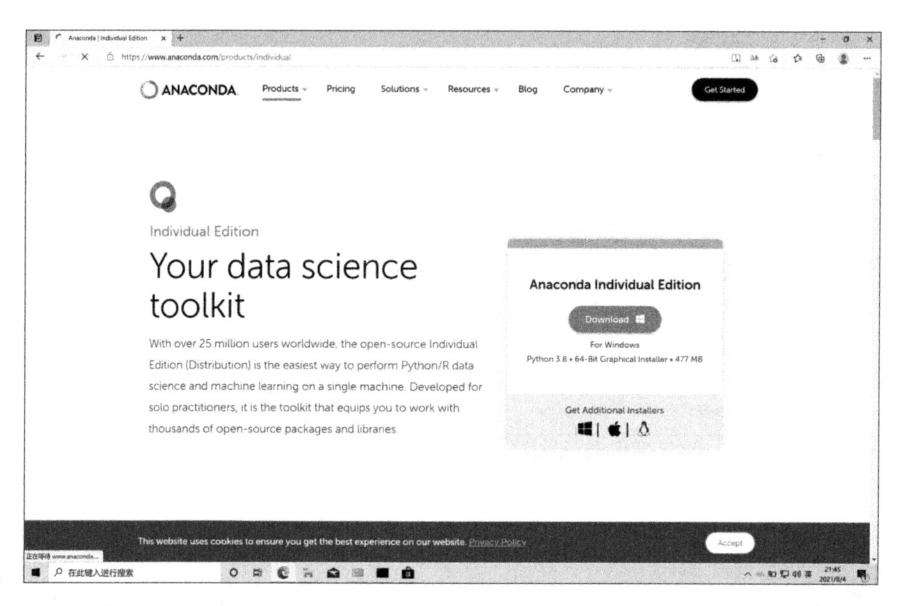

图 2.3　基于 Python 3 的 Anaconda3 下载官网，同时提供 Windows、macOS，以及 Linux 三种主流操作系统的安装包

Anaconda3 的 Windows 版本采用图形化的安装方式，易于理解并且操作方便，按照系统提示，逐步进行即可。值得留意的是如图 2.4 所示的复选框，建议两项同时勾选，将

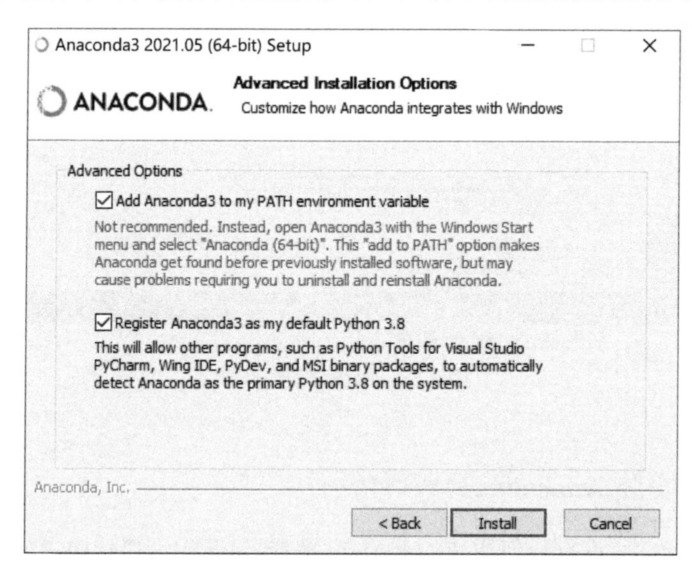

图 2.4　Anaconda3 在 Windows 操作系统中的图形化安装界面

Anaconda3 的许多命令(如 conda)默认加入系统中,便于后续再通过程序命令操作 Anaconda3。

2.1.3　使用 Anaconda Navigator 创建虚拟环境 python_env(Windows)

Anaconda3 安装成功之后,启动 Anaconda Navigator。如图 2.5 所示,Anaconda 提供一个默认的虚拟环境 base (root)。这里不建议直接使用默认的虚拟环境,理由是默认的虚拟环境有可能已经预装了某些不适合我们后续学习的 Python 解释器版本,或者其他不必要的程序库。

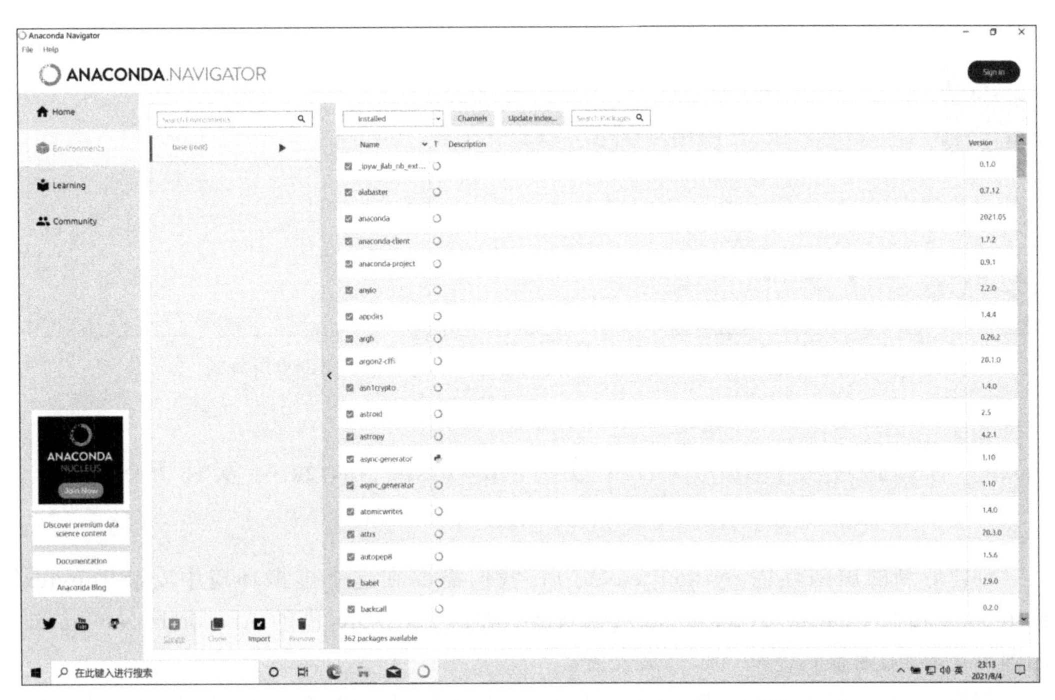

图 2.5　Anaconda Navigator 的 Windows 图形化界面,默认虚拟环境的名称为 base(root)

自行创建新的虚拟环境是一个良好的习惯,有助于高效管理和互相隔离不同用途的 Python 程序。对于多人使用的服务器,这种良好的习惯非常实用。我们使用 Anaconda Navigator 自行创建一个虚拟环境,命名为 python_env,用于基本的 Python 编程。如图 2.6 所示,选择 Python 3.8 作为虚拟环境 python_env 的 Python 解释器。

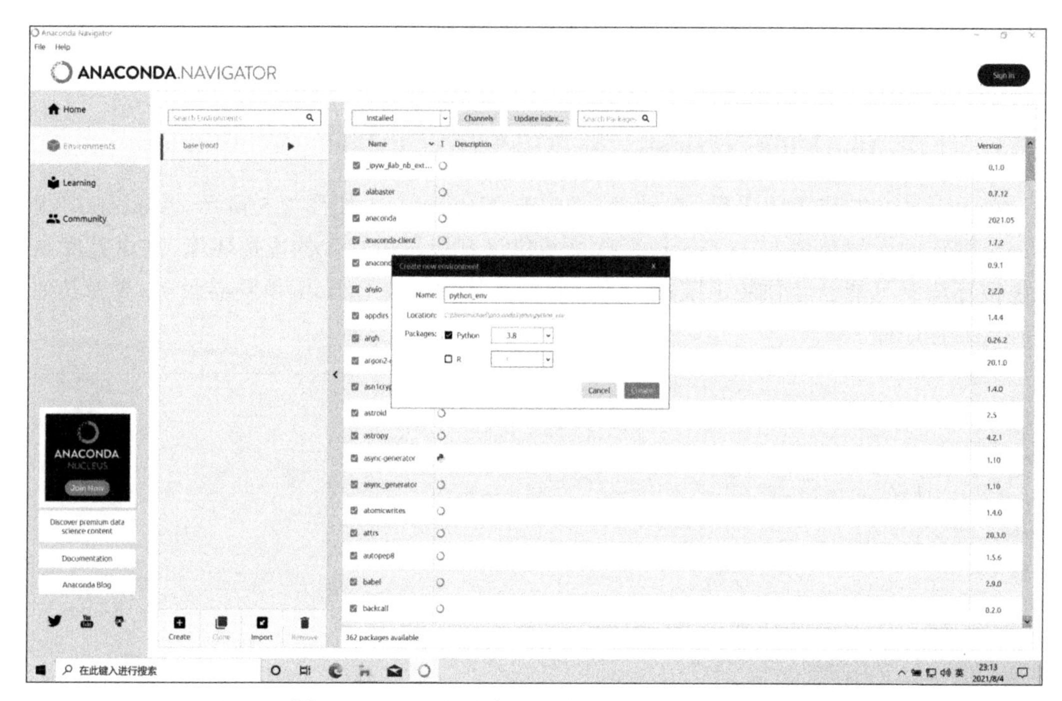

图 2.6　选择 Python 3.8 作为虚拟环境 python_env 的 Python 解释器

2.1.4　在虚拟环境 python_env 下使用 Anaconda Navigator 安装 Jupyter Notebook 与 PyCharm Professional（Windows）

创建好新的虚拟环境 python_env 之后，我们需要在这个虚拟环境中安装 Jupyter Notebook 和 PyCharm Professional 两款软件。如图 2.7 所示，借助 Anaconda Navigator 的图形化界面，两款软件都可以一键安装。

作为 Python 编程的两大流行平台，Jupyter Notebook 和 PyCharm Professional 各有特点。本书将重点依托 Jupyter Notebook 进行代码运行和样例展示。

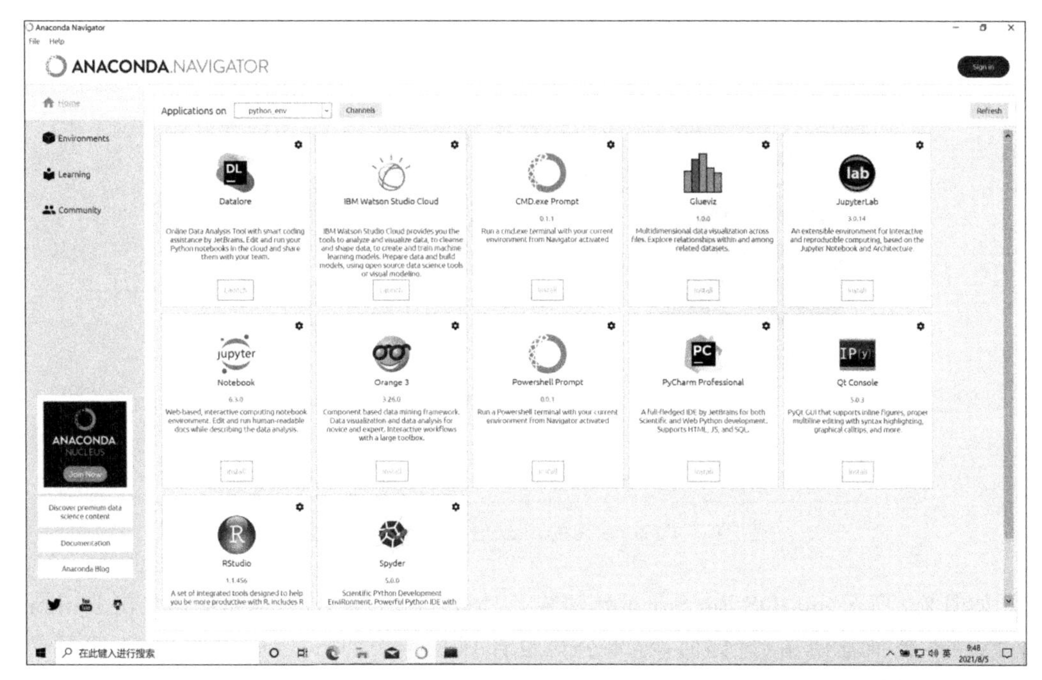

图 2.7　虚拟环境 python_env 下支持 Python 编程的应用程序

2.2　macOS 操作系统下基本环境的搭建与配置

本节重点介绍如何在 macOS 操作系统下，借助 Anaconda3，快速并且系统地搭建和配置基本环境。

2.2.1　查看 macOS 的版本与原始配置

如图 2.8 所示，我们使用 macOS Big Sur 操作系统，其版本号为 11.4。macOS 作为苹果公司的图形化的操作系统，几乎只能适配苹果公司的个人计算机品牌(如 Macbook 和 iMac 系列)。尽管如此，因其在图形处理和程序编写方面具有独特优势，macOS 仍被许多从事外观设计和软件开发相关的人群所青睐。

为了确认 macOS Big Sur 中是否已经预装了 Python 解释器，我们在终端(terminal)中依次输入命令：python 和 python3，分别尝试调用 Python 2 与 Python 3 的解释器。

图 2.8 本书所使用的 macOS 版本与硬件配置

如图 2.9 所示，macOS Big Sur 虽然预装了 Python 2.7 解释器，但是明确指出 Python 2.7 已经不被推荐使用[①]。同时，苹果公司也计划在未来的 macOS 系统中，不再预装 Python 2.7 解释器。

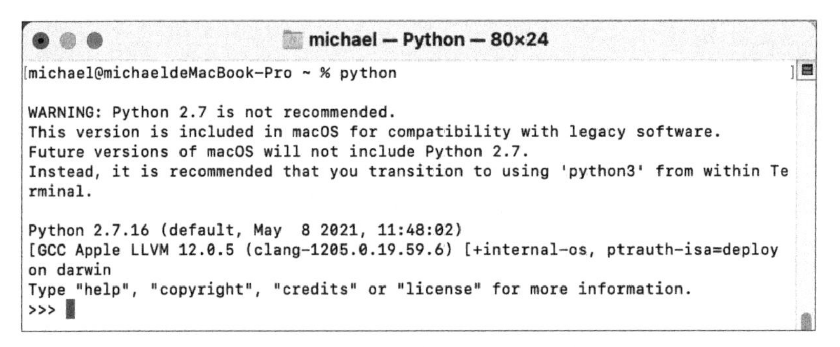

图 2.9 macOS Big Sur 预装了版本号为 2.7 的 Python 解释器

如图 2.10 所示，macOS Big Sur 没有预装 Python 3 的解释器，并且提示和引导用户自行安装 Python 3。这里我们暂时不采用这种方式安装 Python 3。

① Python 2.7 已于 2020 年 1 月 1 日正式停止维护。因此，本书的全部 Python 代码均依托 Python 3 版本。

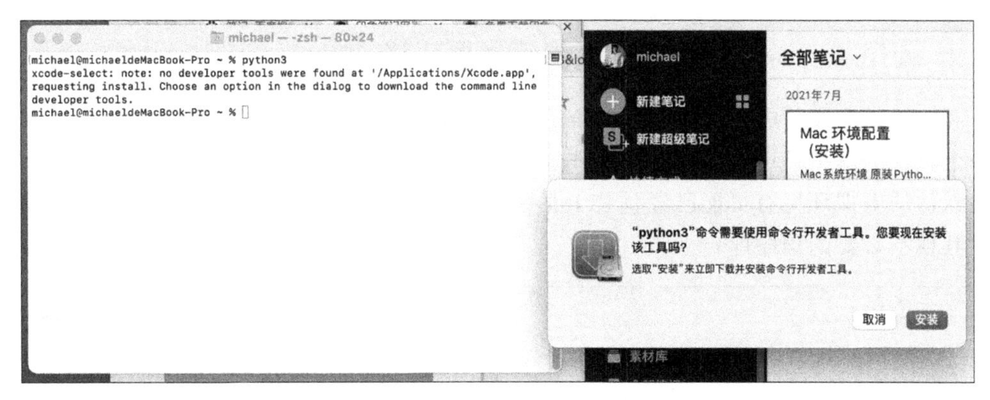

图 2.10　macOS Big Sur 没有预装 Python 3 解释器

2.2.2　下载并安装 Anaconda3（macOS）

我们选择访问 Anaconda 的官网，如图 2.3 所示，下载适配 macOS 操作系统的 Anaconda3 安装包，来满足基于 Python 3 的编程需求。鉴于 Anaconda3 在 macOS 系统上的安装包分为两种：图形化安装和命令行安装。本书推荐使用图形化安装包，如图 2.11 所示，便于操作。

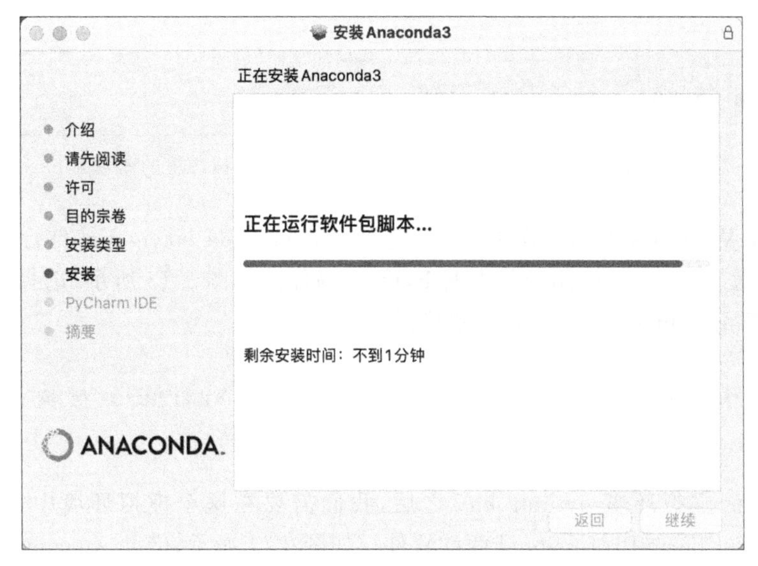

图 2.11　Anaconda3 在 macOS 操作系统中的图形化安装界面

2.2.3 使用 Anaconda Navigator 创建虚拟环境 python_env（macOS）

Anaconda3 安装成功之后，启动 Anaconda Navigator。如图 2.12 所示，Anaconda 提供一个默认的虚拟环境 base (root)。与 2.1 节相同，不建议直接使用默认的虚拟环境，理由是默认的虚拟环境有可能已经预装了某些不适合我们后续学习的 Python 解释器版本或者其他不必要的程序库。

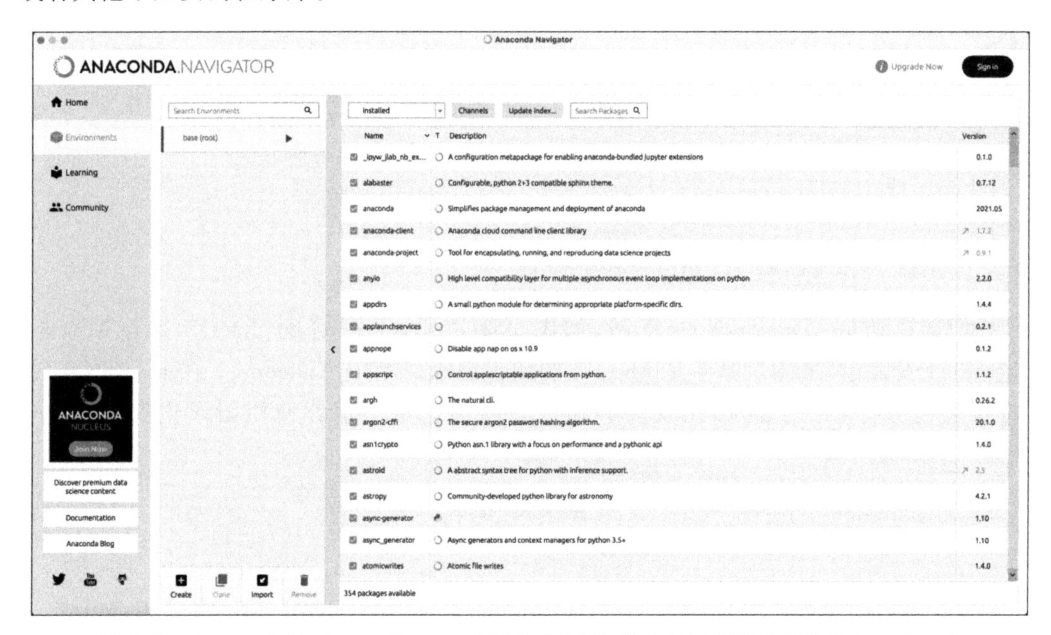

图 2.12　Anaconda Navigator 的 macOS 图形化界面，默认虚拟环境的名称为 base(root)

和先前在 Windows 中的操作类似，我们使用 Anaconda Navigator 自行创建一个虚拟环境，命名为 python_env，用于基本的 Python 编程。如图 2.13 所示，选择 Python 3.8 作为虚拟环境 python_env 的 Python 解释器。

2.2.4 在虚拟环境 python_env 下使用 Anaconda Navigator 安装 Jupyter Notebook 与 PyCharm Professional（macOS）

创建好新的虚拟环境 python_env 之后，我们需要在这个虚拟环境中安装 Jupyter Notebook 和 PyCharm Professional 两款软件。如图 2.14 所示，借助 Anaconda Navigator 的图形化界面，两款软件都可以一键安装。

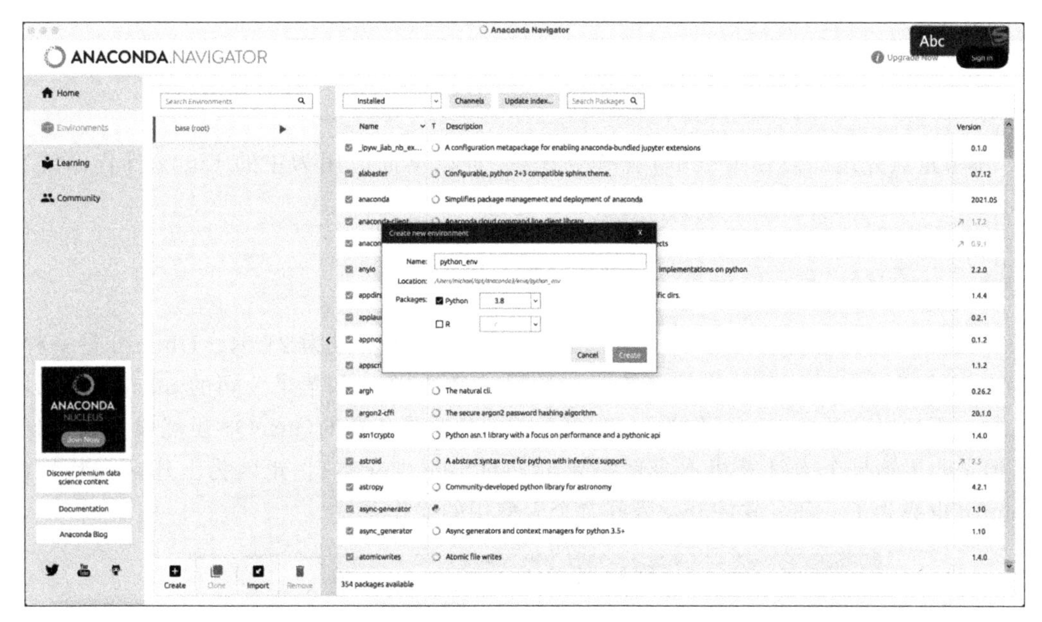

图 2.13　选择 Python 3.8 作为虚拟环境 python_env 的 Python 解释器

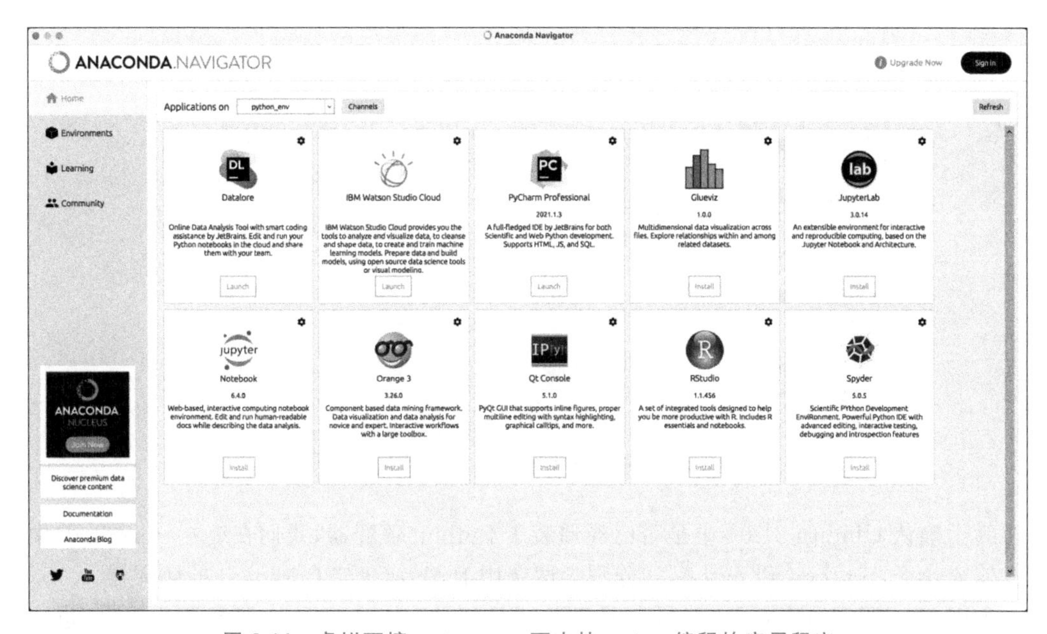

图 2.14　虚拟环境 python_env 下支持 python 编程的应用程序

2.3 Ubuntu 操作系统下基本环境的搭建与配置

本节重点介绍如何在 Ubuntu 操作系统(一种以桌面应用为主的 Linux 操作系统)中,借助 Anaconda3,快速并且系统地搭建和配置基本环境。

2.3.1 查看 Ubuntu 的版本与原始配置

如图 2.15 所示,我们使用 Ubuntu 64 位操作系统,版本号为 21.04。Ubuntu 是一种以 Linux 作为内核的图形化操作系统。与微软的 Windows 和苹果公司的 macOS 不同,Ubuntu 不仅以开源的 Linux 作为内核,更重要的是它是免费的(macOS 虽然没有直接收费,但是购买苹果个人计算机本身就需要额外付出不少成本)。正因为上述两大特性,Ubuntu 也成为了一部分软件开发爱好者个人使用的操作系统。

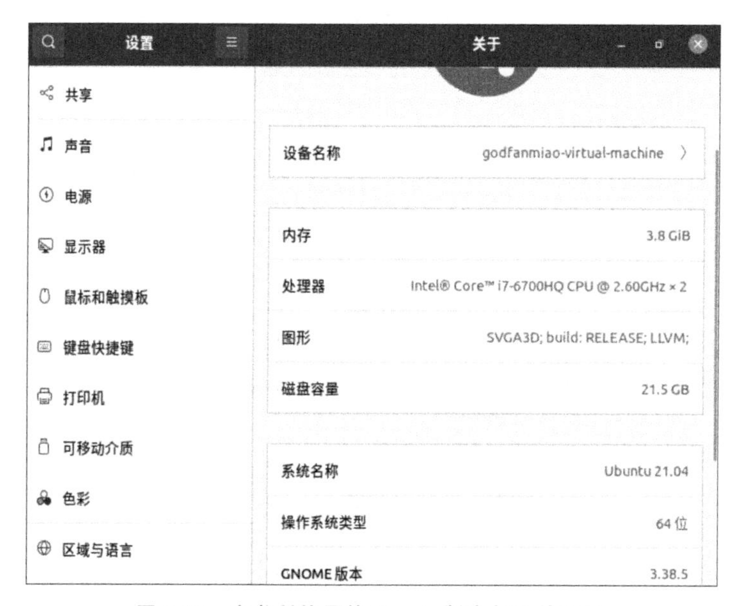

图 2.15 本书所使用的 Ubuntu 版本与硬件配置

为了确认 Ubuntu 21.04 中是否已经预装了 Python 解释器,我们在终端(terminal)中依次输入命令:python 和 python3,分别尝试调用 Python 2 与 Python 3 的解释器。

如图 2.16 所示,Ubuntu 21.04 已经预装了最新的 Python 3.9.4 解释器。并且,也许是考虑到 Python 2.7 早已经停止更新,Ubuntu 的开发者紧跟潮流,提早选择预装 Python 3

而放弃预装 Python 2 解释器。尽管如此，为了后续便于管理和维护本书中庞大和复杂的 Python 程序库，我们依然推荐安装 Anaconda3。

```
godfanmiao@godfanmiao-virtual-machine:~$ python
Command 'python' not found, did you mean:
  command 'python3' from deb python3
  command 'python' from deb python-is-python3
godfanmiao@godfanmiao-virtual-machine:~$ python3
Python 3.9.4 (default, Apr  4 2021, 19:38:44)
[GCC 10.2.1 20210401] on linux
Type "help", "copyright", "credits" or "license" for more information.
>>> 
```

图 2.16　Ubuntu 21.04 预装了 Python 3.9 解释器

2.3.2　下载并安装 Anaconda3(Ubuntu)

我们需要访问 Anaconda 的官网，选择下载适配 Ubuntu 操作系统的 Anaconda3 安装包，来满足基于 Python 3 的编程需求。如图 2.17 所示，我们选择 Linux 版本的 64-Bit

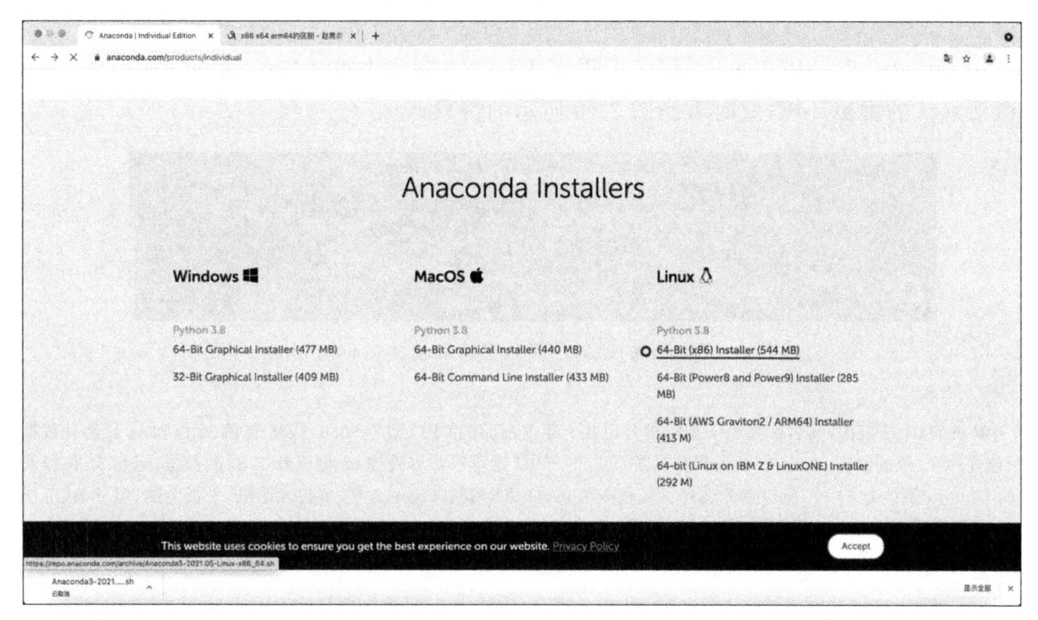

图 2.17　选择 Linux 版本的 64-Bit(x86) installer 安装 Anaconda3

（x86）installer 进行安装[①]。

尽管 Anaconda3 为 Linux 内核的操作系统提供了多种版本的安装包，但是几乎都需要采用命令的方式执行安装程序。毕竟 Linux 内核的操作系统多种多样，有图形化界面的又没有一个统一的范式，只提供命令行安装的方式也不足为奇。如图 2.18 所示，使用 sh 命令运行安装包，根据提示进行安装即可完成。

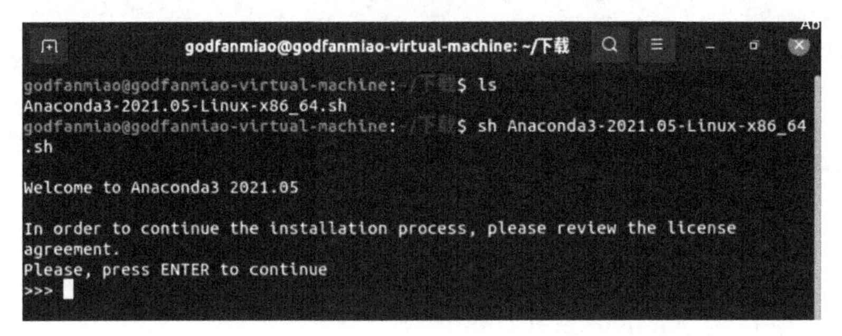

图 2.18 Anaconda3 在 Ubuntu 系统中的命令行安装界面

2.3.3 在终端中创建虚拟环境 python_env（Ubuntu）

Anaconda3 安装成功之后，我们可以在 Ubuntu 终端中输入“conda activate base”用于激活默认的虚拟环境，此时看到图 2.19 所示的情景[②]。

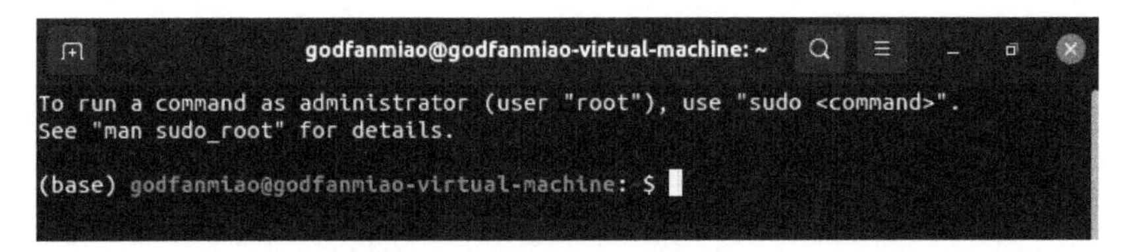

图 2.19 Ubuntu 的终端中默认虚拟环境的名称为 base

---

① x86 是常用个人计算机的 CPU 架构，其名称来源于英特尔公司几十年前出品的 CPU 型号 8086。x86 包括 32 位和 64 位两种数据位宽：x32 的 x86 CPU 只能处理 32 位的数据、运行 32 位的操作系统；x64 的 CPU 则可以兼容处理 64 位以及 32 位的数据、运行 32 位以及 64 位的操作系统。本书的 Ubuntu 系统为 64 位，所以有此选择。其他安装包，如 ARM64、Power8 等，多代表手机、平板电脑、服务器、工作站等其他处理器架构，不适合安装到 Ubuntu，这里不做赘述。

② 如果在终端输入 conda 命令，出现 conda：command not found（未找到命令），具体解决方案与操作步骤如下：

- 打开终端 Terminal；
- 使用命令 vim ～/.bashrc 修改环境变量；
- 在文本最后添加命令 export PATH=～/anaconda3/bin：$PATH；
- 重启环境变量：source ～/.bashrc；
- 选择初始化的终端类型：conda init bash。

尽管我们有默认的虚拟环境，但是如前文所述，本书不建议读者直接使用默认的虚拟环境。对于多人使用的服务器，这种良好的习惯非常实用。

如图2.20所示，在终端中输入“conda create -n python_env python=3.8”自行创建一个虚拟环境，命名为python_env，并且选择Python 3.8作为虚拟环境python_env的解释器，用于基本的Python编程。

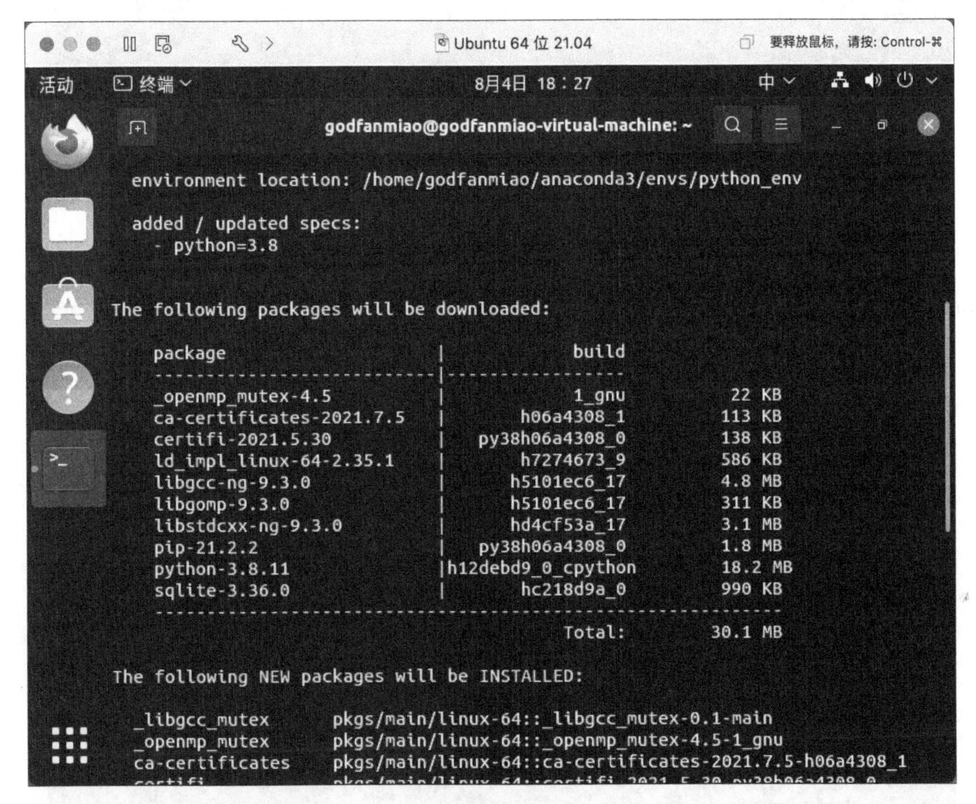

图2.20 选择Python 3.8作为虚拟环境python_env的Python解释器

如图2.21所示，借助命令conda activate python_env，我们可以从默认虚拟环境base切换到新创建的虚拟环境python_env，并查验新环境中安装的Python 3.8解释器。

2.3.4 在虚拟环境python_env下使用conda命令安装Jupyter Notebook（Ubuntu）

借助命令conda activate python_env将虚拟环境从base切换到新创建的python_env之后，如图2.22所示，利用命令jupyter notebook尝试直接调起Jupyter Notebook应

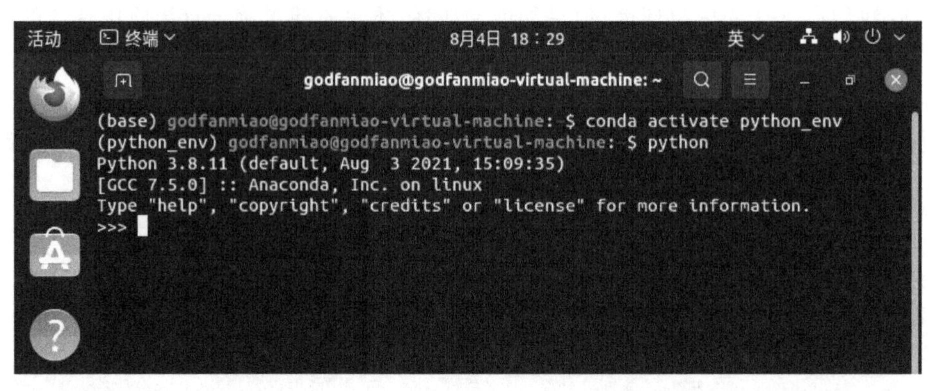

图 2.21 新创建的虚拟环境 python_env 及新环境中安装的 Python 3.8 解释器

用程序失败。因此,需要利用 conda 命令安装 Jupyter Notebook:conda install jupyter notebook。

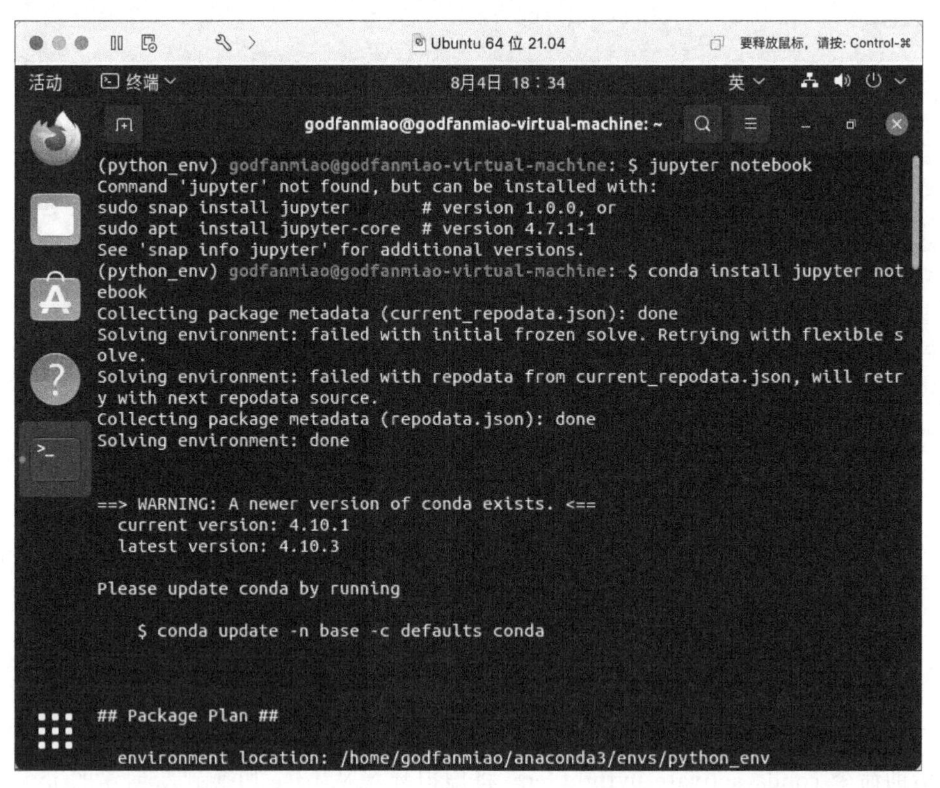

图 2.22 在虚拟环境 python_env 下使用 conda 命令安装 Jupyter Notebook

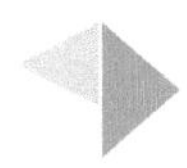

2.4　Jupyter Notebook 使用简介

本节将以 macOS 操作系统为例，介绍如何使用 Jupyter Notebook 应用程序运行 Python 3 的程序代码。

2.4.1　在虚拟环境 python_env 下启动 Jupyter Notebook

在 macOS 操作系统的虚拟环境 python_env 下，有两种启动 Jupyter Notebook 的方式：使用图形化界面的 Anaconda Navigator，如图 2.23 所示，单击对应按钮启动 Jupyter Notebook；或如图 2.24 所示，在终端利用命令 jupyter notebook 启动 Jupyter Notebook。

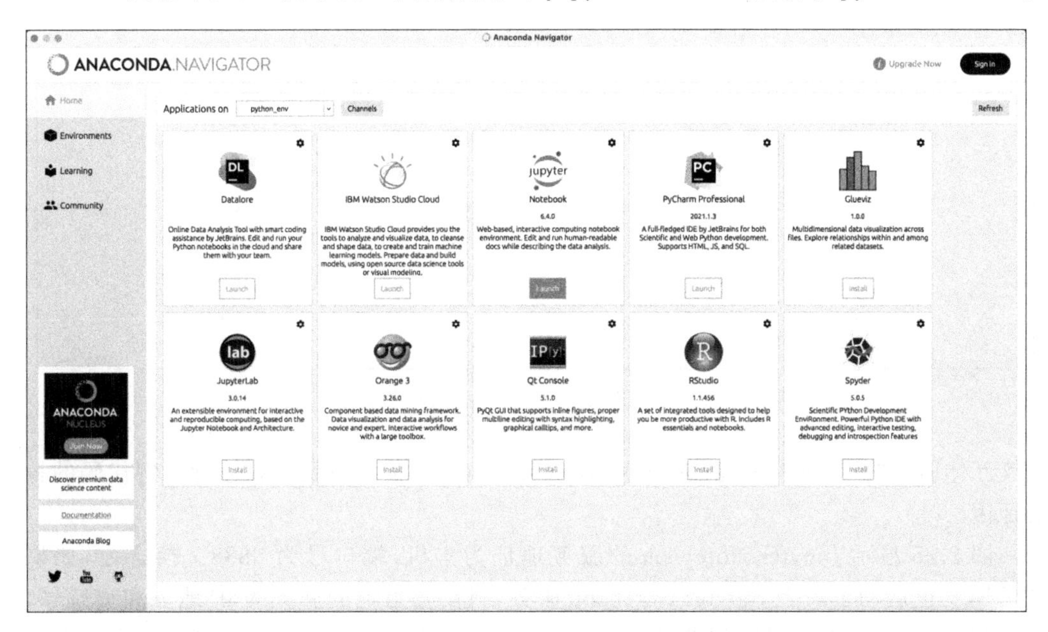

图 2.23　在虚拟环境 python_env 下使用 Anaconda Navigator 启动 Jupyter Notebook（macOS）

启动 Jupyter Notebook 之后，系统会使用默认的网页浏览器打开 Jupyter Notebook 的根目录，如图 2.25 所示。可以看出 Jupyter Notebook 采用一种 B/S（Browser/Server，即浏览器/服务器）模式，提供本地或者远程 Python 服务。B/S 模式的优点在于，不管采用什么操作系统，只要用户有网页浏览器，并且能够上网，那么都可以通过网络服务的方式获得在线的 Python 编程服务。

由此可见，Jupyter Notebook 可以同时在 Windows、macOS、Ubuntu 提供几乎相同

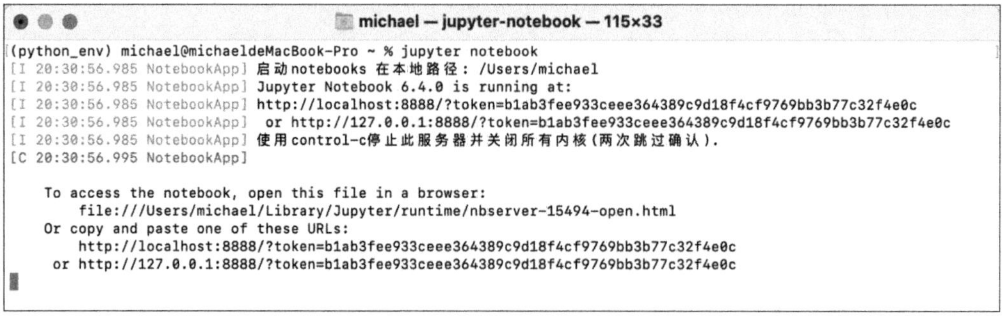
michael — jupyter-notebook — 115×33
(python_env) michael@michaeldeMacBook-Pro ~ % jupyter notebook
[I 20:30:56.985 NotebookApp] 启动notebooks 在本地路径: /Users/michael
[I 20:30:56.985 NotebookApp] Jupyter Notebook 6.4.0 is running at:
[I 20:30:56.985 NotebookApp] http://localhost:8888/?token=b1ab3fee933ceee364389c9d18f4cf9769bb3b77c32f4e0c
[I 20:30:56.985 NotebookApp] or http://127.0.0.1:8888/?token=b1ab3fee933ceee364389c9d18f4cf9769bb3b77c32f4e0c
[I 20:30:56.985 NotebookApp] 使用control-c停止此服务器并关闭所有内核(两次跳过确认).
[C 20:30:56.995 NotebookApp]
To access the notebook, open this file in a browser:
file:///Users/michael/Library/Jupyter/runtime/nbserver-15494-open.html
Or copy and paste one of these URLs:
http://localhost:8888/?token=b1ab3fee933ceee364389c9d18f4cf9769bb3b77c32f4e0c
or http://127.0.0.1:8888/?token=b1ab3fee933ceee364389c9d18f4cf9769bb3b77c32f4e0c

图 2.24 使用命令启动 Jupyter Notebook（macOS）

localhost:8888/tree#
jupyter
Quit
文件
运行
集群
选择操作对象.
上传
新建
Applications
Desktop
Documents
Downloads
Movies
Music
opt
Pictures
Public

图 2.25 进入 Jupyter Notebook 的根目录

的交互体验，这也是本书最终选择使用 Jupyter Notebook 统一展示和运行样例代码的核心原因。

图 2.25 显示 Jupyter Notebook 的服务地址为本机，端口号为 8888。换言之，如果你的朋友也启动了一个 Jupyter Notebook 服务，只要知道他的服务的 IP 地址和端口号，那么就可以通过网络浏览器提交 Python 代码，并可以在朋友的计算机上运行你的代码。

2.4.2 创建一个.ipynb 文件

如图 2.26 所示，在 Jupyter Notebook 中，可以创建一个基于 Python 3 的且文件后缀为.ipynb 的文件。在创建这个文件之后，就可以像图 2.27 所示那样，将其重命名。

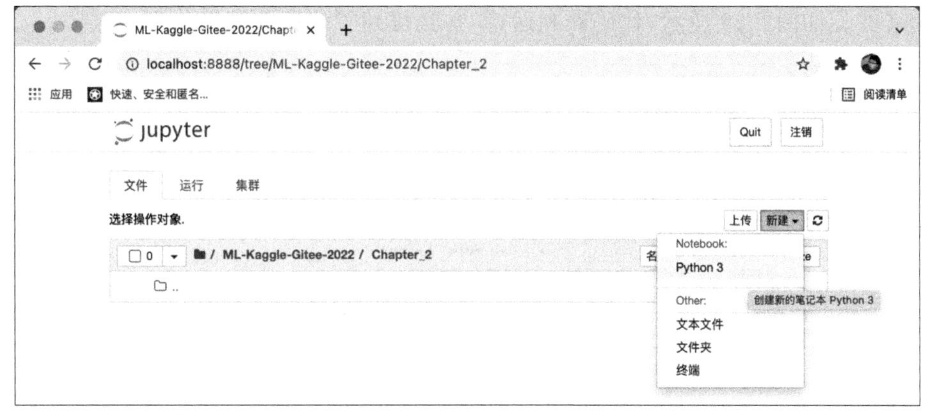

图 2.26　创建一个基于 Python 3 的.ipynb 文件

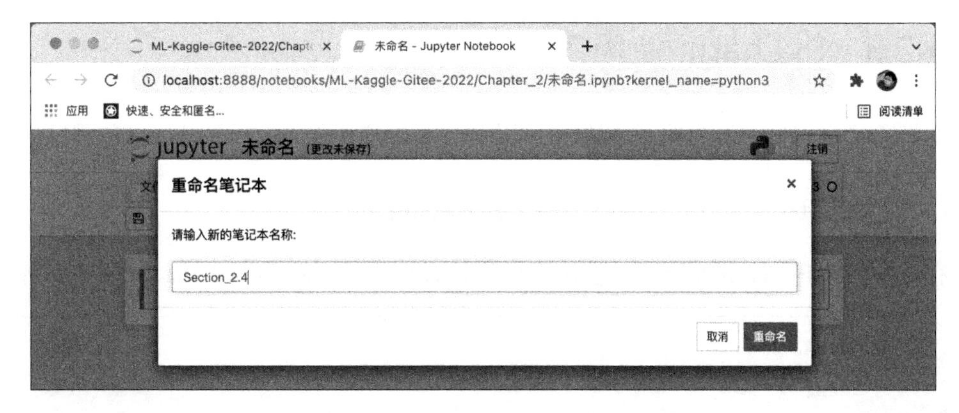

图 2.27　将这个.ipynb 文件重命名为 Section_2.4

2.4.3　试运行.ipynb 文件内的 Python 3 程序

创建好.ipynb 文件之后，就可以输入一段 Python 3 代码，如图 2.28 所示，并且尝试运

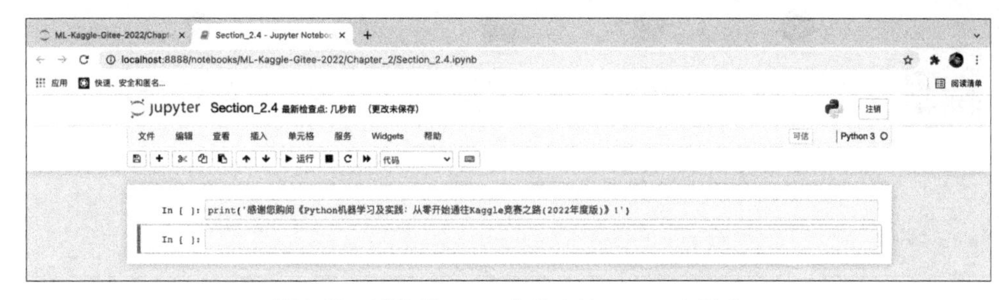

图 2.28　试运行.ipynb 文件内的 Python 3 程序

行这个文件。如图 2.29 所示，代码顺利运行，并且得到了预期的结果。

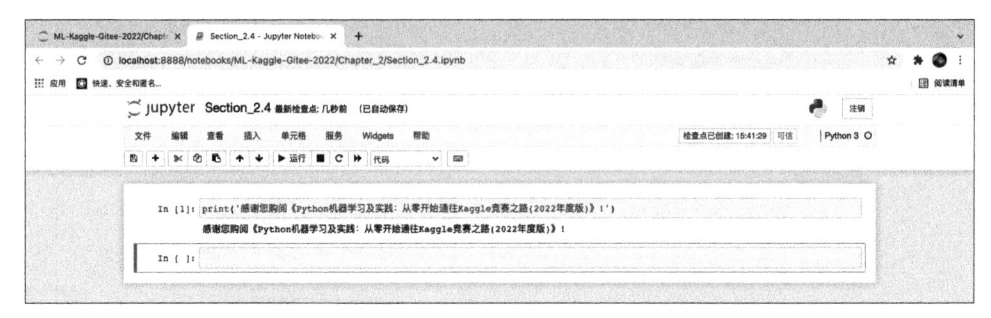

图 2.29　查看 .ipynb 文件内 Python 3 程序的运行结果

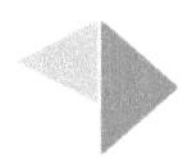

2.5　PyCharm 使用简介

本节将以 macOS 系统为例，介绍如何使用 PyCharm 应用程序运行 Python 3 的程序代码。

2.5.1　在虚拟环境 python_env 下启动 PyCharm

有两种启动 PyCharm 的方式：使用图形化界面的 Anaconda Navigator，如图 2.30 所示，

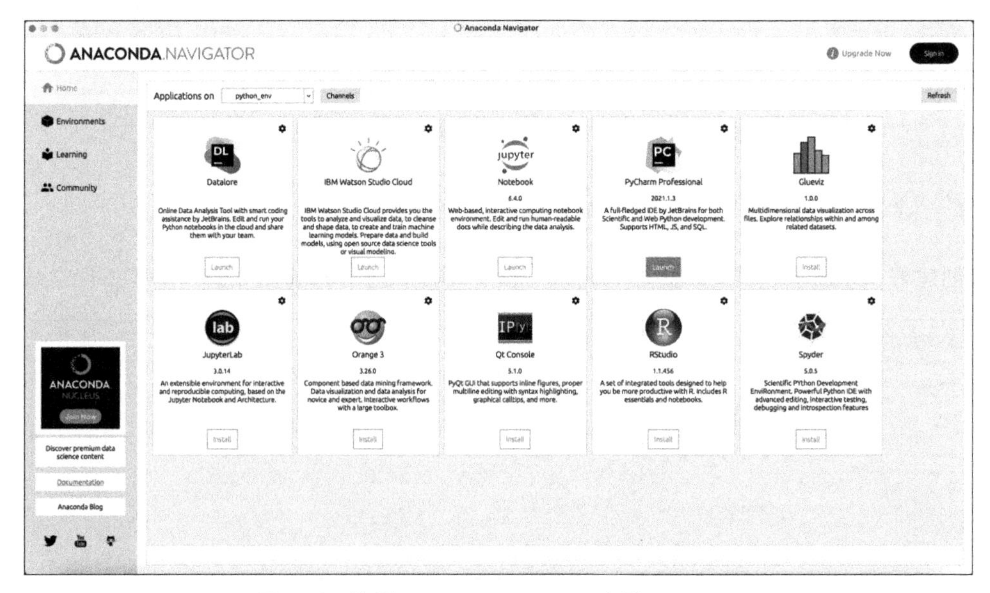

图 2.30　使用 Anaconda Navigator 启动 PyCharm

单击相应按钮启动 PyCharm Professional；或者如图 2.31 所示，在 macOS 的启动台中直接启动 PyCharm Professional。

图 2.31　在 macOS 的启动台中启动 PyCharm

与 Jupyter Notebook 不同，PyCharm 作为一个独立的大型集成开发环境，默认不依赖虚拟环境的构建。对于任何在 PyCharm 中的项目，我们都可以任意配置和运行这个项目所需要的虚拟环境。如图 2.32 所示，配置 pythonProject 项目的运行环境为 python_env，并且 Python 解释器版本为 3.8。

2.5.2　基于虚拟环境 python_env 的 Python 3.8 解释器创建一个.py 文件

完成了 PyCharm 的项目配置之后，就可以如图 2.33 所示，在其中创建一个.py 文件。

2.5.3　试运行.py 文件内的 Python 3 程序

在基于虚拟环境 python_env 的 Python 3.8 解释器中，我们输入一段 Python 3 代码，如图 2.34 所示，运行.py 文件，得到预期的结果。

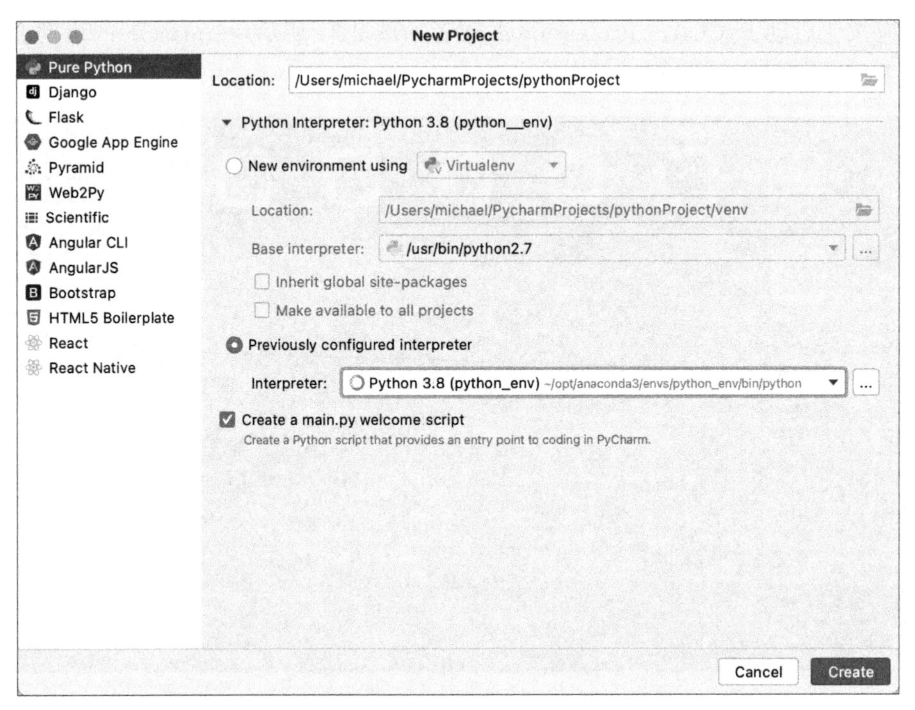

图 2.32　使用虚拟环境 python_env 中的 Python 3.8 作为 PyCharm 项目的解释器

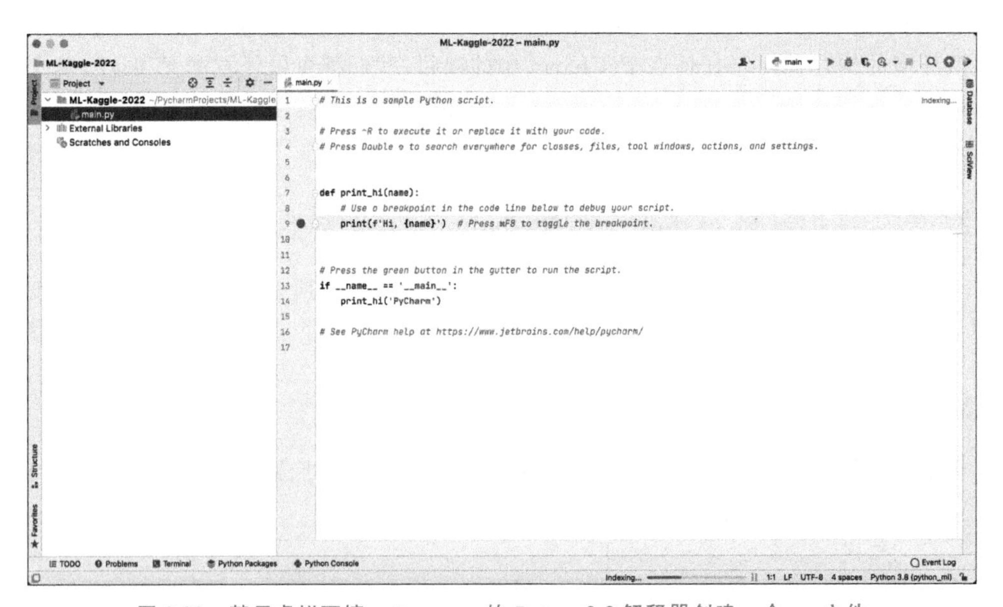

图 2.33　基于虚拟环境 python_env 的 Python 3.8 解释器创建一个 .py 文件

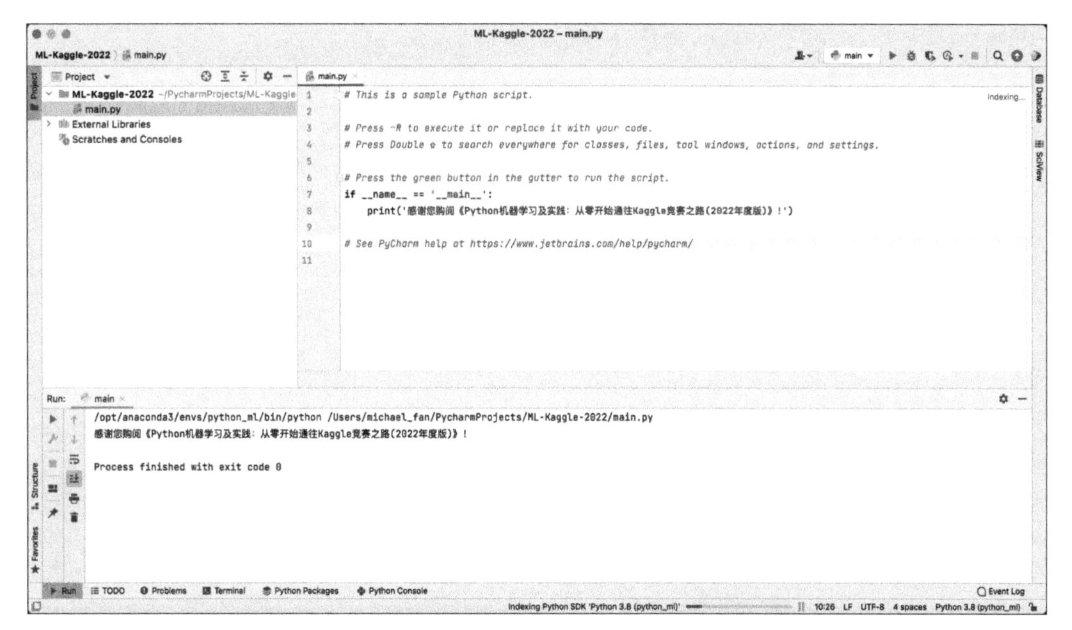

图 2.34　运行 .py 文件内的 Python 3.8 程序并查看结果

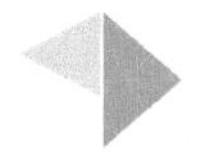

2.6　章末小结

本章首先介绍如何在 Windows、macOS 和 Ubuntu 操作系统中利用 Anaconda 平台搭建和配置基本环境。本章推荐使用基于 Python 3 的 Anaconda 平台从事本书的一系列 Python 机器学习及实践。该平台能够高效和系统地管理和维护诸如 Python 基本编程、数据分析、机器学习等不同用途程序的解决方案。在 Windows 和 macOS 两种商业化的图形操作系统中，本章推荐下载 Anaconda3 的图形化安装包，并且利用 Anaconda Navigator 配置新的虚拟环境，用于未来的 Python 3 编程。在 Ubuntu 操作系统中，本章分别详细介绍了如何使用 sh 命令安装 Anaconda，以及如何使用 conda 命令创建和配置虚拟环境。

本章后续以 macOS 系统为例，分别介绍了两种主流的 Python 编程开发平台——Jupyter Notebook 和 PyCharm 的基本用法。鉴于 Jupyter Notebook 可以同时在各操作系统提供几乎相同的交互体验，本书最终选择使用 Jupyter Notebook 统一展示和运行样例代码。

第 2 部分

基　础　篇

第 3 章

Python 编程基础

本章主要为没有接触过或者正在学习 Python 编程的读者而设。不同于那些完整介绍 Python 编程的书籍和课程，作者并没有做铺陈的打算，而是尝试从本书的总体需求和特点出发，去粗取精，提炼“干货”，向读者介绍足以用来理解并且实践本书全部代码的 Python 基础编程知识。

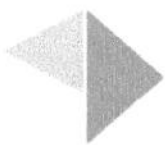

3.1 Python 编程环境配置

在开始学习具体的 Python 编程知识之前，需要先解决下面两个问题：“Python 代码在哪里写？又在哪里运行？”

正所谓“工欲善其事，必先利其器”，目前在市场上，为 Python 代码提供编写和运行环境的应用程序非常多。如果从是否具备实时的交互性、是否能够支持远程的编写和运行服务、是否提供便捷开发的集成化功能和界面这三个维度来考量，那么 Python 的主流编程环境可以分为三种，分别是基于命令行/终端的交互式编程环境、基于 Web 的交互式编程环境，以及集成式开发环境。

接下来的各小节将分别就上述各个类别的开发环境进行举例说明。

3.1.1 基于命令行/终端的交互式编程环境

基于命令行/终端的交互式编程环境是我们最容易接触到的。如图 3.1 所示，Python 解释器本身就内置了一个交互式的编程环境。我们可以在 Windows 的命令提示符模式或者 macOS 和 Linux 的终端中，直接输入命令 python 调起 Python 解释器的默认编程环境。

这种交互式编程环境的优点在于，几乎输入的每一行 Python 代码都会立刻得到程序运行的反馈，便于人们了解每一行代码的执行情况。但是，这样做的缺点也非常明显：许

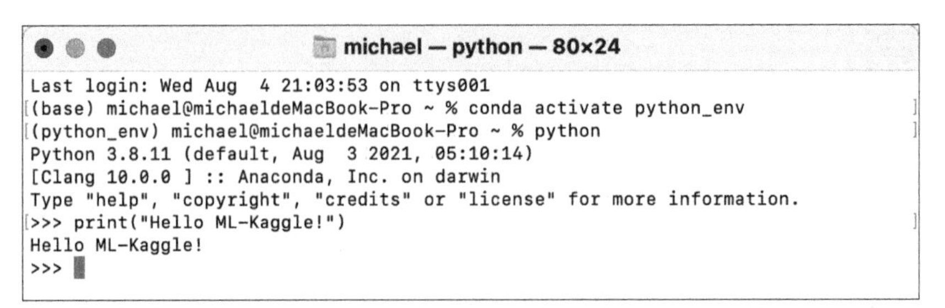

图 3.1　Python 内置的交互式编程环境

多大型程序的逻辑复杂，需要编写大量的代码，而不需要逐行查验程序输出。因此，这种交互式编程环境适合培养新手入门，但是熟练的程序员却不常使用这种编程环境。

与 Python 解释器编程环境类似的代表性应用有 IPython，如图 3.2 所示。比起图 3.1 的 Python 内置编程环境，IPython 算是一种增强型的终端交互式编程环境，对于一些 Python 编程的语法、关键字和内置函数，都会用不同颜色的字符进行突出显示。

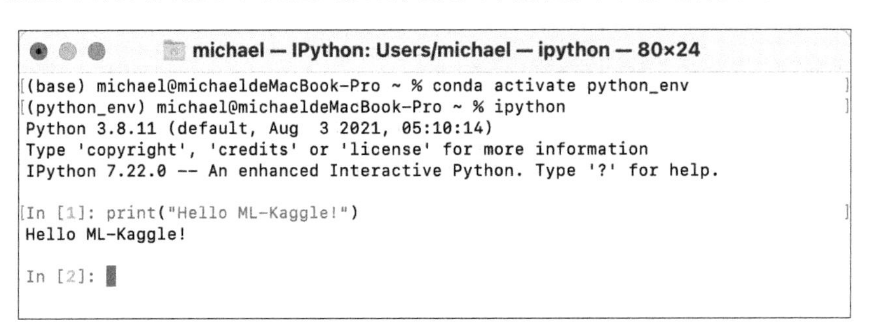

图 3.2　交互式编程环境 IPython

3.1.2　基于 Web 的交互式开发环境

除了基于终端的交互式开发环境，目前基于 Web 的交互式开发环境更加流行。Jupyter Notebook 就是这种 Python 开发环境的典型应用。如图 3.3 所示，这种类似于笔记一样的编程平台，也和 IPython 类似，能够立刻执行输入的程序，给出反馈。更进一步地，对于大段的 Python 程序，也可以将其整体输入 Jupyter Notebook 的文件中，并且整段运行。

因此，Jupyter Notebook 从一定程度上避免了 IPython 的缺点，能够既保留交互式编程环境的优点，同时也适用于大型程序的编写。但是，对于更加专业的程序设计人员，Jupyter Notebook 仍然无法提供更加高级的服务，如代码调试、内存中变量查看等其他功能。

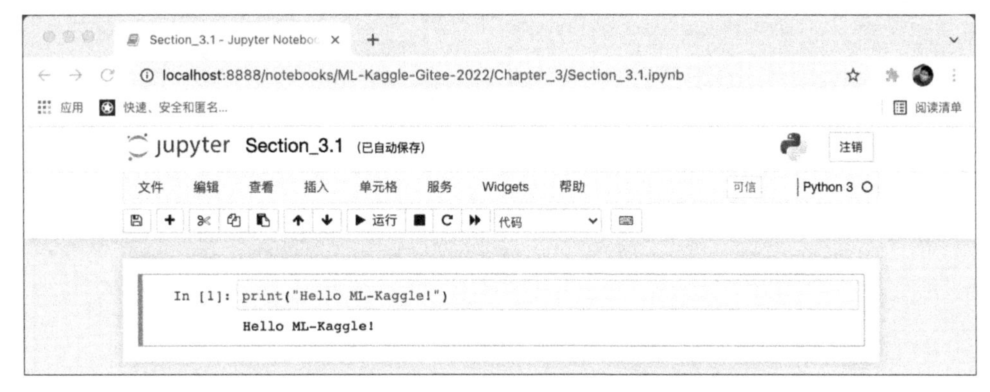

图 3.3　基于 Web 的交互式开发环境 Jupyter Notebook

3.1.3　集成式开发环境

集成式开发环境提供了更加专业的编程平台，除了能够为程序设计人员提供大型程序所需要的源代码编写空间以外，同时也集成了诸如代码调试、内存变量管理、单元测试等大量专业编程所需要的关键辅助功能。代表性的 Python 集成式开发环境包括 PyCharm 和 Spyder，分别如图 3.4 与图 3.5 所示。

图 3.4　集成式开发环境 PyCharm

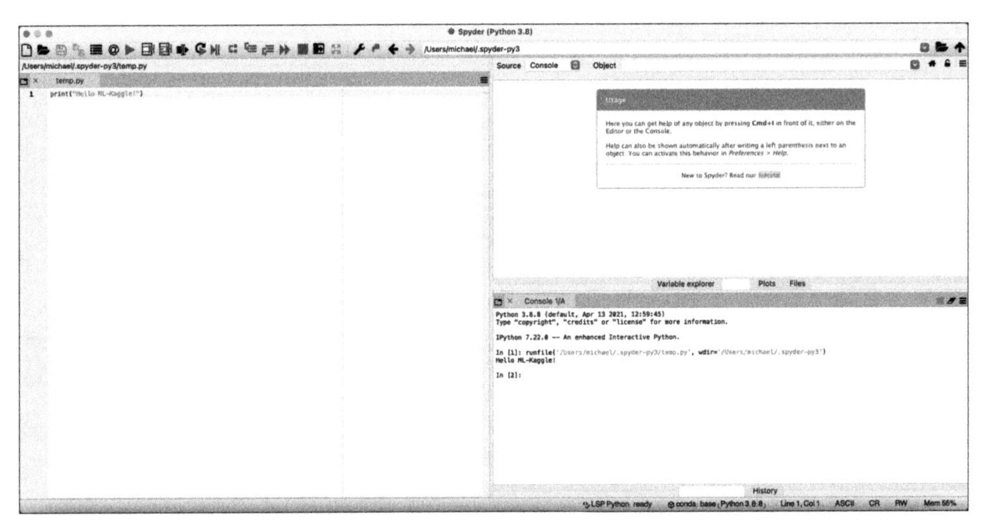

图 3.5　集成式开发环境 Spyder

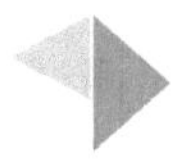

3.2　Python 基本语法

“简单、易学、优雅”是本书对于 Python 编程基础的评价。Python 代码的可读性和撰写效率在大量的编程语言(Java、C++ 等)中是首屈一指的。

毫不夸张地说,即便是没有任何编程基础的读者,初看一些 Python 编程的基础代码,相信也能够勉强看懂其中的要旨。许多使用 Python 编写的程序只需要寥寥数行,就能够实现十分强大的功能。上述这些特点得益于 Python 基础语法特性。

3.2.1　赋值

对程序变量进行赋值声明是任何编程语言中都要进行的基本操作。如果在程序中贸然访问一个没有进行赋值声明的变量,如代码 3.1 所示,程序则会报错。

代码 3.1　Python 变量赋值的错误方式

```
In[*]:  is_ML_Geek

Out[*]: ---------------------------------------------------------------------------
        NameError                                 Traceback (most recent call last)
        <ipython-input-2-97b21c2ef31d>in <module>
```

```
      1 #直接查验未定义变量 is_ML_Geek 的赋值,运行后程序报错
----> 2 is_ML_Geek

NameError: name 'is_ML_Geek' is not defined
```

许多主流的高级编程语言，如C++、Java等，都需要在对变量进行赋值时声明变量的数据类型。但是，Python不需要这样做。如代码3.2所示，Python中对变量的赋值声明十分简单而且直接，只需要把具体的值通过"="赋予所定义的变量名即可。

代码3.2 Python变量赋值的方式

```
In[*]:  is_ML_Geek = True

        is_ML_Geek
Out[*]: True
```

Python变量名的定义有一套十分明确的规则：

- 变量名可以由字母、数字，或者下画线(_)组成，其中数字不能作为开头；
- 变量名不能是Python的关键字，但可以包含关键字；
- 变量名不能包含空格。

其中，Python的关键字一般为许多内置的语句或者命令，如if、for、in等。这些关键字在Jupyter Notebook等专业编程环境中，一般都会用特殊的颜色突出显示，因此非常容易规避。另外，只要在变量声明时考虑其未来的可读性，尽可能贴近变量的实际意义进行命名，基本上都不太可能出现变量声明方面的错误。

3.2.2 注释

注释是代码可读性的另一层保障。与可执行的程序代码不同，注释不会被执行。如代码3.3所示，Python编程语言的注释类型有两种：一种是单行注释，以"#"为行首，引导整行的内容作为注释，不会被Python解释器执行；另一种是多行注释，使用三个单引号或者三个双引号作为起始，直到对应的三个单引号或者双引号出现为止，中间的所有内容均被视为注释。

代码注释是一种优良的编程习惯，也是一种程序员之间的"礼仪"，于人于己都有好处，这个习惯非常建议读者保持。

代码 3.3 Python 注释样例

```
In[ * ]: #这是一个单行注释

         '''
         这是使用三个单引号的
         多行注释
         '''

         """
         这是使用三个双引号的
         多行注释
         """
```

3.2.3 缩进

代码缩进是 Python 语言的特色规则之一。许多其他的高级编程语言（如 C++、Java 等）不太关注代码的空白部分，代码的逻辑分割也大多使用其他标识符，如花括号、逗号等。这些用于分割逻辑的标识符占用了过多的编程空间。Python 则采用 Tab 缩进符，分割代码的逻辑层次，显著减少了源代码的长度。

如代码 3.4 所示，if 作为一个分支语句的关键字，提示后续的代码与其有从属的逻辑层次，因此需要进行缩进操作。其他使用缩进 Tab 符的常见场景还包括 for/while 循环语句、函数和类的声明等。

代码 3.4 Python 语句缩进的代码

```
In[ * ]: """
         如果变量 is_ML_Geek 的赋值为 True，那么程序会输出："推荐您购买《Python 机器学习实践：从零开始通往 Kaggle 竞赛之路》！"
         """

         if is_ML_Geek:
             print('推荐您购买《Python 机器学习实践：从零开始通往 Kaggle 竞赛之路》!')

Out[ * ]: 推荐您购买《Python 机器学习实践：从零开始通往 Kaggle 竞赛之路》!
```

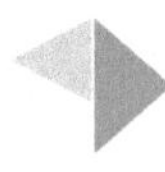

3.3 Python 数据类型

Python 内置的常用数据类型共有 7 种，有简单的数值、布尔值、字符串，还有复杂一些的元组、列表、集合，以及字典。

另外,可以使用 type()函数来直接查验具体的数据类型。比起其他的高级编程语言,Python 内置数据类型的种类简化了许多,具体介绍如下。

- 数值(Number)。常用的数值类型包括整型数(Integer)、浮点数(Float)以及复数(Complex)。整型数和浮点数是我们平时最常使用的两类,如代码 3.5 所示,读者可以先简单地理解常用的整数,如 10、100、−100 等都是整型数;而一般用于计算的小数,如−0.1、10.01 等都可以使用 Python 的浮点数进行存储。复数在 Python 中不太常用,因此不过多介绍。

代码 3.5 Python 常用数值类型样例

```
In[*]:   type(10)          #整型数
Out[*]:  int
In[*]:   type(0.34)        #浮点数
Out[*]:  float
In[*]:   type(1+3j)        #复数
Out[*]:  complex
```

- 布尔值(Boolean)。计算机的计算基础是二进制,因此任何一门编程语言都会有布尔类型,用来表示真/假。如代码 3.6 所示,在 Python 中,这两个值有固定的表示:True 代表真,False 代表假。请读者切记,Python 是大小写敏感的编程语言,因此只有按照 True 或者 False 这样严格区分大小写的输入才会被解释器理解为布尔值。

代码 3.6 Python 布尔值类型样例

```
In[*]:   type(True)        #布尔值:真
Out[*]:  bool
In[*]:   type(False)       #布尔值:假
Out[*]:  bool
```

- 字符串(String)。字符串是由一系列字符(Character)组成的数据类型,应用范围十分广泛,适用于文本数据的处理。如代码 3.7 所示,在 Python 中,字符串可以使用成对的英文单引号或者双引号进行表示,如'abc'或"123"。尽管 123 看似一个整型数,但是一旦被成对的单引号或者双引号限制起来,便成为了字符串类型的数据。

代码 3.7 Python 字符串数据类型样例

```
In[*]:   type('abc')    #用单引号声明的字符串
Out[*]:  str
In[*]:   type("123")   #用双引号声明的字符串
Out[*]:  str
```

上述 3 类都是 Python 基本的内置数据类型,它们是数据表达与存储的基础。下面即将介绍的 4 种数据类型则相对复杂,而且还需要上述 3 种基础数据类型的配合。

- 元组(Tuple)。元组是一系列 Python 数据类型按照顺序组成的序列,使用一组圆括号()表示。如代码 3.8 所示,(10, 0.34, True, 'abc')是一个包含 4 个元素的元组。读者会发现,元组中的数据类型不必统一,这是 Python 的一大特点。另外,x_tuple[0]的值为 10,x_tuple[1]的值为 0.34。也就是说,我们可以通过索引直接从元组中找到所需要的数据。特别需要提醒读者的是,大多数编程语言都默认索引的起始值为 0,而不是 1。

代码 3.8 Python 元组数据类型样例

```
In[*]:   x_tuple = (10, 0.34, True, 'abc')   #将一个元组赋值给变量 x_tuple
         print(x_tuple)
Out[*]:  (10, 0.34, True, 'abc')
In[*]:   type(x_tuple)     #查验变量 x_tuple 的数据类型
Out[*]:  tuple
```

- 列表(List)。列表和元组在功能上是类似的,只是表示方法略有不同。如代码 3.9 所示,列表使用一对方括号[]来组织数据,如:[10, 0.34, True, 'abc']。读者需要记住一点例外:Python 允许在使用者在访问列表的同时修改列表里的数据,而元组则不然。相关的样例代码会在 3.4 节中具体展示。

代码 3.9 Python 列表数据类型样例

```
In[*]:   x_list = [10, 0.34, True, 'abc']   #将一个列表赋值给变量 x_list
         print(x_list)
Out[*]:  [10, 0.34, True, 'abc']
In[*]:   type(x_list)          #查验变量 x_list 的数据类型
Out[*]:  list
```

- 集合(Set)。Python 使用一对花括号{}来初始化一个集合类型的数据。与列表和元组不同,集合中不允许出现相同的元素。如代码 3.10 所示,即便初始化一个集合时有重复的元素,但是,最终的集合只留下了不同的元素。

代码 3.10　Python 集合数据类型样例

```
In[*]:  x_set ={10, 0.34, 'a', 'a', 'b'}  #将一个集合赋值给变量 x_set
        print(x_set)
Out[*]: {0.34, 10, 'b', 'a'}
In[*]:  type(x_set)  #查验变量 x_set 的数据类型
Out[*]: set
```

- 字典(Dictionary)。字典是 Python 中非常实用而且功能强大的数据类型,特别在数据处理任务中,字典几乎成为了数据存储的主流形式。从字典自身的数据结构而言,它包括多组键(key)-值(value)对。如代码 3.11 所示,Python 的字典数据类型使用花括号{}来容纳这些键-值对,并且用英文冒号将键和值进行映射。特别需要读者注意的是,字典中的键是唯一的,但是没有数据类型的限制。而查找某个键所对应的值也和访问元组或者列表中元素的方式类似。例如,代码 3.11 中字典变量 x_dict 的键包括 1、2、'a'、'abc';x_dict['a']的值为 True。

代码 3.11　Python 字典数据类型样例

```
In[*]:  #将一个字典赋值给变量 x_dict
        x_dict ={1:10, 2:0.34, 'a':True, 'abc':'abc'}
        print(x_dict)
Out[*]: {1: 10, 2: 0.34, 'a': True, 'abc': 'abc'}
In[*]:  #查验变量 x_dict 的数据类型
        type(x_dict)
Out[*]: dict
```

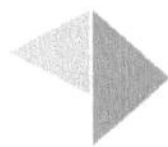

3.4　Python 数据运算

3.3 节介绍了 Python 的数据类型,接下来,我们开始了解如何对这些数据进行运算。Python 中常用的数据运算类型有如下几种。

- 算术运算(Arithmetic Operators)。毫无疑问,算术运算是作为一门编程语言所必须具备的基础运算功能。Python 中常用的算术运算符包括加法（＋）、减法（－）、乘法（＊）、除法（/）、取余（％），以及幂（＊＊）。代码 3.12 展示了各种算术运算的样例。

代码 3.12 Python 算术运算样例

```
In[*]:   10 +20.0  #整型数与浮点数的加法,结果是浮点数
Out[*]:  30.0
In[*]:   30-60  #整型数与整型数的减法,结果是整型数
Out[*]:  -30
In[*]:   4 * 8     #整型数与整型数的乘法,结果是整型数
Out[*]:  32
In[*]:   4 * 8.9   #整型数与浮点数的乘法,结果是浮点数
Out[*]:  35.6
In[*]:   5 / 4     #整型数除法,无论是否能够整除,结果都是浮点数
Out[*]:  1.25
In[*]:   6 / 3     #整型数除法,无论是否能够整除,结果都是浮点数
Out[*]:  2.0
In[*]:   5 // 4   #除法,结果取整
Out[*]:  1
In[*]:   4 / 5     #除法,结果取整
Out[*]:  0
In[*]:   5%4      #取余运算
Out[*]:  1
In[*]:   2 ** 3   #幂运算
Out[*]:  8
```

- 比较运算（Comparison Operators）。如果说算术运算的返回值一般是数值类型，那么比较运算则反馈布尔值类型的结果。代码 3.13 展示了常用于比较运算的运算符和样例。

代码 3.13 Python 比较运算样例

```
In[*]:  10<20  #判断是否小于
Out[*]: True
In[*]:  10>20  #判断是否大于
Out[*]: False
In[*]:  10==10.0  #判断是否等于
Out[*]: True
In[*]:  10!=20  #判断是否不等于
Out[*]: True
```

- 赋值运算(Assignment Operators)。算术运算和比较运算都有一个共同的特点,即所有的运算结果都只是作为一次性的输出。然而,在更多情况下,我们需要对数据运算的中间结果进行存储,以备后续使用。因此,我们需要将一些数据赋值给自定义的变量。赋值运算除了可以用于基本的 Python 变量初始化,也可以对已有的变量值进行修改。如代码 3.14 所示,绝大多数的 Python 数据类型都可以通过赋值运算进行修改,但是元组是一个例外。因此,元组和列表最大的不同在于:元组类型的内部元素不可以被修改;而列表类型却可以。

代码 3.14 Python 赋值运算样例

```
In[*]:  t=(1, 'abc', 0.4)

        t[0]=2  #元组类型的内部元素不可以被修改
Out[*]: ---------------------------------------------------------------------------
        TypeError                                 Traceback (most recent call last)
        <ipython-input-16-64c6100d331f> in <module>
              5 t=(1, 'abc', 0.4)
              6
        ---->7 t[0]=2 #元组类型的内部元素不可以被修改

        TypeError: 'tuple' object does not support item assignment
In[*]:  l=[1, 'abc', 0.4]  #将一个列表赋值给变量 l

        l[0]=2  #试图改变列表 l 的第一个元素,并且重新赋值为 2
```

```
#对更新后的列表的第一个元素进行递增 1 的操作,并重新赋值
l[0] +=1

l[0]      #观察输出,结果应为 3
```

```
Out[*]: 3
```

- 逻辑运算(Logical Operators)。逻辑运算比较简单,共有三种：与(and),或(or),非(not)。逻辑运算所涉及的数据类型为布尔值,返回值也是布尔值。代码 3.15 展示了部分常见逻辑运算的规则和结果。

代码 3.15 Python 逻辑运算样例

```
In[*]:  True and True
Out[*]: True
In[*]:  #and 作为逻辑运算时,只要有一方为 False,结果即为 False
        True and False
Out[*]: False
In[*]:  #or 作为逻辑运算符时,只要有一方为 True,结果即为 True
        True or False
Out[*]: True
In[*]:  #or 作为逻辑运算符时,两方均是 False,结果才是 False
        False or False
Out[*]: False
In[*]:  #非(not)运算符用来反转布尔值
        not True
Out[*]: False
```

- 成员运算(Membership Operators)。成员运算是针对 Python 中较为复杂的数据结构而设立的一种运算,主要面向元组、列表、集合以及字典。如代码 3.16 所示,我们可以借助运算符 in,询问某个元素是否在元组、列表或者集合中出现,或者检视某个键是否在字典中存在。这是 Python 中非常实用且功能强大的运算,适用于数据处理任务。

代码 3.16　Python 成员运算样例

```
In[ * ]:  l = [1, 'abc', 0.4]       #查询 0.4 是否在列表 l 中

          0.4 in l
Out[ * ]: True
In[ * ]:  t = (1, 'abc', 0.4)       #查询 1 是否在元组 t 中

          1 in t
Out[ * ]: True
In[ * ]:  s = {1, 'abc', 0.4}      #查询'abc'是否在集合 s 中

          'abc' in s
Out[ * ]: True
In[ * ]:  d = {1: '1', 'abc': 0.1, 0.4: 80}     #查询 0.4 是否在字典 d 的键中

          0.4 in d
Out[ * ]: True
In[ * ]:  80 in d      #尽管字典 d 的值中有 80,但是 in 只负责键的查询

Out[ * ]: False
```

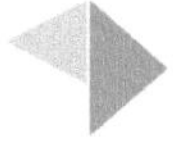

3.5　Python 流程控制

本章前几节的示例代码都是按照从前到后的常规顺序依次执行的。按照先后顺序执行是最为常见的 Python 程序执行流程。然而,在某些情况下,我们需要选择执行或者重复执行某些代码片段。这就需要通过一些特殊的流程控制,使得 Python 解释器具备可以跳跃甚至回溯部分代码的能力。比较常见的流程控制方式包括分支语句(if-elif-else)和循环控制(for/while)。

3.5.1　分支语句

很多情况下,我们需要程序根据不同的情况选择性地执行某一部分代码,这就需要分支语句的参与。与分支语句紧密相连的数据类型和操作类型分别是布尔值与逻辑运算。

分支语句的关键字包括 if、elif 和 else。常见的分支语句包括单独使用 if、if-else 搭

配，以及 if 搭配多个 elif-else 的情况。

如代码 3.17 所示，if-else 的搭配最终只能选择 if 或者 else 两个分支之一的语句执行；并且每一个分支语句都需要进行缩进处理。具体执行哪个分支，取决于 if 后续的布尔值或者逻辑运算的结果是否为真。

代码 3.17 Python 分支语句 if-else 样例

```
In[*]:  b = True


        if b:
            print("变量 b 是真。")
        else:
            print("变量 b 是假。")
```

```
Out[*]: 变量 b 是真。
```

if-elif-else 的搭配如代码 3.18 所示。Python 解释器会首先询问 if 对应的布尔值或者逻辑运算为布尔值的表达式。如果为 True，那么不会执行 elif 以及 else 对应的分支语句；如果为 False，则会依次试探 elif 对应的布尔值或者逻辑运算结果为布尔值的表达式。以此类推，一旦其中任何一个为真，便会执行对应的多行分支语句，然后跳出整体分支语句。如果 if 和 elif 中没有任何一个为真，则执行 else 对应的语句。

代码 3.18 Python 分支语句 if-elif-else 样例

```
In[*]:  a = False
        b = False
        c = True


        if a:
            print("变量 a 是真。")
        elif b:
            print("变量 a 是假，并且变量 b 是真。")
        elif c:
            """
            如果执行到此处，说明 a 一定是 False，同时 b 一定是 False，c 必须是真。
            这是因为，分支语句依次执行真假判别。一旦某一分支判别为真，则该条语句被执行，
        并且整体分支语句就会结束，根本没有机会执行后续其他的 elif 和 else。
            """
            print("变量 a 是假，同时变量 b 也是假，并且变量 c 是真，这条语句才会被执行。")
        else:
            print("所有变量都是假！")
```

```
Out[*]: 变量 a 是假,同时变量 b 也是假,并且变量 c 是真,这条语句才会被执行。
```

多个 if 引导的分支语句之间互不干涉,各自分别执行,如代码 3.19 所示。

代码 3.19　Python 多个分支语句样例

```
In[*]:  """
        换一种情况,两个 if 引导不同的两个分支语句,都会分别执行,互相不存在依赖关系。
        """

        a =False
        b =False
        c =True

        if not a:
            print("变量 a 是假。")

        if b:
            print("变量 b 是真。")
        elif c:
            print("变量 b 是假,变量 c 是真,这条语句才会被执行。")
        else:
            print("变量 b 和 c 都是假!")
```

```
Out[*]: 变量 a 是假。
        变量 b 是假,变量 c 是真,这条语句才会被执行。
```

3.5.2　循环控制

还有一些情况,需要我们循环执行某些代码。这是计算机程序为人类提供的极大便利,可以把某些具有规律的重复性代码单独封装。

循环控制可以根据需要采用 for 或 while 引导的两种不同的语法。如代码 3.20 所示,以关键字 for 引导的循环控制,需要搭配之前介绍的成员运算符 in 形成固定的语法结构,借助遍历来完成对循环语句的控制。

代码 3.20　Python 循环控制(for)样例

```
In[*]:  d ={1: '1', 'abc': 0.1, 0.4: 80}

        for k in d:
```

```
        print(k, d[k])
```

```
Out[*]: 1 1
        abc 0.1
        0.4 80
```

而以关键字 while 引导的循环控制，如代码 3.21 所示，则需要在每一轮判定其后续的布尔值或者逻辑表达式是否为真，从而决定是否要继续执行其循环语句。

代码 3.21　Python 循环控制（while）样例

```
In[*]:  l = [1,2,3,4,5]
        i = 0
        while i < len(l):
            print(l[i])
            i += 1
```

```
Out[*]: 1
        2
        3
        4
        5
```

3.6　Python 函数设计

在面对大型项目的时候，编程人员不可避免地需要编写越来越多的代码。在实际编码过程中，人们往往会发现有很多功能相同的代码片段被反复地重用和执行。因此，人们开始考虑是否可以将这些功能明确且被经常使用的代码片段从程序中抽离出来单独封装。于是，函数（Function）的概念出现在了编程语言里。有了函数的帮助，我们便可以更好地组织和规划更加大型的项目。

在函数的设计方面，我们可以向函数提供必要的参数作为输入，同时也可以从函数获取所需要的返回值。Python 采用 def 这个关键字来定义一个函数。代码 3.22 用 def 定义了一个函数，名称为 foo，并且 foo() 函数的参数为 x，返回值（return）为 x**2。

代码 3.22　Python 函数定义和执行样例

```
In[*]:  def foo(x):
            """
            这是一个计算二次方的函数
            """
```

```
        return x * * 2


    if __name__=='__main__':
        print(foo(8.0))
```

Out[*]: 64.0

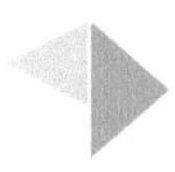

3.7　Python 面向对象编程

Python 从设计之初就已经是一门面向对象的编程语言。与 C++、Java 等高级编程语言一样，使用 Python 创建一个类或者实例化一个对象，是很容易的操作。

我们首先要了解一些面向对象语言所包含的基本概念。

- 类(Class)。类是用来描述具有相同属性和方法的对象的集合。类是我们在日常生活中用来描述事物的抽象概念，例如猫、狗、学生、雇员等，都可以用来概括描述一类事物。为了更进一步描述类，我们通常需要在类中定义必要的数据成员和方法(函数)。
- 对象(Object)/实例(Instance)。对象/实例是通过类具象化定义的数据结构。例如，我们定义"范淼"是一位"学生"，所以，"学生"类的一个对象或者具体实例是"范淼"。而创建一个类的实例，即创建类的具体对象的过程称为实例化。沿用之前的例子，创建"范淼"是对"学生"概念的实例化过程。
- 数据成员。数据成员用来定义类的相关数据，包括类变量、实例变量(属性)等。例如，对于"学生"这个类，通常我们需要记录学生的姓名、年龄、性别等属性(Attribute)，同时，这些属性会根据具体对象/实例的不同而存储不同的数值。
- 方法(Method)。方法是类里面所定义的函数。例如，"学生"这个类可以有入学、分班、上课、考试等方法，这些方法可以对每个对象自身的属性，或者结合其外部信息，给出必要的反馈。

接下来，我们通过一个有关学生信息处理的样例代码来具体说明上述有关 Python 面向对象编程的基本概念。代码 3.23 中定义了一个名为 Student 的类。

代码 3.23　Python 面向对象编程样例

```
In[ * ]: class Student:
             count=0
             __tax_discount_rate=0.1
```

```
    def __init__(self, name, age, sex, fee, is_married):
        self.name=name
        self.age=age
        self.sex=sex

        self.__fee=fee
        self.__is_married=is_married

        Student.count +=1


    def display_student(self):
        print("姓名: %s, 年龄: %d, 性别: %s" %(self.name, self.age, self
.sex))


    def display_fee(self):
        print("%s 的学费为%f" %(self.name, self.__fee))


    def __get_is_single(self):
        if self.__is_married:
            return False
        else:
            return True


    def get_tax_return(self):
        if self.__get_is_single():
            return self.__fee * Student.__tax_discount_rate
        else:
            return 0.0


    def display_tax_return(self):
        print("%s 的退税额度为:%f" %(self.name, self.get_tax_return()))
```

```
if __name__ =='__main__':
    student_1 =Student("范森", 29, "男", 5000.0, False)
    student_2 =Student("刘晓龙", 34, "男", 5500.0, False)

    student_1.display_student()
    student_2.display_student()

    print("目前学生总数为%d人" %Student.count)

    student_3 =Student("孙华枭", 28, "男", 5600, True)
    student_4 =Student("陈蓓", 27, "女", 4500, True)

    print("目前学生总数为%d人" %Student.count)

    student_1.display_tax_return()
    student_3.display_tax_return()
```

```
Out[*]: 姓名: 范森, 年龄: 29, 性别: 男
        姓名: 刘晓龙, 年龄: 34, 性别: 男
        目前学生总数为 2 人
        目前学生总数为 4 人
        范森的退税额度为:500.000000
        孙华枭的退税额度为:0.000000
```

Student类中包含了公开的属性name、age、sex,以及私有的属性__fee和__is_married。Student类中也定义了公开的方法display_student()、display_fee()、get_tax_return()和display_tax_return(),以及私有的方法__get_is_single()。

从上述属性和方法的命名规则,我们可以看出,如果想要私有化属性或者方法,需要在属性和方法的前面增加双下画线"__"。

此外,我们还注意到Student类中有两个特别的地方:一个是__init__()方法,这是初始化对象或者实例时需要默认调用的方法,所有的公有和私有属性都在这个方法中初始化;另一个是在__init__()方法外侧的count公有变量和__tax_discount_rate私有变量,这两个变量的值会在Student类的所有实例(对象)之间共享。

最后,需要强调的是,每一个类的方法在声明时,至少要引入self参数代表这个类本身,然后再声明其他的函数参数。

3.8 Python 编程库（包）导入

当各位读者已经学会如何通过封装和调用自己编写的函数来完成较为复杂的任务时，心中一定充满了成就感。特别是如果对于自己所编写的某些函数的功能和效率都信心十足，读者一定非常希望可以和其他人分享，并且也期望别人的程序重用这些函数模块。这种分享的动机激励着 Python 开发者互通有无，使得第三方编程库（Library）或者包（Package）的概念应运而生。有一些编程库默认配置在 Python 的解释器环境中，这些是我们经常要用到的；也有一些是由其他编程爱好者所开发的，发布在其他平台上。我们可以借助 Anaconda Navigator（如图 3.6 所示）或者 conda 命令（如图 3.7 所示，命令为 conda install matplotlib）安装这些编程库。

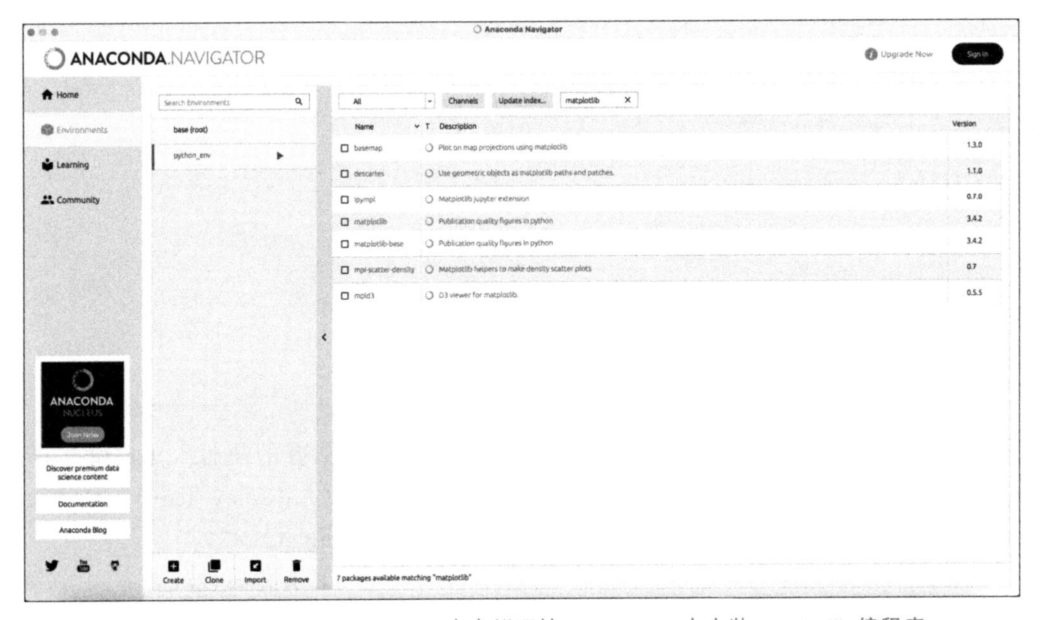

图 3.6 使用 Anaconda Navigator 在虚拟环境 python_env 中安装 matplotlib 编程库

事实上，越是复杂的大型项目越不可能从零开始编程，更不可能要求一位程序员自行编写一个大型项目所有功能的代码。实际使用中，哪怕是执行一些相对简单的数学运算，我们甚至都能在 Python 语言的内置编程库（包）中找到可以导入（import）的编程库。代码 3.24 列出了几种导入 Python 编程库（包）的方法。

```
(python_env) michael@michaeldeMacBook-Pro ~ % conda install matplotlib
Collecting package metadata (current_repodata.json): done
Solving environment: done


==> WARNING: A newer version of conda exists. <==
  current version: 4.10.1
  latest version: 4.10.3

Please update conda by running

    $ conda update -n base -c defaults conda



## Package Plan ##

  environment location: /Users/michael/opt/anaconda3/envs/python_env

  added / updated specs:
    - matplotlib


The following packages will be downloaded:

    package                    |            build
    ---------------------------|-----------------
    fonttools-4.25.0           |     pyhd3eb1b0_0         632 KB
    lz4-c-1.9.3                |       h23ab428_1         140 KB
    matplotlib-3.4.2           |   py38hecd8cb5_0          26 KB
```

图3.7 使用conda命令在虚拟环境python_env中安装matplotlib编程库

代码3.24 Python编程库(包)导入样例

In[*]:
```
#导入math编程库(包)
import math

#从math编程库(包)中调用exp函数
math.exp(2.0)
```

Out[*]: 7.38905609893065

In[*]:
```
#从math编程库(包)里导入exp函数
from math import exp

#直接使用函数名称调用exp,不需要声明math编程库(包)
exp(2.0)
```

Out[*]: 7.38905609893065

In[*]:
```
#从math编程库(包)里导入exp函数,并且将exp重命名为ep
from math import exp as ep
```

```
#用自定义的 exp 的别名 ep,调用函数 exp
ep(2.0)
```

Out[*]: 7.38905609893065

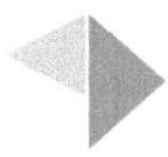

3.9 Python 编程综合实践

本节会向读者提供一套完整的 Python 源代码，即代码 3.25。代码 3.25 主要实现一个成绩分级的功能，综合了本章 Python 编程基础方方面面的知识点，方便读者加快对后续章节代码的理解和实践。

代码 3.25 Python 编程综合实践样例代码

In[*]:
```
"class Student:
    count=0

    def __init__(self, name, score):
        self.name =name

        self.__score =score

        if score>=90.0:
            self.grade='A'
        elif score>=80.0:
            self.grade='B'
        elif score>=60.0:
            self.grade='C'
        else:
            self.grade='D'

        Student.count +=1

    def display_grade(self):
        print("%s 的成绩等级为%s" %(self.name, self.grade))


if __name__ =='__main__':
"""
```

```
期末考试录入多人成绩,根据成绩,展示评级
"""
    student_1=Student('范森', 70.5)
    student_2=Student('刘晓龙', 81.5)
    student_3=Student('陈蓓', 96)
    student_4=Student('孙华枭', 47.0)

    students =[student_1, student_2, student_3, student_4]

    for student in students:
        student.display_grade()
```

```
Out[ * ]: 范森的成绩等级为 C
          刘晓龙的成绩等级为 B
          陈蓓的成绩等级为 A
          孙华枭的成绩等级为 D
```

3.10　章末小结

本章主要基于 Python 3 介绍 Python 编程的基础知识,尝试从全书的总体需求和特点出发,去粗取精、提炼“干货”,重点涉及如下内容。

- 语法:如何注释、变量赋值,以及代码缩进。
- 数据:数据类型、运算方式。
- 语句:分支、循环等不同的流程控制语句。
- 函数:如何设计函数。
- 模块:面向对象编程,如何导入编程库(包)。

选择实践这些内容的目标在于向读者介绍足以用来理解并且实践本书全部代码的 Python 基础编程知识。

第 4 章

pandas 数据分析

pandas 是用 Python 语言开发的一个便于数据处理(Data Manipulation)和数据分析(Data Analysis)的第三方编程库。pandas 适合处理规整的二维数据结构(一维也可以,但是应用较少)。

如图 4.1 所示,pandas 适用的这种二维数据结构称作 DataFrame,类似于一个没有经过合并单元格的 Excel 表格。同时,pandas 也提供了大量的功能,用于处理数值、文本,甚至时间序列类型的数据。

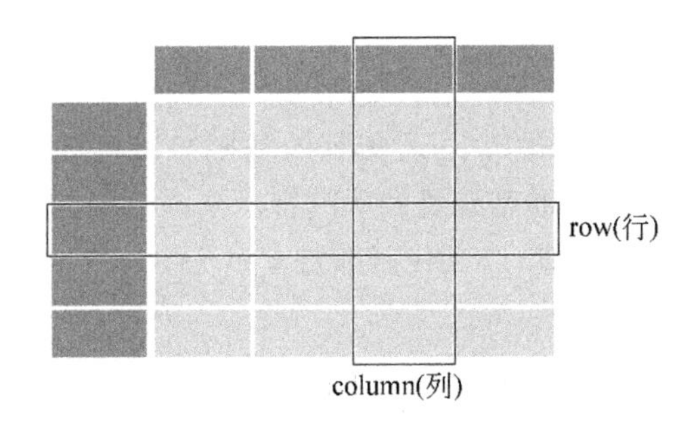

图 4.1　适合 pandas 处理的主流数据结构:DataFrame

很多行业的办公人员都需要处理分析大量 Excel、JSON、CSV 等格式的数据表格。pandas 可以轻松应对这些表格的日常处理需求,甚至可以实现更为复杂的处理逻辑,这些往往是其他工具无法处理的。

因此,在大数据时代,只要是与数据相关的从业人员,pandas 都是一项不错的加分技能,因此各行各业的工作者都在竞相学习 pandas。这些人期望在大数据时代的背景下,提高工作效率、拓展对数据的认识、增加竞争力。

本章从本书的总体需求和特点出发,去粗取精、提炼 pandas 中的“干货”,向读者介绍足以理解并实践本书全部代码所需的 pandas 数据分析知识。

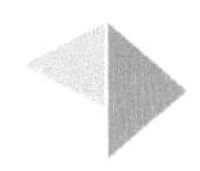

4.1 pandas 环境配置

首先，为本章的数据分析实践创建一个新的虚拟环境，命名为 python_da（Python Data Analysis 的缩写）。同时，在这个虚拟环境中搭建和配置 pandas，为后续讲述基于 Python 的数据分析与实践奠定基础。

如图 4.2 所示，在 Windows 或者 macOS 系统中，我们可以直接使用 Anaconda Navigator，借助图形化的界面操作，创建虚拟环境 python_da；同时，指定新环境的 Python 解释器版本为 3.8。

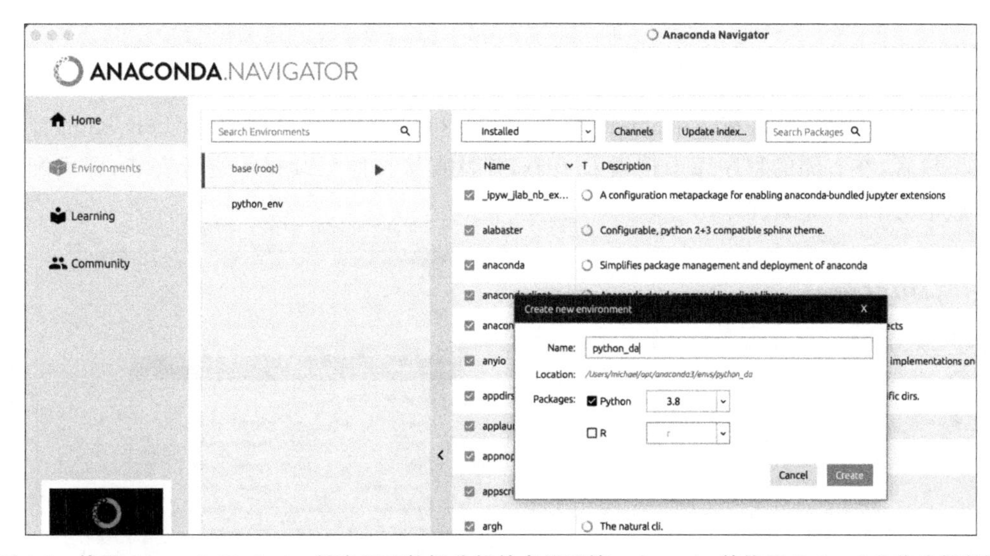

图 4.2 使用 Anaconda Navigator 创建用于数据分析的虚拟环境 python_da，并使用 Python 3.8 作为解释器

在 Windows、macOS 以及 Ubuntu 中，都可以通过在终端中输入命令 conda create -n python_da python=3.8 创建新的虚拟环境。

虚拟环境 python_da 创建好之后，我们可以在命令行/终端中使用命令 conda activate python_da 切换到新的虚拟环境。如图 4.3 所示，在新虚拟环境的 Python 3.8 解释器中尝试导入 pandas 编程库。运行结果证明，作为一个新建的虚拟环境，其 Python 3.8 解释器并不会预装 pandas。

因此，接下来将分别演示如何使用 Anaconda Navigator 和 conda 命令在 Python 3.8 解释器中安装 pandas 编程库。

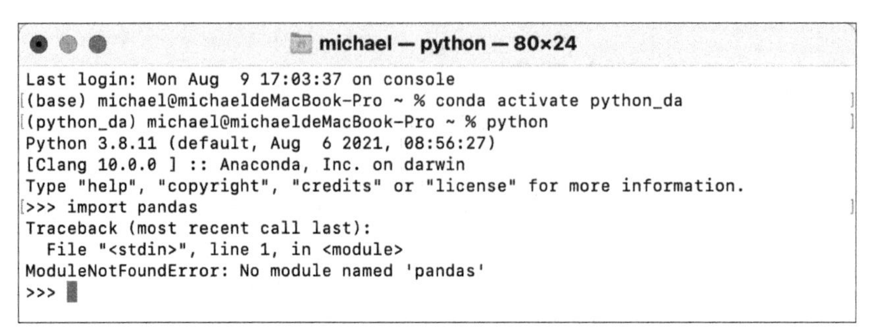

图 4.3　虚拟环境 python_da 的 Python 3.8 解释器没有预装 pandas

4.1.1　使用 Anaconda Navigator 搭建和配置环境

如图 4.4 所示，可以在 Anaconda Navigator 中首先切换到名称为 python_da 的虚拟环境。然后，在右侧的程序库中搜索 pandas，并且直接按照后续提示进行安装，即可配置最新版本的 pandas 编程库。

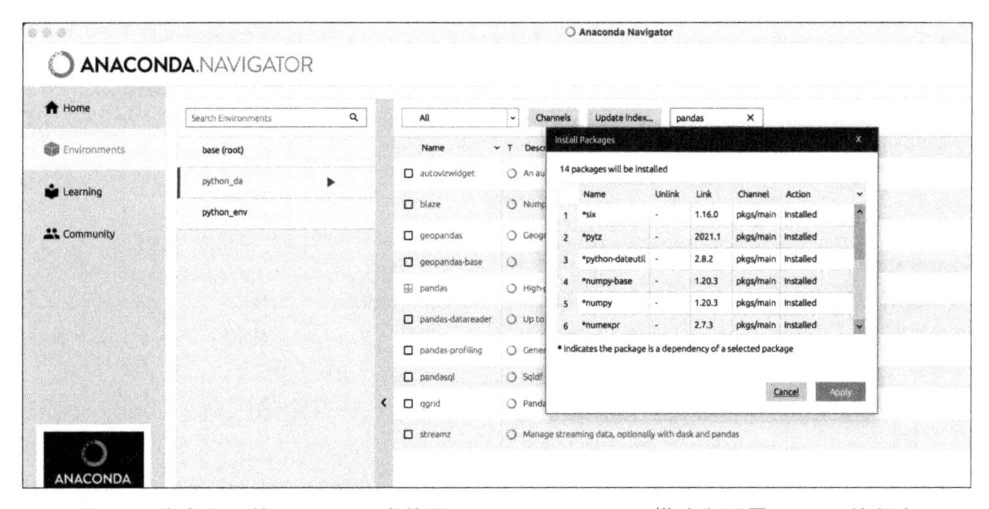

图 4.4　在虚拟环境 python_da 中使用 Anaconda Navigator 搭建和配置 pandas 编程库

4.1.2　使用 conda 命令搭建和配置环境

如图 4.5 所示，我们也可以在 Windows 的命令行或者 macOS/Ubuntu 的终端中，首先切换到名称为 python_da 的虚拟环境，然后使用 conda 命令，即 conda install pandas ==

1.3.3，自动安装和配置版本号为 1.3.3 的 pandas 程序库[①]。

```
(base) michael_fan@michael-fandeMacBook-Air ~ % conda activate python_da
(python_da) michael_fan@michael-fandeMacBook-Air ~ % conda install pandas==1.3.3
Collecting package metadata (current_repodata.json): done
Solving environment: done


==> WARNING: A newer version of conda exists. <==
  current version: 4.10.1
  latest version: 4.10.3

Please update conda by running

    $ conda update -n base -c defaults conda



## Package Plan ##

  environment location: /opt/anaconda3/envs/python_da

  added / updated specs:
    - pandas==1.3.3
```

图 4.5　在虚拟环境 python_da 中使用 conda 命令搭建和配置 pandas 编程库

为了校验我们是否成功在虚拟环境 python_da 的 Python 3.8 解释器中安装好了 pandas 程序库，可以在 Python 解释器中输入代码：import pandas，尝试导入 pandas 程序库。代码运行结果如图 4.6 所示，我们安装的 pandas 版本号显示为 1.3.3。

```
michael_fan — python — 80×24
(python_da) michael_fan@michael-fandeMacBook-Air ~ % python
Python 3.8.12 (default, Oct 12 2021, 06:23:56)
[Clang 10.0.0 ] :: Anaconda, Inc. on darwin
Type "help", "copyright", "credits" or "license" for more information.
>>> import pandas
>>> pandas.__version__
'1.3.3'
>>> 
```

图 4.6　在虚拟环境 python_da 的 Python 3.8 解释器中尝试导入 pandas，验证环境搭建是否成功

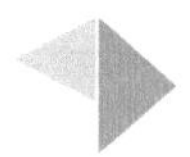

4.2　pandas 核心数据结构

pandas 主要用于处理规整的二维数据结构，这种数据结构称作 DataFrame（数据

① 本书使用版本号为 1.3.3 的 pandas 程序库。指定版本号的优点在于避免因 pandas 程序库升级带来书中代码与最新版本不兼容的问题。

框)。与表格类似,构成 DataFrame 的基本单元是多个一维的数据列。而在 pandas 中,这种一维的数据列被称作 Series(序列)。本节主要介绍如何初始化 Series 和 DataFrame。

4.2.1 Series

pandas 中的 Series 与 Excel 中的列(Column)概念类似。作为一种带有索引的一维数据,构成 Series 的核心要素是索引,以及索引对应的数据。如代码 4.1 所示,我们可以用一个 Python 列表作为 Series 中的数据,相应的索引可以使用默认值,也可以主动设定。这种索引与对应数据的映射与 Python 的字典在结构上非常一致,因此,也可以直接使用一个 Python 的字典初始化一个 pandas 的 Series 数据结构。

代码 4.1 pandas 中 Series 数据结构的多种初始化方式

```
In[*]: import pandas as pd
```

```
In[*]: #使用 Python 列表数据创建一个采用默认索引的 pandas Series
       s =pd.Series(data=[1,2,3])

       s
```

```
Out[*]: 0    1
        1    2
        2    3
        dtype: int64
```

```
In[*]: #使用 Python 列表数据创建一个自定义索引的 pandas Series
       s =pd.Series(data=[1,2,3], index=[4,5,6])

       s
```

```
Out[*]: 4    1
        5    2
        6    3
        dtype: int64
```

```
In[*]: #使用 Python 字典数据创建一个 pandas Series
       d ={'a': 1, 'b': 2, 'c': 3}

       s =pd.Series(d)

       s
```

```
Out[*]: a    1
        b    2
        c    3
        dtype: int64
```

4.2.2 DataFrame

DataFrame 是 pandas 中最核心的数据结构。pandas 数据分析的大量操作几乎都依托 DataFrame。DataFrame 与 Excel 中的表格(Table)概念类似。作为一种带有索引的二维数据,构成 DataFrame 的核心要素是索引,以及索引对应的多个 Series。

初始化一个 DataFrame 的方式有多种,但是几乎都依赖 Python 中的字典。字典中的每一个键(Key)都对应引导表头中的一列数据。因此,建议读者以多个列的视角组织和创建一个 DataFrame。如代码 4.2 所示,我们可以直接创建一个字典,以键作为 DataFrame 每一列的名称,以 Python 的列表或者 pandas 的 Series 作为每一列的具体数据。DataFrame 的索引可以使用默认值,也可以主动设定。

代码 4.2 pandas 中 DataFrame 数据结构的多种初始化方式

```
In[*]:  import pandas as pd
```

```
In[*]:  #使用 Python 字典数据创建一个采用默认索引的 pandas DataFrame
        d={'国家': ['中国', '美国', '日本'],
           '人口': [14.22, 3.18, 1.29]}

        df=pd.DataFrame(d)

        df
```

Out[*]:

	国家	人口
0	中国	14.22
1	美国	3.18
2	日本	1.29

```
In[*]:  #使用 Python 字典数据,创建一个自定义索引的 pandas DataFrame
        df=pd.DataFrame(d, index=['a', 'b', 'c'])

        df
```

Out[*]:

	国家	人口
a	中国	14.22
b	美国	3.18
c	日本	1.29

In[*]:

```
#使用多个不同索引的 pandas Series 创建一个 pandas DataFrame
d ={'one': pd.Series(['a', 'b', 'c'], index=[1, 2, 3]),
     'two': pd.Series(['a', 'b', 'c', 'd'], index=[1, 2, 3, 4])}

df =pd.DataFrame(d)


df
```

Out[*]:

	one	two
1	a	a
2	b	b
3	c	c
4	NaN	d

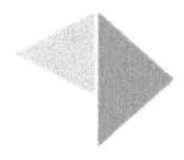

4.3 pandas 读取/写入文件数据

数据是数据分析的基础。除了可以在代码中直接初始化 DataFrame 或者 Series 格式的数据之外，我们不可避免地需要在实际应用中从不同格式的文件中读取数据，同时也需要将处理和分析好的数据通过文件写入的方式进行存储。

本节将介绍如何使用 pandas 读取和写入日常工作中最常用几种格式的文件，包括：CSV、JSON，以及 Excel 等格式。

4.3.1 读取/写入 CSV 文件数据

CSV（Comma-Separated Values）文件，有时也被称为逗号分隔值或字符分隔值文件。这种文件以纯文本的形式存储表格数据（数值和文本），文件后缀为.csv。CSV 文件由任意数目的记录组成行数据，记录间以换行符分隔；同时，每条记录由不同字段构成列数据。一般情况下，第一行的记录为表头，后续多行记录对应表头的数据。字段间的分隔符最常见的是逗号或制表符，但也可以是其他字符或字符串，如图 4.7 所示。

CSV 是一种通用的、相对简单的文件格式，在商业和科学等领域广泛应用。

```
1 "id","diagnosis","radius_mean","texture_mean","perimeter_mean","area_mean","smoothness_mean","compactne
  concave
  points_mean","symmetry_mean","fractal_dimension_mean","radius_se","texture_se","perimeter_se","area_se"
  ss_se","concavity_se","concave
  points_se","symmetry_se","fractal_dimension_se","radius_worst","texture_worst","perimeter_worst","area_
  compactness_worst","concavity_worst","concave points_worst","symmetry_worst","fractal_dimension_worst",
2 842302,M,17.99,10.38,122.8,1001,0.1184,0.2776,0.3001,0.1471,0.2419,0.07871,1.095,0.9053,8.589,153.4,0.0
  87,0.03003,0.006193,25.38,17.33,184.6,2019,0.1622,0.6656,0.7119,0.2654,0.4601,0.1189
3 842517,M,20.57,17.77,132.9,1326,0.08474,0.07864,0.0869,0.07017,0.1812,0.05667,0.5435,0.7339,3.398,74.08
  0134,0.01389,0.003532,24.99,23.41,158.8,1956,0.1238,0.1866,0.2416,0.186,0.275,0.08902
4 84300903,M,19.69,21.25,130,1203,0.1096,0.1599,0.1974,0.1279,0.2069,0.05999,0.7456,0.7869,4.585,94.03,0.
  58,0.0225,0.004571,23.57,25.53,152.5,1709,0.1444,0.4245,0.4504,0.243,0.3613,0.08758
5 84348301,M,11.42,20.38,77.58,386.1,0.1425,0.2839,0.2414,0.1052,0.2597,0.09744,0.4956,1.156,3.445,27.23,
  1867,0.05963,0.009208,14.91,26.5,98.87,567.7,0.2098,0.8663,0.6869,0.2575,0.6638,0.173
6 84358402,M,20.29,14.34,135.1,1297,0.1003,0.1328,0.198,0.1043,0.1809,0.05883,0.7572,0.7813,5.438,94.44,0
  885,0.01756,0.005115,22.54,16.67,152.2,1575,0.1374,0.205,0.4,0.1625,0.2364,0.07678
7 843786,M,12.45,15.7,82.57,477.1,0.1278,0.17,0.1578,0.08089,0.2087,0.07613,0.3345,0.8902,2.217,27.19,0.0
  7,0.02165,0.005082,15.47,23.75,103.4,741.6,0.1791,0.5249,0.5355,0.1741,0.3985,0.1244
8 844359,M,18.25,19.98,119.6,1040,0.09463,0.109,0.1127,0.074,0.1794,0.05742,0.4467,0.7732,3.18,53.91,0.00
  9,0.01369,0.002179,22.88,27.66,153.2,1606,0.1442,0.2576,0.3784,0.1932,0.3063,0.08368
```

图 4.7　CSV 文件的格式和数据样式展示

如代码 4.3 所示，我们首先使用 pandas 的 read_csv()函数将图 4.7 中的 CSV 格式数据读取到变量 df 中。通过查看 df 变量，我们得知读入的数据包含 569 行 33 列。这里特别需要强调，第一个没有名称的列是 DataFrame 默认的数据索引(数值从 0 到 568)，并不来自文件数据。

接下来，我们使用 3 个具体列的名称：'diagnosis' 'radius_mean'以及'perimeter_mean'，从 DataFrame 类型的变量 df 中选取 3 列数据，构成 df_part。通过查看 df_part 变量，我们得知其包含 569 行 3 列。

最后，使用 pandas 的 to_csv()函数将 df_part 数据存储在一个新的 CSV 文件中，并且再次借助 read_csv()函数读入这个新的 CSV 文件，将数据读入变量 df_new 中。

经过对比查验，我们已经成功地将处理后的 DataFrame 类型数据(即 569 行×3 列的 df_part 变量)存入 CSV 格式的文件中。

代码 4.3　pandas 读取和写入 CSV 文件

```
In[*]:  import pandas as pd
```

```
In[*]:  """
        使用 pandas 的 read_csv()函数，
        读取 breast_cancer.csv 文件，
        并将文件数据赋值给变量 df
        """
        df=pd.read_csv('datasets/breast_cancer.csv')

        #查看 df
        df
```

Out[*]:

	id	diagnosis	radius_mean	texture_mean	perimeter_mean	area_mean	smoothne
0	842302	M	17.99	10.38	122.80	1001.0	
1	842517	M	20.57	17.77	132.90	1326.0	
2	84300903	M	19.69	21.25	130.00	1203.0	
3	84348301	M	11.42	20.38	77.58	386.1	
4	84358402	M	20.29	14.34	135.10	1297.0	
...	...	...	...	...	...	...	
564	926424	M	21.56	22.39	142.00	1479.0	
565	926682	M	20.13	28.25	131.20	1261.0	
566	926954	M	16.60	28.08	108.30	858.1	
567	927241	M	20.60	29.33	140.10	1265.0	
568	92751	B	7.76	24.54	47.92	181.0	

569 rows × 33 columns

In[*]:

```
#用具体的列名选择 df 的 3 列,构成 df_part
df_part=df[['diagnosis', 'radius_mean', 'perimeter_mean']]

#查看 df_part
df_part
```

Out[*]:

	diagnosis	radius_mean	perimeter_mean
0	M	17.99	122.80
1	M	20.57	132.90
2	M	19.69	130.00
3	M	11.42	77.58
4	M	20.29	135.10
...	...	...	...
564	M	21.56	142.00
565	M	20.13	131.20
566	M	16.60	108.30
567	M	20.60	140.10
568	B	7.76	47.92

569 rows × 3 columns

In[*]:
```
"""
将 df_part 的数据
按照 CSV 格式写入 breast_cancer_part.csv 文件
"""
df_part.to_csv('datasets/breast_cancer_part.csv', index= False)

"""
再次使用 pandas 的 read_csv()函数,
读取 breast_cancer_part.csv 文件,
并将文件数据赋值给变量 df_new
"""
df_new =pd.read_csv('datasets/breast_cancer_part.csv')

# 校验 df_new 与 df_part 是否一致
df_new
```

Out[*]:

	diagnosis	radius_mean	perimeter_mean
0	M	17.99	122.80
1	M	20.57	132.90
2	M	19.69	130.00
3	M	11.42	77.58
4	M	20.29	135.10
...	...	...	...
564	M	21.56	142.00
565	M	20.13	131.20
566	M	16.60	108.30
567	M	20.60	140.10
568	B	7.76	47.92

569 rows × 3 columns

4.3.2　读取/写入 JSON 文件数据

JSON(JavaScript Object Notation)是一种轻量级的数据交换格式,文件后缀为.json。如图 4.8 所示,这是一种格式类似 Python 字典的数据文件。这种简洁和清晰的层次结构使得 JSON 成为理想的数据交换语言——易于人们阅读和编写,同时也易于机器解析和生成，并有效地提升网络传输效率。

```
1  [
2    {"sepalLength": 5.1, "sepalWidth": 3.5, "petalLength": 1.4, "petalWidth": 0.2, "species": "setosa"},
3    {"sepalLength": 4.9, "sepalWidth": 3.0, "petalLength": 1.4, "petalWidth": 0.2, "species": "setosa"},
4    {"sepalLength": 4.7, "sepalWidth": 3.2, "petalLength": 1.3, "petalWidth": 0.2, "species": "setosa"},
5    {"sepalLength": 4.6, "sepalWidth": 3.1, "petalLength": 1.5, "petalWidth": 0.2, "species": "setosa"},
6    {"sepalLength": 5.0, "sepalWidth": 3.6, "petalLength": 1.4, "petalWidth": 0.2, "species": "setosa"},
7    {"sepalLength": 5.4, "sepalWidth": 3.9, "petalLength": 1.7, "petalWidth": 0.4, "species": "setosa"},
8    {"sepalLength": 4.6, "sepalWidth": 3.4, "petalLength": 1.4, "petalWidth": 0.3, "species": "setosa"},
9    {"sepalLength": 5.0, "sepalWidth": 3.4, "petalLength": 1.5, "petalWidth": 0.2, "species": "setosa"},
10   {"sepalLength": 4.4, "sepalWidth": 2.9, "petalLength": 1.4, "petalWidth": 0.2, "species": "setosa"},
11   {"sepalLength": 4.9, "sepalWidth": 3.1, "petalLength": 1.5, "petalWidth": 0.1, "species": "setosa"},
12   {"sepalLength": 5.4, "sepalWidth": 3.7, "petalLength": 1.5, "petalWidth": 0.2, "species": "setosa"},
13   {"sepalLength": 4.8, "sepalWidth": 3.4, "petalLength": 1.6, "petalWidth": 0.2, "species": "setosa"},
14   {"sepalLength": 4.8, "sepalWidth": 3.0, "petalLength": 1.4, "petalWidth": 0.1, "species": "setosa"},
15   {"sepalLength": 4.3, "sepalWidth": 3.0, "petalLength": 1.1, "petalWidth": 0.1, "species": "setosa"},
16   {"sepalLength": 5.8, "sepalWidth": 4.0, "petalLength": 1.2, "petalWidth": 0.2, "species": "setosa"},
17   {"sepalLength": 5.7, "sepalWidth": 4.4, "petalLength": 1.5, "petalWidth": 0.4, "species": "setosa"},
18   {"sepalLength": 5.4, "sepalWidth": 3.9, "petalLength": 1.3, "petalWidth": 0.4, "species": "setosa"},
```

图 4.8　JSON 文件的格式和数据样式展示

如代码 4.4 所示，首先使用 pandas 的 read_json()函数，将图 4.8 中的 JSON 格式数据读取到变量 df 中。通过查看 df 变量，得知读入的数据包含 150 行 5 列。第一个没有名称的列是 DataFrame 默认的数据索引(数值从 0 到 149)，并不来自文件数据。

接下来，使用与 Python 列表选择行操作类似的方法，选择 df 的前 10 行数据，构成 df_part。通过查看 df_part 变量，我们得知其包含选取的 10 行 5 列。

最后，使用 pandas 的 to_json()函数，将 df_part 数据存储在一个新的 JSON 文件中。并且，再次借助 read_json()函数读入这个新的 JSON 文件，并将数据读入变量 df_new 中。

经过对比查验，结果证明我们已经成功地将处理后的 DataFrame 类型数据(即 10 行×5 列的 df_part 变量)存入 JSON 格式的文件中。

代码 4.4　pandas 读取和写入 JSON 文件

```
In[*]:  import pandas as pd

In[*]:  """
        使用 pandas 的 read_json()函数，
        读取 iris.json 文件，
        并将文件数据赋值给变量 df
        """
        df=pd.read_json('datasets/iris.json')

        #查看 df
        df
```

Out[*]:

	sepalLength	sepalWidth	petalLength	petalWidth	species
0	5.1	3.5	1.4	0.2	setosa
1	4.9	3.0	1.4	0.2	setosa
2	4.7	3.2	1.3	0.2	setosa
3	4.6	3.1	1.5	0.2	setosa
4	5.0	3.6	1.4	0.2	setosa
...	...	...	...	...	...
145	6.7	3.0	5.2	2.3	virginica
146	6.3	2.5	5.0	1.9	virginica
147	6.5	3.0	5.2	2.0	virginica
148	6.2	3.4	5.4	2.3	virginica
149	5.9	3.0	5.1	1.8	virginica

150 rows × 5 columns

In[*]:

```
#选择 df 的前 10 行数据,构成 df_part
df_part=df[:10]

#查看 df_part
df_part
```

Out[*]:

	sepalLength	sepalWidth	petalLength	petalWidth	species
0	5.1	3.5	1.4	0.2	setosa
1	4.9	3.0	1.4	0.2	setosa
2	4.7	3.2	1.3	0.2	setosa
3	4.6	3.1	1.5	0.2	setosa
4	5.0	3.6	1.4	0.2	setosa
5	5.4	3.9	1.7	0.4	setosa
6	4.6	3.4	1.4	0.3	setosa
7	5.0	3.4	1.5	0.2	setosa
8	4.4	2.9	1.4	0.2	setosa
9	4.9	3.1	1.5	0.1	setosa

10 rows × 5 columns

```
In[*]:  """
        将 df_part 的数据
        按照 JSON 的格式写入 iris_part.json 文件
        """
        df_part.to_json('datasets/iris_part.json')

        """
        再次使用 pandas 的 read_json() 函数，
        读取 iris_part.json 文件，
        并将文件数据赋值给变量 df_new
        """
        df_new=pd.read_json('datasets/iris_part.json')
        #校验 df_new 与 df_part 是否一致
        df_new
```

Out[*]:

	sepalLength	sepalWidth	petalLength	petalWidth	species
0	5.1	3.5	1.4	0.2	setosa
1	4.9	3.0	1.4	0.2	setosa
2	4.7	3.2	1.3	0.2	setosa
3	4.6	3.1	1.5	0.2	setosa
4	5.0	3.6	1.4	0.2	setosa
5	5.4	3.9	1.7	0.4	setosa
6	4.6	3.4	1.4	0.3	setosa
7	5.0	3.4	1.5	0.2	setosa
8	4.4	2.9	1.4	0.2	setosa
9	4.9	3.1	1.5	0.1	setosa

10 rows × 5 columns

4.3.3 读取/写入 Excel 文件数据

Excel 是微软公司开发的电子表格软件，文件后缀为.xlsx。如图 4.9 所示，直观的界面、出色的计算功能和图表工具，再加上成功的市场营销，使 Excel 成为近年来最流行的个人计算机数据处理软件。在 1993 年，Excel 作为 Microsoft Office 的组件发布了 5.0 版之后，就开始成为所适用操作平台上的电子制表软件的霸主。目前在个人日常办公、企业财务处理等领域，Excel 都得到了广泛的应用。

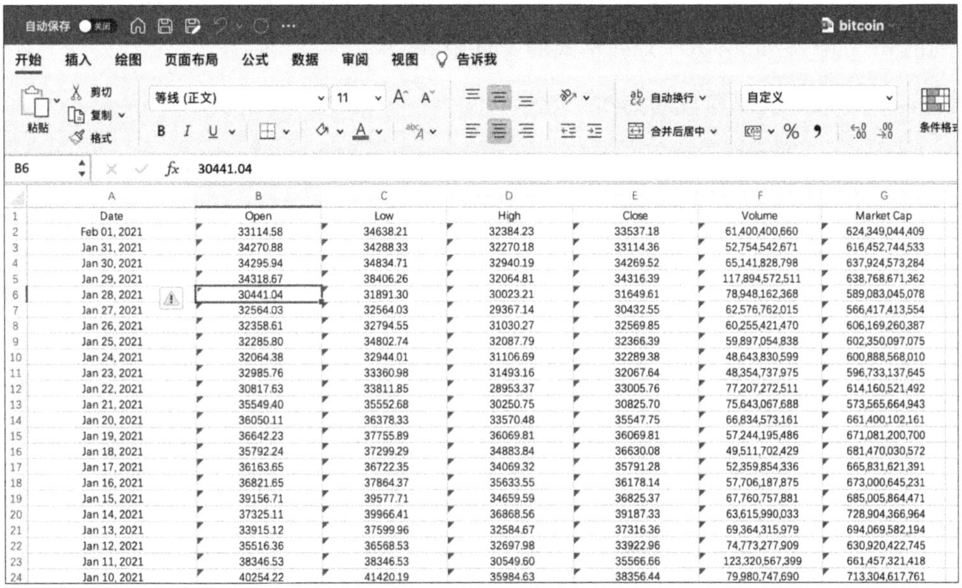

	A	B	C	D	E	F	G
1	Date	Open	Low	High	Close	Volume	Market Cap
2	Feb 01, 2021	33114.58	34638.21	32384.23	33537.18	61,400,400,660	624,349,044,409
3	Jan 31, 2021	34270.88	34288.33	32270.18	33114.36	52,754,542,671	616,452,744,533
4	Jan 30, 2021	34295.94	34834.71	32940.19	34269.52	65,141,828,798	637,924,573,284
5	Jan 29, 2021	34318.67	38406.26	32064.81	34316.39	117,894,572,511	638,768,671,362
6	Jan 28, 2021	30441.04	31891.30	30023.21	31649.61	78,948,162,368	589,083,045,078
7	Jan 27, 2021	32564.03	32564.03	29367.14	30432.55	62,576,762,015	566,417,413,554
8	Jan 26, 2021	32358.61	32794.55	31030.27	32569.85	60,255,421,470	606,169,260,387
9	Jan 25, 2021	32285.80	34802.74	32087.79	32366.39	59,897,054,838	602,350,097,075
10	Jan 24, 2021	32064.38	32944.01	31106.69	32289.38	48,643,830,599	600,888,568,010
11	Jan 23, 2021	32985.76	33360.98	31493.16	32067.64	48,354,737,975	596,733,137,645
12	Jan 22, 2021	30817.63	33811.85	28953.37	33005.76	77,207,272,511	614,160,521,492
13	Jan 21, 2021	35549.40	35552.68	30250.75	30825.70	75,643,067,688	573,565,664,943
14	Jan 20, 2021	36050.11	36378.33	33570.48	35547.75	66,834,573,161	661,400,102,161
15	Jan 19, 2021	36642.23	37755.89	36069.81	36069.81	57,244,195,486	671,081,200,700
16	Jan 18, 2021	35792.24	37299.29	34883.84	36630.08	49,511,702,429	681,470,030,572
17	Jan 17, 2021	36163.65	36722.35	34069.32	35791.28	52,359,854,336	665,831,621,391
18	Jan 16, 2021	36821.65	37864.37	35633.55	36178.14	57,706,187,875	673,000,645,231
19	Jan 15, 2021	39156.71	39577.71	34659.59	36825.37	67,760,757,881	685,005,864,471
20	Jan 14, 2021	37325.11	39966.41	36868.56	39187.33	63,615,990,033	728,904,366,964
21	Jan 13, 2021	33915.12	37599.96	32584.67	37316.36	69,364,315,979	694,069,582,194
22	Jan 12, 2021	35516.36	36568.53	32697.98	33922.96	74,773,277,909	630,920,422,745
23	Jan 11, 2021	38346.53	38346.53	30549.60	35566.66	123,320,567,399	661,457,321,418
24	Jan 10, 2021	40254.22	41420.19	35984.63	38356.44	79,980,747,690	713,304,617,761

图 4.9　Excel 文件的格式和数据样式展示

尽管 Excel 能够独立完成许多数据分析和处理的工作，但是这些优势也建立在使用者能够熟练运用大量 Excel 命令的基础上。另一方面，Excel 更倾向于界面和图表的可视化操作，这导致其内存开销很大，不适合处理大规模数据。因此，我们依然建议读者采用 pandas 处理大规模 Excel 数据。

如代码 4.5 所示，我们首先使用 pandas 的 read_excel()函数，将图 4.9 中的 Excel 文件数据读取到变量 df 中①。通过查看 df 变量，我们得知读入的数据包含 2836 行 7 列。第一个没有名称的列是 DataFrame 默认的数据索引(数值从 0 到 2835)，并不来自文件数据。

接下来，我们使用与 Python 列表选择行操作类似的方法选择 df 的前 10 行数据，同时选择 df 的前 5 列，最终构成 df_part。通过查看 df_part 变量，我们得知其包含选取的 10 行 5 列。

最后，使用 pandas 的 to_excel()函数，将 df_part 数据存储在一个新的 Excel 文件中。并且，再次借助 read_excel()函数读入这个新的 Excel 文件，并将数据读入变量 df_

① 在运行 read_excel 读入.xlsx 文件时，也许会遭遇报错信息“ImportError: Missing optional dependency 'openpyxl'.”在虚拟环境 python_da 中输入命令 conda install openpyxl，安装缺失的程序库，即可解决。

new 中。

经过对比查验，结果证明我们已经成功地将处理后的 DataFrame 类型数据（即 10 行×5 列的 df_part 变量）存入 Excel 格式的文件中。

代码 4.5　pandas 读取和写入 Excel 文件

```
In[*]: import pandas as pd
```

```
In[*]: """
       使用 pandas 的 read_excel()函数，
       读取 bitcoin.xlsx 文件，
       并将文件数据赋值给变量 df
       """
       df=pd.read_excel('datasets/bitcoin.xlsx')

       #查看 df
       df
```

Out[*]:

	Date	Open	Low	High	Close	Volume	Market Cap
0	Feb 01, 2021	33114.58	34638.21	32384.23	33537.18	61,400,400,660	624,349,044,409
1	Jan 31, 2021	34270.88	34288.33	32270.18	33114.36	52,754,542,671	616,452,744,533
2	Jan 30, 2021	34295.94	34834.71	32940.19	34269.52	65,141,828,798	637,924,573,284
3	Jan 29, 2021	34318.67	38406.26	32064.81	34316.39	117,894,572,511	638,768,671,362
4	Jan 28, 2021	30441.04	31891.30	30023.21	31649.61	78,948,162,368	589,083,045,078
...	...	...	...	...	...	...	...
2831	May 03, 2013	106.25	108.13	79.10	97.75	0	1,085,995,169
2832	May 02, 2013	116.38	125.60	92.28	105.21	0	1,168,517,495
2833	May 01, 2013	139.00	139.89	107.72	116.99	0	1,298,954,594
2834	Apr 30, 2013	144.00	146.93	134.05	139.00	0	1,542,813,125
2835	Apr 29, 2013	134.44	147.49	134.00	144.54	0	1,603,768,865

2836 rows × 7 columns

```
In[*]: """
       选择 df 的前 10 行数据，并选择前 5 列，构成 df_part
       """
       df_part=df[:10][df.columns[0:5]]
```

```
#查看 df_part
df_part
```

Out[*]:

	Date	Open	Low	High	Close
0	Feb 01, 2021	33114.58	34638.21	32384.23	33537.18
1	Jan 31, 2021	34270.88	34288.33	32270.18	33114.36
2	Jan 30, 2021	34295.94	34834.71	32940.19	34269.52
3	Jan 29, 2021	34318.67	38406.26	32064.81	34316.39
4	Jan 28, 2021	30441.04	31891.30	30023.21	31649.61
5	Jan 27, 2021	32564.03	32564.03	29367.14	30432.55
6	Jan 26, 2021	32358.61	32794.55	31030.27	32569.85
7	Jan 25, 2021	32285.80	34802.74	32087.79	32366.39
8	Jan 24, 2021	32064.38	32944.01	31106.69	32289.38
9	Jan 23, 2021	32985.76	33360.98	31493.16	32067.64

10 rows × 5 columns

In[*]:

```
"""
将 df_part 的数据按照 Excel 的格式写入 bitcoin_part.xlsx 文件
"""
df_part.to_excel('datasets/bitcoin_part.xlsx', index=False)

"""
再次使用 pandas 的 read_excel()函数,
读取 bitcoin_part.xlsx 文件,
并将文件数据赋值给变量 df_new
"""
df_new=pd.read_excel('datasets/bitcoin_part.xlsx')

# 校验 df_new 与 df_part 是否一致
df_new
```

Out[*]:

	Date	Open	Low	High	Close
0	Feb 01, 2021	33114.58	34638.21	32384.23	33537.18
1	Jan 31, 2021	34270.88	34288.33	32270.18	33114.36
2	Jan 30, 2021	34295.94	34834.71	32940.19	34269.52
3	Jan 29, 2021	34318.67	38406.26	32064.81	34316.39
4	Jan 28, 2021	30441.04	31891.30	30023.21	31649.61
5	Jan 27, 2021	32564.03	32564.03	29367.14	30432.55
6	Jan 26, 2021	32358.61	32794.55	31030.27	32569.85
7	Jan 25, 2021	32285.80	34802.74	32087.79	32366.39
8	Jan 24, 2021	32064.38	32944.01	31106.69	32289.38
9	Jan 23, 2021	32985.76	33360.98	31493.16	32067.64

10 rows × 5 columns

4.4 pandas 数据分析的常用功能

本节将介绍 pandas 数据分析的一些常用功能。这些功能涵盖了对 DataFrame 的增、删、改、查等基本操作，以及对数据的统计和排序，也包括如何自定义函数以完成更加复杂的数据分析任务。

4.4.1 添加数据

DataFrame 的核心元素包括行和列。因此，我们将分别介绍如何完成添加行数据、列数据的操作。

1. 添加行数据

如代码 4.6 所示，我们使用字典创建一个 DataFrame 类型的数据，并赋值给变量 df。对 df 添加单行或者多行的常用方式有以下三种：

- 通过 df.loc() 函数设定具体的索引，添加一行或者多行数据；
- 借助 df.append() 函数，添加一行或者多行数据；
- 使用 pandas 的 concat() 函数，拼接多个 DataFrame。

代码 4.6 在 DataFrame 中添加行数据

```
In[ * ]:  import pandas as pd
```

```
In[ * ]: #使用字典创建一个 DataFrame
         d ={'国家': ['中国', '美国', '日本'], '人口': [14.22, 3.18, 1.29]}

         df=pd.DataFrame(d)

         df
```

Out[*]:

	国家	人口
0	中国	14.22
1	美国	3.18
2	日本	1.29

```
In[ * ]: #利用索引添加一行数据
         df.loc[3] ={'国家': '俄罗斯', '人口': 1.4}

         df
```

Out[*]:

	国家	人口
0	中国	14.22
1	美国	3.18
2	日本	1.29
3	俄罗斯	1.40

```
In[ * ]: #创建另一个 DataFrame
         df2=pd.DataFrame({'国家': ['英国', '德国'], '人口': [0.66, 0.82]})

         #利用 DataFrame 的内置函数 append(),追加另一个 DataFrame
         new_df=df.append(df2)

         new_df
```

Out[*]:

	国家	人口
0	中国	14.22
1	美国	3.18
2	日本	1.29
3	俄罗斯	1.40
0	英国	0.66
1	德国	0.82

In[*]:
```
#使用pandas的concat()函数拼接两个DataFrame,同时重置索引
new_df=pd.concat([df, df2], ignore_index=True)

new_df
```

Out[*]:

	国家	人口
0	中国	14.22
1	美国	3.18
2	日本	1.29
3	俄罗斯	1.40
4	英国	0.66
5	德国	0.82

2. 添加列数据

如代码4.7所示，我们使用字典创建一个DataFrame类型的数据，并赋值给变量df。对df添加单列或者多列的常用方式包括以下两种：

- 通过df[]指定一列或者多列，并赋予对应的Series、DataFrame类型数据；
- 使用df.assign()函数，添加一列数据。

代码4.7 在DataFrame中添加列数据

In[*]:
```
import pandas as pd
```

In[*]:
```
#使用字典创建一个DataFrame
d={'国家': ['中国', '美国', '日本'], '人口': [14.22, 3.18, 1.29]}

df=pd.DataFrame(d)

df
```

Out[*]:

	国家	人口
0	中国	14.22
1	美国	3.18
2	日本	1.29

```
In[*]:  #创建一个新列,并使用 Series 赋值
        df['国土面积']=pd.Series([960, 937, 37])

        df
```

Out[*]:

	国家	人口	国土面积
0	中国	14.22	960
1	美国	3.18	937
2	日本	1.29	37

```
In[*]:  #使用 DataFrame 内置的函数 assign()创建一个新列,同时赋值
        df=df.assign(GDP=[14.28, 21.43, 5.06])

        df
```

Out[*]:

	国家	人口	国土面积	GDP
0	中国	14.22	960	14.28
1	美国	3.18	937	21.43
2	日本	1.29	37	5.06

4.4.2　删除数据

如代码 4.8 所示,我们使用字典创建一个 DataFrame 类型的数据,并赋值给变量 df。df 中单个和多个行和列的数据,均可以使用 DataFrame 的内置函数 df.drop()完成删除操作。

代码 4.8　在 DataFrame 中删除行或者列数据

```
In[*]:  import pandas as pd

In[*]:  #使用字典创建一个 DataFrame
        d ={'国家': ['中国', '美国', '日本'], '人口': [14.22, 3.18, 1.29]}

        df=pd.DataFrame(d)

        df
```

Out[*]:

	国家	人口
0	中国	14.22
1	美国	3.18
2	日本	1.29

In[*]:

```
#删除对应索引的多行
df.drop([0,1])
```

Out[*]:

	国家	人口
2	日本	1.29

In[*]:

```
#删除对应名称的整列
df.drop(columns='国家')
```

Out[*]:

	人口
0	14.22
1	3.18
2	1.29

4.4.3 查询/筛选数据

如代码 4.9 所示，我们使用字典创建一个 DataFrame 类型的数据，并赋值给变量 df。查询单列或者多列数据时，我们使用 df[]，并明确给出单列或者多列的名称；查询单行或者多行数据时，则使用 df.loc()函数，并明确给出单行或者多行的索引。

代码 4.9 在 DataFrame 中查询和筛选行数据或者列数据

In[*]:

```
import pandas as pd
```

In[*]:

```
#使用字典创建一个 DataFrame
d ={'国家': ['中国', '美国', '日本', '俄罗斯', '英国'],
    '人口': [14.22, 3.18, 1.29, 1.4, 0.66]}

df=pd.DataFrame(d, index=['a', 'b', 'c', 'd', 'e'])

df
```

Out[*]:

	国家	人口
a	中国	14.22
b	美国	3.18
c	日本	1.29
d	俄罗斯	1.40
e	英国	0.66

In[*]:
```
#选择指定列名的数据
df['国家']
```

Out[*]:
```
a     中国
b     美国
c     日本
d     俄罗斯
e     英国
Name:国家, dtype: object
```

In[*]:
```
#选择多列数据
df[['国家', '人口']]
```

Out[*]:

	国家	人口
a	中国	14.22
b	美国	3.18
c	日本	1.29
d	俄罗斯	1.40
e	英国	0.66

In[*]:
```
#利用索引选择某一行数据
df.loc['c']
```

Out[*]:
```
国家        日本
人口     1.29
Name: c, dtype: object
```

In[*]:
```
#利用多个索引选择多行数据
df.loc[['c', 'd']]
```

Out[*]:

	国家	人口
c	日本	1.29
d	俄罗斯	1.40

In[*]:
```
#类似列表切片,选择多行数据的另一种方式
df[0:3]
```

Out[*]:

	国家	人口
a	中国	14.22
b	美国	3.18
c	日本	1.29

4.4.4 修改数据

如代码 4.10 所示，我们使用字典创建一个 DataFrame 类型的数据，并赋值给变量 df。修改 df 中具体某个元素数值的时候，可以使用 df.loc() 函数，明确给出具体的行索引和列名称，并赋予新的数值。另外，也可以使用 df.loc() 函数指定具体某行或者某列，并用列表类型数据进行数据替换和修改。

代码 4.10 在 DataFrame 中修改行数据或者列数据

In[*]:
```
import pandas as pd
```

In[*]:
```
#使用字典创建一个 DataFrame
d ={'国家': ['中国', '美国', '日本'],
    '人口': [14.22, 3.18, 2.29],
    '国土面积': [0, 0, 0]}

df=pd.DataFrame(d)

df
```

Out[*]:

	国家	人口	国土面积
0	中国	14.22	0
1	美国	3.18	0
2	日本	2.29	0

```
In[ * ]: #通过行索引、列名称,锁定并修改某元素值
         df.loc[2, '人口'] =1.29

         df
```

Out[*]:

	国家	人口	国土面积
0	中国	14.22	0
1	美国	3.18	0
2	日本	1.29	0

```
In[ * ]: #修改整列
         df.loc[:, '国土面积'] =[960, 937, 37]

         df
```

Out[*]:

	国家	人口	国土面积
0	中国	14.22	960
1	美国	3.18	937
2	日本	1.29	37

```
In[ * ]: #修改整行
         df.loc[1] =['俄罗斯', 1.4, 1709]

         df
```

Out[*]:

	国家	人口	国土面积
0	中国	14.22	960
1	俄罗斯	1.40	1709
2	日本	1.29	37

4.4.5 数据统计

pandas 提供了对 DataFrame 中的数据进行统计分析这一关键功能。如代码 4.11 所示,变量 df 代表了 pandas 用 DataFrame 存储的鸢尾花(iris)数据集,每一列都代表了数据在某一方面的具体含义。在 DataFrame 中,我们既可以对每一数据列进行求和、求平均等基础的统计操作,也可以统计这一列的数据分布,甚至还可以计算各列之间的相关系数。

代码 4.11 对 pandas 的 DataFrame 进行数据统计操作

In[*]:
```
import pandas as pd
```

In[*]:
```
#读取 iris 数据集，存入变量 df
df=pd.read_json('../datasets/iris/iris.json')

df
```

Out[*]:

	sepalLength	sepalWidth	petalLength	petalWidth	species
0	5.1	3.5	1.4	0.2	setosa
1	4.9	3.0	1.4	0.2	setosa
2	4.7	3.2	1.3	0.2	setosa
3	4.6	3.1	1.5	0.2	setosa
4	5.0	3.6	1.4	0.2	setosa
...	...	...	...	...	...
145	6.7	3.0	5.2	2.3	virginica
146	6.3	2.5	5.0	1.9	virginica
147	6.5	3.0	5.2	2.0	virginica
148	6.2	3.4	5.4	2.3	virginica
149	5.9	3.0	5.1	1.8	virginica

150 rows × 5 columns

In[*]:
```
#计算某一列的平均值
df['sepalLength'].mean()
```

Out[*]:
```
5.843333333333335
```

In[*]:
```
#统计某一列的数据分布
df['species'].value_counts()
```

Out[*]:
```
setosa        50
versicolor    50
virginica     50
Name: species, dtype: int64
```

In[*]:
```
#分析列数据之间的相关性
df.corr()
```

Out[*]:

	sepalLength	sepalWidth	petalLength	petalWidth
sepalLength	1.000000	-0.117570	0.871754	0.817941
sepalWidth	-0.117570	1.000000	-0.428440	-0.366126
petalLength	0.871754	-0.428440	1.000000	0.962865
petalWidth	0.817941	-0.366126	0.962865	1.000000

4.4.6　数据排序

依据数据框中某一列或者某几列的数值对全体数据进行排序，是一个数据分析中的常见操作需求。pandas 提供了解决这项需求的功能函数 df.sort()。如代码 4.12 所示，我们给出一个根据某一列数据的数值大小对全体数据进行排序的样例。

代码 4.12　对 pandas 的 DataFrame 进行数据排序操作

In[*]:
```
import pandas as pd
```

In[*]:
```
df=pd.read_excel('../datasets/bitcoin/bitcoin.xlsx')


df
```

Out[*]:

	Date	Open	High	Low	Close	Volume	Market Cap
0	Feb 01, 2021	33114.58	34638.21	32384.23	33537.18	61,400,400,660	624,349,044,409
1	Jan 31, 2021	34270.88	34288.33	32270.18	33114.36	52,754,542,671	616,452,744,533
2	Jan 30, 2021	34295.94	34834.71	32940.19	34269.52	65,141,828,798	637,924,573,284
3	Jan 29, 2021	34318.67	38406.26	32064.81	34316.39	117,894,572,511	638,768,671,362
4	Jan 28, 2021	30441.04	31891.30	30023.21	31649.61	78,948,162,368	589,083,045,078
...	...	...	...	...	...	...	...
2831	May 03, 2013	106.25	108.13	79.10	97.75	0	1,085,995,169
2832	May 02, 2013	116.38	125.60	92.28	105.21	0	1,168,517,495
2833	May 01, 2013	139.00	139.89	107.72	116.99	0	1,298,954,594
2834	Apr 30, 2013	144.00	146.93	134.05	139.00	0	1,542,813,125

In[*]:
```
#依据某一列的数值，对全部数据进行降序排列
df.sort_values(['Close'], ascending=False)
```

Out[*]:

	Date	Open	High	Low	Close	Volume	Market Cap
24	Jan 08, 2021	39381.77	41946.74	36838.64	40797.61	88,107,519,480	758,625,941,267
23	Jan 09, 2021	40788.64	41436.35	38980.88	40254.55	61,984,162,837	748,563,483,043
25	Jan 07, 2021	36833.87	40180.37	36491.19	39371.04	84,762,141,031	732,062,681,138
18	Jan 14, 2021	37325.11	39966.41	36868.56	39187.33	63,615,990,033	728,904,366,964
22	Jan 10, 2021	40254.22	41420.19	35984.63	38356.44	79,980,747,690	713,304,617,761
...	...	...	...	...	...	...	...
2764	Jul 09, 2013	76.00	78.30	72.52	76.69	0	873,841,849
2765	Jul 08, 2013	76.50	80.00	72.60	76.52	0	871,457,940
2766	Jul 07, 2013	68.75	74.56	66.62	74.56	0	848,838,979
2767	Jul 06, 2013	68.50	75.00	66.82	70.28	0	799,741,619
2768	Jul 05, 2013	79.99	80.00	65.53	68.43	0	778,411,179

4.4.7 函数应用

除了已经预定义好的数据分析基本操作（如排序、统计、增删改查等）以外，pandas 也提供将自定义的函数功能应用在 DataFrame 上，以达到更加灵活处理数据的目标。

如代码 4.13 所示，我们将过去近 10 年内每天比特币的交易价格数据读入 DataFrame df 中，同时定义一个函数，用于计算每日比特币价格的增长率。由于 pandas 没有专门对这种具体的数值运算需求进行定义，所以需要我们自行编写函数，并使用 df.apply()应用在每一条数据上。最终通过排序，可以得到比特币价格日增幅最低和最高的日期。

代码 4.13　对 pandas 的 DataFrame 使用自定义的函数进行操作

In[*]:
```
import pandas as pd
```

In[*]:
```
df = 
pd.read_excel('../datasets/bitcoin/bitcoin.xlsx', index_col='Date')


df
```

Out[*]:

Date	Open	High	Low	Close	Volume	Market Cap
Feb 01, 2021	33114.58	34638.21	32384.23	33537.18	61,400,400,660	624,349,044,409
Jan 31, 2021	34270.88	34288.33	32270.18	33114.36	52,754,542,671	616,452,744,533
Jan 30, 2021	34295.94	34834.71	32940.19	34269.52	65,141,828,798	637,924,573,284
Jan 29, 2021	34318.67	38406.26	32064.81	34316.39	117,894,572,511	638,768,671,362
Jan 28, 2021	30441.04	31891.30	30023.21	31649.61	78,948,162,368	589,083,045,078
...	...	...	...	...	...	...
May 03, 2013	106.25	108.13	79.10	97.75	0	1,085,995,169
May 02, 2013	116.38	125.60	92.28	105.21	0	1,168,517,495
May 01, 2013	139.00	139.89	107.72	116.99	0	1,298,954,594
Apr 30, 2013	144.00	146.93	134.05	139.00	0	1,542,813,125
Apr 29, 2013	134.44	147.49	134.00	144.54	0	1,603,768,865

2836 rows × 6 columns

In[*]:
```
def cal_change_rate(x):
    '''
    定义一个函数,计算当日股票价格的增长率
    '''
    return (x['Close']-x['Open']) / x['Open']
```

In[*]:
```
#使用自定义函数操作 DataFrame
df.apply(cal_change_rate, axis=1).sort_values()
```

Out[*]:
```
Date
Mar 12, 2020   -0.371869
Dec 18, 2013   -0.229283
Jan 14, 2015   -0.204520
Dec 06, 2013   -0.204273
Dec 16, 2013   -0.198062
...
Nov 21, 2013    0.215557
Jul 20, 2017    0.241294
Dec 07, 2017    0.254702
Dec 19, 2013    0.333102
Nov 18, 2013    0.416811
Length: 2836, dtype: float64
```

4.5 pandas 数据合并

本节主要介绍如何将两个 DataFrame 进行合并。如代码 4.14 所示，DataFrame 合并包括两种方式：列对齐和行对齐。列对齐代表将两个 DataFrame 中相同的列元素进行合并，并同时对齐其他相关数据；行对齐则代表将两个 DataFrame 中相同的行进行合并。

代码 4.14 合并多个 pandas DataFrame

```
In[*]:  import pandas as pd
```

```
In[*]:  left=pd.DataFrame({'key': ['K0', 'K1', 'K2', 'K3'],
                               'V': ['V1', 'V2', 'V3', 'V4']})

        right=pd.DataFrame({'key': ['K0', 'K1', 'K2', 'K3'],
                                'U': ['U0', 'U1', 'U2', 'U3']})

        #将两个 DataFrame 依照指定的列采取行合并
        pd.merge(left, right, on='key')
```

Out[*]:

	key	V	U
0	K0	V1	U0
1	K1	V2	U1
2	K2	V3	U2
3	K3	V4	U3

```
In[*]:  #将两个 DataFrame 通过行对齐的方式进行合并
        pd.concat([left, right], axis=1)
```

Out[*]:

	key	V	key	U
0	K0	V1	K0	U0
1	K1	V2	K1	U1
2	K2	V3	K2	U2
3	K3	V4	K3	U3

```
In[*]:  #将两个 DataFrame 通过列对齐的方式进行合并
        pd.concat([left, right], axis=0)
```

Out[*]:

	key	V	U
0	K0	V1	NaN
1	K1	V2	NaN
2	K2	V3	NaN
3	K3	V4	NaN
0	K0	NaN	U0
1	K1	NaN	U1
2	K2	NaN	U2
3	K3	NaN	U3

4.6　pandas 数据清洗

现实中的数据经常会出现部分缺失的情况。在很多场景下，我们需要对缺失的数据进行填充，以便于后续进行更加复杂的数据分析操作。如代码 4.15 所示，DataFrame df 读取了泰坦尼克号部分乘客数据，并借助 df.info()函数完成了对数据的初步查验，发现乘客的年龄(Age)和登船港口(Embarked)均存在信息缺失的情况。

代码 4.15　对 pandas DataFrame 的空缺值进行填充操作

In[*]:
```
import pandas as pd
```

In[*]:
```
df=pd.read_csv('../datasets/titanic/train.csv')

df.info()
```

Out[*]:
```
<class 'pandas.core.frame.DataFrame'>
RangeIndex: 891 entries, 0 to 890
Data columns (total 12 columns):
#   Column        Non-Null Count  Dtype
---  ------        --------------  -----
0   PassengerId   891 non-null    int64
1   Survived      891 non-null    int64
2   Pclass        891 non-null    int64
3   Name          891 non-null    object
4   Sex           891 non-null    object
5   Age           714 non-null    float64
```

```
6   SibSp        891 non-null    int64
7   Parch        891 non-null    int64
8   Ticket       891 non-null    object
9   Fare         891 non-null    float64
10  Cabin        204 non-null    object
11  Embarked     889 non-null    object
dtypes: float64(2), int64(5), object(5)
memory usage: 83.7+KB
```

In[*]:

```
#使用某一列已知数据的中位数,填充该列的缺失值
df.fillna(value ={'Age': df['Age'].median()}, inplace=True)

df.info()
```

Out[*]:

```
<class 'pandas.core.frame.DataFrame'>
RangeIndex: 891 entries, 0 to 890
Data columns (total 12 columns):
#   Column       Non-Null Count  Dtype
---  ------      --------------  -----
0   PassengerId  891 non-null    int64
1   Survived     891 non-null    int64
2   Pclass       891 non-null    int64
3   Name         891 non-null    object
4   Sex          891 non-null    object
5   Age          891 non-null    object
6   SibSp        891 non-null    int64
7   Parch        891 non-null    int64
8   Ticket       891 non-null    object
9   Fare         891 non-null    float64
10  Cabin        204 non-null    object
11  Embarked     889 non-null    object
dtypes: float64(1), int64(5), object(6)
memory usage: 83.7+KB
```

In[*]:

```
#使用某一列已知数据最高频的数值,填充该列的缺失值
df.fillna(value ={'Embarked': df['Embarked'].value_counts().idxmax()},
inplace=True)

df.info()
```

```
Out[ * ]: <class 'pandas.core.frame.DataFrame'>
          RangeIndex: 891 entries, 0 to 890
          Data columns (total 12 columns):
          #   Column       Non-Null Count  Dtype
          ---  ------      --------------  -----
          0   PassengerId  891 non-null    int64
          1   Survived     891 non-null    int64
          2   Pclass       891 non-null    int64
          3   Name         891 non-null    object
          4   Sex          891 non-null    object
          5   Age          891 non-null    object
          6   SibSp        891 non-null    int64
          7   Parch        891 non-null    int64
          8   Ticket       891 non-null    object
          9   Fare         891 non-null    float64
          10  Cabin        204 non-null    object
          11  Embarked     891 non-null    object
          dtypes: float64(1), int64(5), object(6)
          memory usage: 83.7+KB
```

对于缺失的信息，数据填充的基本要求是尽可能减少错误信息的引入。因此，对于年龄这类连续型的数值，在没有任何其他信息辅助推测的前提下，我们可以采用所有已知年龄乘客的平均数或者中位数对缺失的年龄数据进行填充。而对于登船港口这种类别型的数据，我们则倾向“随大流”，即采用大多数乘客登船的港口编号进行填充。上述两种做法都是为了尽可能降低人为引入错误信息的可能性。

4.7　pandas 数据分组与聚合

为了更加精细地分析数据，在许多情况下，我们需要首先对数据进行分组，然后各自进行分析，最终进行汇总。上述这种步骤已经有了分布式数据处理的雏形。在 pandas 中，同样也可以完成数据分组处理和聚合的操作。具体而言，我们可以使用 groupby()函数将类别型的数据进行分组，并在后续跟上聚合函数 agg()进行操作。

在代码 4.16 中，我们可以依据性别对泰坦尼克号的部分乘客进行分组，并分别统计每组的幸存者人数。由结果可知，女性生还者数量显著高于男性。或者，也可以依据乘客是否生还进行分组，并分别统计每组的平均年龄。由结果可知，生还乘客的平均年龄一定程度上低于罹难乘客。

代码 4.16 对 pandas DataFrame 进行分组和聚合操作

```
In[ * ]:  import pandas as pd

In[ * ]:  df=pd.read_csv('../datasets/titanic/train.csv')

          df.info()

Out[ * ]: <class 'pandas.core.frame.DataFrame'>
          RangeIndex: 891 entries, 0 to 890
          Data columns (total 12 columns):
          #   Column       Non-Null Count  Dtype
          ---  ------      --------------  -----
          0   PassengerId  891 non-null    int64
          1   Survived     891 non-null    int64
          2   Pclass       891 non-null    int64
          3   Name         891 non-null    object
          4   Sex          891 non-null    object
          5   Age          714 non-null    float64
          6   SibSp        891 non-null    int64
          7   Parch        891 non-null    int64
          8   Ticket       891 non-null    object
          9   Fare         891 non-null    float64
          10  Cabin        204 non-null    object
          11  Embarked     889 non-null    object
          dtypes: float64(2), int64(5), object(5)
          memory usage: 83.7+KB

In[ * ]:  #依据性别进行分组，并分别统计每组的幸存者人数
          df.groupby('Sex').agg({'Survived': sum})

Out[ * ]:
```

Sex	Survived
female	233
male	109

```
In[ * ]:  #依据是否生还进行分组，并分别统计每组的平均年龄
          df.groupby('Survived').agg({'Age':'mean'})

Out[ * ]:
```

Survived	Age
0	30.626179
1	28.343690

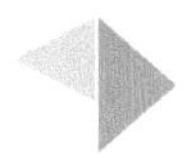

4.8　章末小结

pandas 是用 Python 语言开发的便于数据处理和数据分析的第三方编程库，主要借助 DataFrame 和 Series 两种数据结构，处理分析类似 Excel、JSON、CSV 等不同格式的数据表格。

本章重点为没有使用过 Python 进行数据分析的读者而设，主要介绍 pandas 数据分析的基本知识。重点涉及如下内容。

- 创建 pandas 的核心数据结构：Series 和 DataFrame。
- pandas 数据分析的常用功能：对 Series 和 DataFrame 的增、删、改、查等基本操作，以及函数应用等高级操作。
- pandas 数据清洗：介绍多种填充缺失数值的方法。
- pandas 数据合并：介绍多种合并多个 DataFrame 的方法。
- pandas 数据分组和聚合：介绍如何对数据进行分组，并分别进行数据分析操作。

本章介绍上述内容的目标在于向读者阐述足以理解并实践本书全部代码所需的 pandas 数据分析知识。

第 5 章

Scikit-learn 单机机器学习

Scikit-learn 是时下非常流行的基于 Python 语言的单机(单核/多核 CPU)机器学习工具。如图 5.1 所示,Scikit-learn 几乎涵盖了所有经典的机器学习算法,包括分类(Classification)、回归(Regression)、聚类(Clustering)、降维(Dimensionality Reduction)等。除此之外,Scikit-learn 还集成了特征提取、数据处理和模型评估等其他重要的机器学习相关功能。

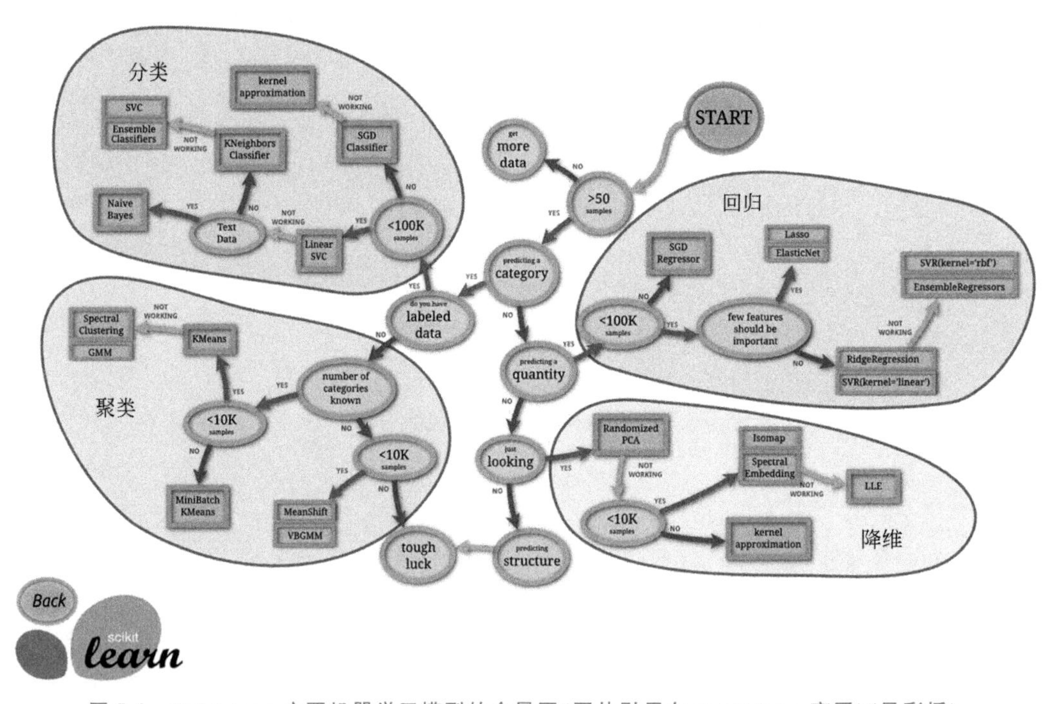

图 5.1　Scikit-learn 主要机器学习模型的全景图(图片引用自 Scikit-learn 官网)(见彩插)

Scikit-learn 在 2007 年成为 Google 夏季编程大赛的种子项目，并于 2010 年 2 月 1 日首次公开发布，至今已经历经了十余年的蓬勃发展。作为 Python 的重要机器学习程序库之一，Scikit-learn 的功能十分强大，内容全面，简单易用，而且支持跨平台运行，使得大量初学者都能够快速上手。

本章将尽可能全面地选取 Scikit-learn 中最为常用的单机机器学习功能，从一些经典的案例出发，向读者介绍足以理解并实践本书全部代码所需的 Scikit-learn 单机机器学习知识。

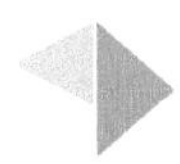

5.1 Scikit-learn 环境配置

为了本章的机器学习基础实践，我们创建一个新的虚拟环境，命名为 python_ml（Python Machine Learning 的缩写）。除了必要性地安装 NumPy、SciPy、pandas、Matplotlib 等程序库之外，这个虚拟环境中还需要搭建和配置 Scikit-learn，为后续基于 Python 进行机器学习实践奠定基础。

如图 5.2 所示，在 Windows 或者 macOS 系统中，可以直接使用 Anaconda Navigator，借助图形化的界面操作创建虚拟环境 python_ml；与此同时，指定新环境的 Python 解释器版本为 3.8。

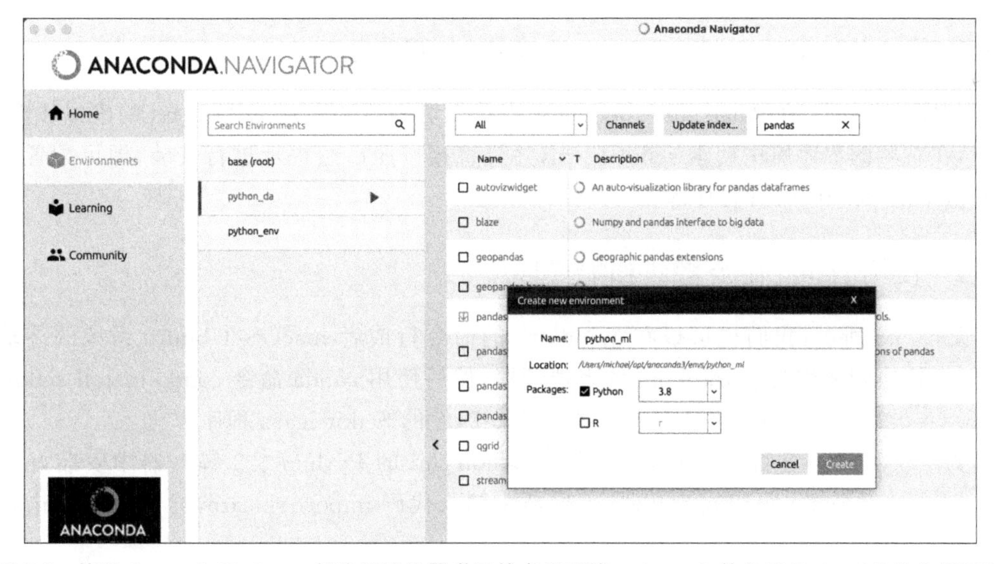

图 5.2 使用 Anaconda Navigator 创建用于机器学习的虚拟环境 python_ml，并使用 Python 3.8 作为解释器

另外，在 Windows、macOS，以及 Ubuntu 系统中，也可以通过在命令行/终端中输入命令 conda create -n python_ml python=3.8 创建新的虚拟环境。

虚拟环境 python_ml 创建好之后，我们可以在命令行/终端中使用命令 conda activate python_ml 切换到新的虚拟环境，并且如图 5.3 所示，在新虚拟环境的 Python 3.8 解释器中尝试导入 Scikit-learn 程序库①。运行的结果证明，作为一个新建的虚拟环境，其 Python 3.8 解释器并不会预装 Scikit-learn。

```
(base) michael@michaeldeMacBook-Pro ~ % conda activate python_ml
(python_ml) michael@michaeldeMacBook-Pro ~ % python
Python 3.8.11 (default, Aug  6 2021, 08:56:27)
[Clang 10.0.0 ] :: Anaconda, Inc. on darwin
Type "help", "copyright", "credits" or "license" for more information.
>>> import sklearn
Traceback (most recent call last):
  File "<stdin>", line 1, in <module>
ModuleNotFoundError: No module named 'sklearn'
>>> exit()
(python_ml) michael@michaeldeMacBook-Pro ~ %
```

图 5.3 虚拟环境 python_ml 的 Python 3.8 解释器没有预装 Scikit-learn

接下来，我们将分别演示如何使用 Anaconda Navigator 和 conda 命令在 Python 3.8 解释器中安装 Scikit-learn 程序库。

5.1.1 使用 Anaconda Navigator 搭建和配置环境

如图 5.4 所示，在 Anaconda Navigator 中首先切换到名称为 python_ml 的虚拟环境。然后，在右侧的程序库中搜索 scikit-learn，并且直接按照后续提示进行安装，即可配置好最新版本的 Scikit-learn 程序库。

5.1.2 使用 conda 命令搭建和配置环境

如图 5.5 所示，我们也可以在 Windows 的命令行或者 macOS/Ubuntu 系统的终端中，首先切换到名称为 python_ml 的虚拟环境，然后使用 conda 命令 conda install scikit-learn==0.24.2 自动安装和配置好版本号为 0.24.2 的 Scikit-learn 程序库②。

为了校验我们是否成功在虚拟环境 python_ml 的 Python 3.8 解释器中安装好了 Scikit-learn 程序库，可以在 Python 解释器中输入代码 import sklearn，尝试导入 Scikit-

① Scikit-learn 程序库在 Python 中的导入名称为 sklearn。

② 本书使用版本号为 0.24.2 的 Scikit-learn 程序库。

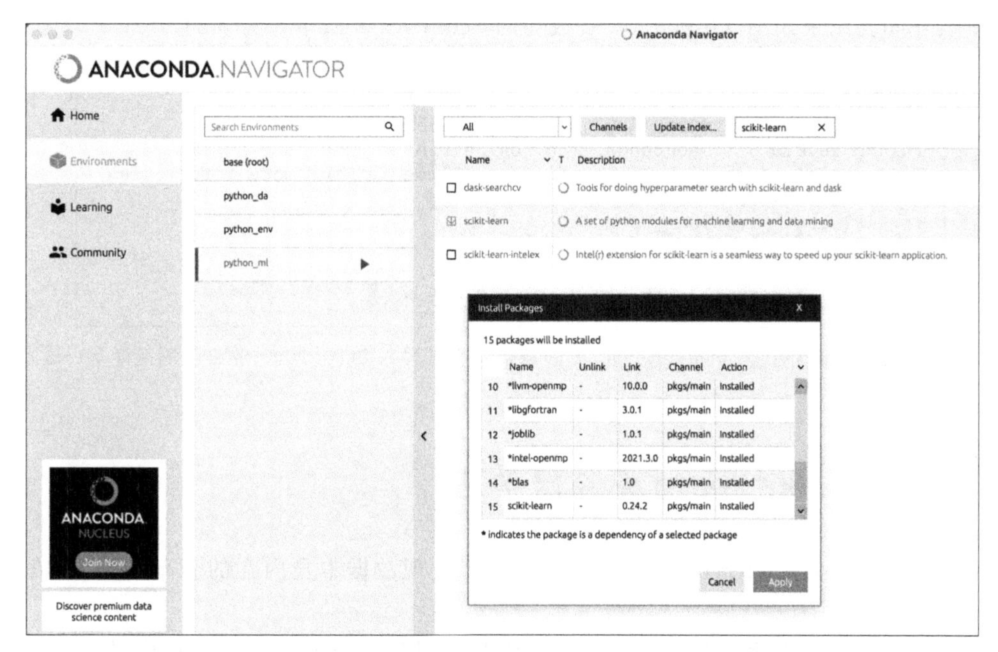

图 5.4 在虚拟环境 python_ml 中，使用 Anaconda Navigator 搭建和配置 Scikit-learn

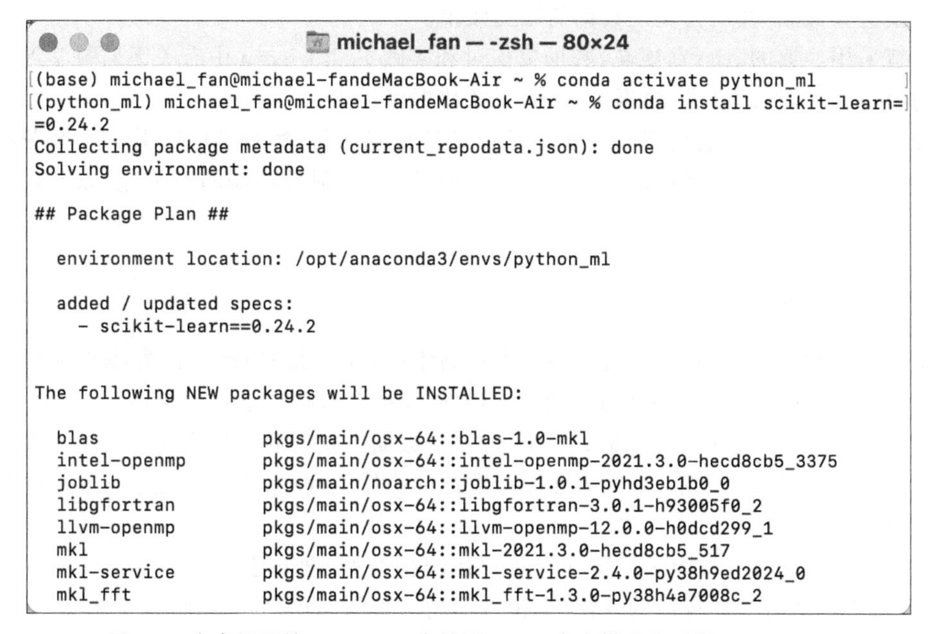

图 5.5 在虚拟环境 python_ml 中使用 conda 命令搭建和配置 Scikit-learn

learn 程序库。结果如图 5.6 所示，安装成功的 Scikit-learn 版本号为 0.24.2。

```
[(python_ml) michael@michaeldeMacBook-Pro ~ % python
Python 3.8.11 (default, Aug  6 2021, 08:56:27)
[Clang 10.0.0 ] :: Anaconda, Inc. on darwin
Type "help", "copyright", "credits" or "license" for more information.
[>>> import sklearn
[>>> sklearn.__version__
'0.24.2'
[>>> exit()
(python_ml) michael@michaeldeMacBook-Pro ~ %
```

图 5.6　在虚拟环境 python_ml 的 Python 3.8 解释器中尝试导入 Scikit-learn，验证环境搭建是否成功

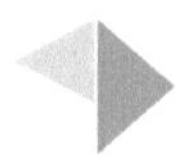

5.2　Scikit-learn 无监督学习

无监督学习（Unsupervised Learning）着重于发现数据本身内在的分布特点，不需要对数据进行人工标注。

从功能的角度讲，无监督学习模型可以帮助我们对特征维度非常高的数据样本实施降维处理，保留那些最具有区分性的特征；同时，也使我们能够在三维空间中尽可能可视化地观察这些数据，甚至去发现数据的聚类效果。

本节采用经典的 iris（鸢尾花）数据集探讨和实践 Scikit-learn 中有关无监督学习的各项能力，包括数据特征降维、数据可视化，以及数据聚类等。

如图 5.7 所示，iris 数据集收录了 3 种常见的鸢尾品种，每种 50 朵，共 150 朵花的样本数据。其中，每一朵鸢尾被记录了 4 个维度的特征，分别是花瓣的长和宽，以及花萼的长和宽。

5.2.1　降维学习与可视化

降维学习指采用某种映射方法，将原本在高维（大于 3 维）空间中的数据点映射到低维度，甚至是可观察（小于 3 维）的空间中。降维学习的本质是学习一个映射函数 $f(x)=y$，其中，x 是原始数据点的向量表达形式；y 是数据点映射后的低维向量表达。我们之所以使用降维后的数据表示，是因为在原始数据的高维空间中，极有可能包含冗余的特征或者噪声信息。

（1）特征冗余指一些特征之间具有非常强的相关性，即知道其中一种特征的变化趋势，就可以立刻知道其他特征的变化（如正方形的边长与面积、周长都呈现正相关）。只要保留其中一种特征，就能在保证原有数据分布和信息的情况下有效简化数据，后面的模型

	sepalLength	sepalWidth	petalLength	petalWidth	species
0	5.1	3.5	1.4	0.2	setosa
1	4.9	3.0	1.4	0.2	setosa
2	4.7	3.2	1.3	0.2	setosa
3	4.6	3.1	1.5	0.2	setosa
4	5.0	3.6	1.4	0.2	setosa
...	...	...	...	...	...
145	6.7	3.0	5.2	2.3	virginica
146	6.3	2.5	5.0	1.9	virginica
147	6.5	3.0	5.2	2.0	virginica
148	6.2	3.4	5.4	2.3	virginica
149	5.9	3.0	5.1	1.8	virginica

150 rows × 5 columns

图 5.7　iris 数据集的样本数量、特征名称以及类别标签情况

学习也会因此减少大量时间和空间开销。降维的最终目标是保证各个特征维度之间线性无关。

(2) 噪声会为机器学习模型的训练带来不必要的误差，减弱模型最终的学习效果。因此，我们希望能够通过降维减少冗余信息和噪声带来的误差，同时也希望借助可视化能力来寻找数据内部的本质结构特征。

1. 主成分分析

主成分分析，顾名思义，就是找出数据中最主要的方面，用数据中最主要的方面来代替原始数据。主成分分析(Principal Component Analysis，PCA)是一种统计方法，它通过正交变换将一组可能存在相关性的数据转换为一组线性不相关的特征，转换后的这组变量叫主成分。这样一来，多组可能存在相关性的数据被压缩到维度更小，但是更具有区分度的特征上。所以，主成分分析是最重要的降维方法之一，在数据压缩消除冗余和数据噪声消除等领域都有着十分广泛的应用。

代码 5.1 展示了如何使用 Scikit-learn 的主成分分析算法，将 iris 数据集的四维数据特征降低(压缩)到二维，并使用 Matplotlib 进行数据可视化。

代码 5.1 使用 Scikit-learn 的主成分分析对数据特征进行降维

In[*]:
```
from sklearn.datasets import load_iris


#读取 iris 数据集
X, y=load_iris(return_X_y=True)
```

In[*]:
```
from sklearn.preprocessing import StandardScaler


#初始化数据标准化处理器
ss=StandardScaler()

#标准化数据特征
X=ss.fit_transform(X)
```

In[*]:
```
from sklearn.decomposition import PCA


#初始化主成分分析器,设定降维维度为 2
pca=PCA(n_components=2)

#对数据特征进行降维处理
X=pca.fit_transform(X)
```

In[*]:
```
from matplotlib import pyplot as plt


colors =['red', 'blue', 'green']
markers =['o', '^', 's']

plt.figure(dpi=150)

#可视化降维的数据
for i in range(len(X)):
    plt.scatter(X[i, 0], X[i, 1], c=colors[y[i]], marker=markers[y[i]])

plt.show()
```

Out[*]:

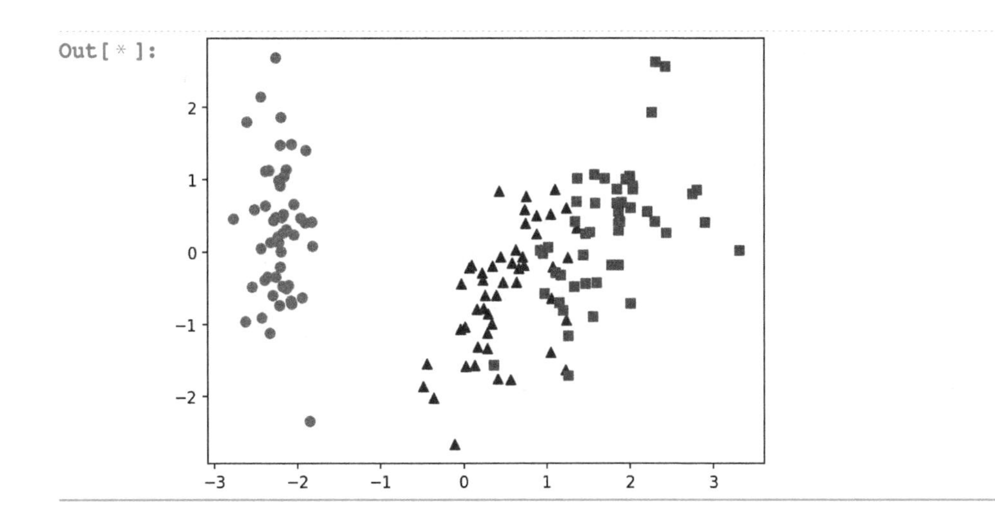

2. Isomap 算法

Isomap 算法曾发表在超一流期刊 Science 上。作为一种降维算法，它的核心在于发现并利用流形空间的特点，引入测地线距离，提出对应的距离计算方法。如图 5.8 所示，一个流形空间就像一块卷起来的布，对这个流形空间的降维就像是将这块布展开到一个

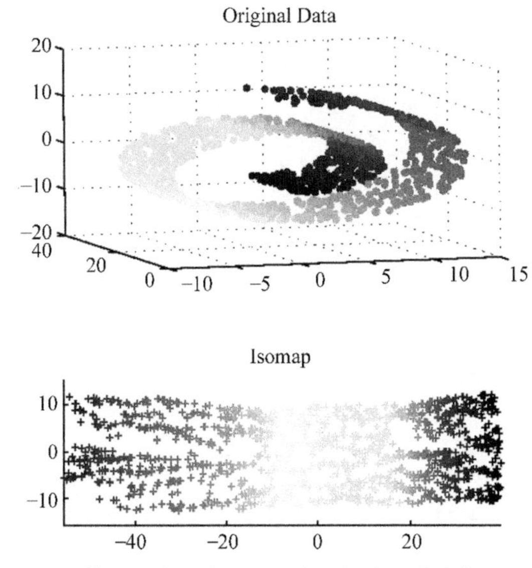

图 5.8　Isomap 算法解决三维流形分布数据的二维降维问题(见彩插)

二维平面，同时我们希望展开后的布能够在局部保持布的结构特征，也就是将其展开的过程，具体而言，就像两个人将其拉开一样。

在 Isomap 算法中引入了一个测地线的概念。在距离度量定义时，测地线可以定义为空间中两点的局域最短路径。形象地讲，在一个球面上，两点之间的测地线就是经过这两个点的大圆的弧线。对于非线性流形，Isomap 算法则是通过构建邻接图，利用图上的最短距离来近似测地线。Isomap 算法在降维后，希望保持样本之间的测地距离而不是欧氏距离，因为测地距离更能反映样本之间在流形中的真实距离。

代码 5.2 展示了如何使用 Scikit-learn 的 Isomap 算法将 iris 数据集的四维数据特征降低（压缩）到二维，并使用 Matplotlib 进行数据可视化。

代码 5.2　使用 Scikit-learn 的 Isomap 算法对数据特征进行降维

```
In[*]:  from sklearn.datasets import load_iris


        #读取 iris 数据集
        X, y=load_iris(return_X_y=True)
```

```
In[*]:  from sklearn.preprocessing import StandardScaler


        #初始化数据标准化处理器
        ss=StandardScaler()

        #标准化数据特征
        X=ss.fit_transform(X)
```

```
In[*]:  from sklearn.manifold import Isomap


        #初始化 Isomap,设定降维维度为 2
        isomap=Isomap(n_components=2)

        #对数据特征进行降维处理
        X=isomap.fit_transform(X)
```

```
In[*]:  from matplotlib import pyplot as plt


        colors =['red', 'blue', 'green']
```

```
markers = ['o', '^', 's']

plt.figure(dpi=150)

#可视化降维的数据
for i in range(len(X)):
    plt.scatter(X[i, 0], X[i, 1], c=colors[y[i]], marker=markers[y[i]])

plt.show()
```

Out[*]:

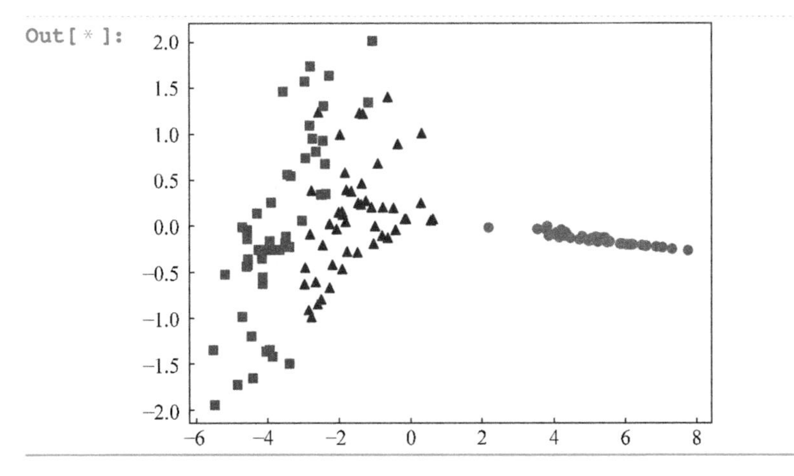

3. 局部线性嵌入

局部线性嵌入(Locally Linear Embedding,LLE)算法与传统的 PCA 等关注样本方差的降维方法相比,更注重降维时保持样本局部的线性特征。由于 LLE 在降维时保持了样本的局部特征,它被广泛用于图像识别,高维数据可视化等领域。

保持样本局部结构特征的方法有很多种,不同的保持方法对应不同的流形算法。例如前文所述,Isomap 算法在降维后,希望保持样本之间的测地距离而不是欧氏距离,因为测地距离更能反映样本之间在流形中的真实距离。

但是等距映射算法有一个问题,就是它要找到所有样本全局的最优解,当数据量很大,样本维度很高时,计算非常耗时。鉴于这个问题,LLE 通过放弃所有样本全局最优的降维,只是通过保证局部最优来降维。同时,假设样本集在局部是满足线性关系的,进一步减少降维的计算量。

代码 5.3 展示了如何使用 Scikit-learn 的 LLE 算法,将 iris 数据集的四维数据特征降低(压缩)到二维,并使用 Matplotlib 进行数据可视化。

代码 5.3　使用 Scikit-learn 的局部线性嵌入对数据特征进行降维

```
In[*]:  from sklearn.datasets import load_iris


        #读取 iris 数据集
        X, y=load_iris(return_X_y=True)

In[*]:  from sklearn.preprocessing import StandardScaler


        #初始化数据标准化处理器
        ss=StandardScaler()

        #标准化数据特征
        X=ss.fit_transform(X)

In[*]:  from sklearn.manifold import LocallyLinearEmbedding


        #初始化局部线性嵌入,设定降维维度为 2
        lle=LocallyLinearEmbedding(n_components=2)

        #对数据特征进行降维处理
        X=lle.fit_transform(X)

In[*]:  from matplotlib import pyplot as plt


        colors =['red', 'blue', 'green']
        markers =['o', '^', 's']

        plt.figure(dpi=150)

        #可视化降维的数据
        for i in range(len(X)):
            plt.scatter(X[i, 0], X[i, 1], c=colors[y[i]], marker=markers[y[i]])

        plt.show()
```

Out[*]:

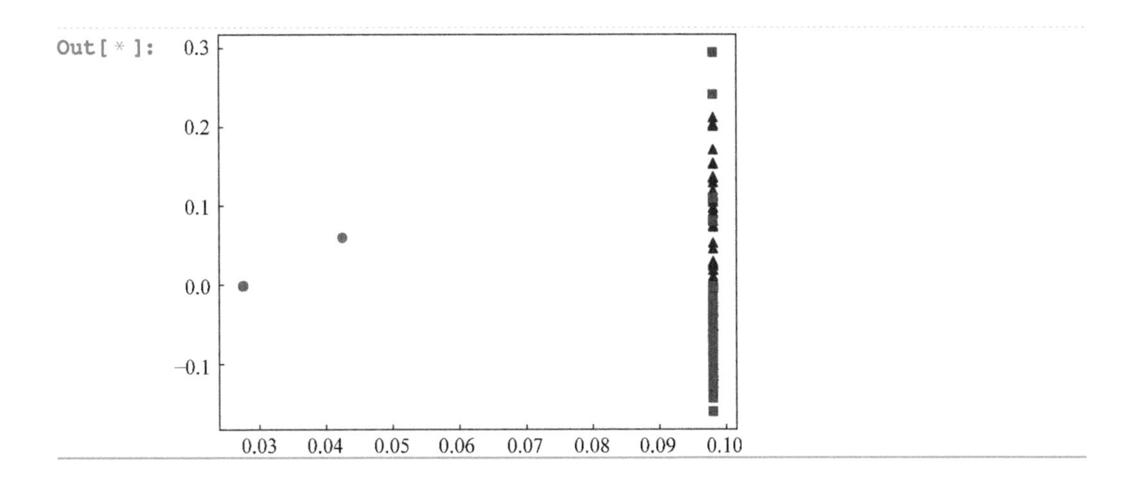

4. t-分布随机邻域嵌入

t-分布随机邻域嵌入(t-distributed Stochastic Neighbor Embedding,t-SNE),是一种用来探索高维数据的非线性降维机器学习算法。它将多维数据映射到适合人类观察的2个或3个维度。相比于不能解释特征之间复杂的多项式关系的线性PCA算法,t-SNE具有很大的优势。t-SNE将数据点之间的相似性转换为概率,使得原始空间中的相似性表示为高斯联合概率。t-SNE基于在邻域图上随机游走的概率分布来寻找数据内的结构。相比于Isomap、LLE和其他变体,t-SNE侧重数据的局部结构,并倾向于提取聚类的局部样本组。

代码5.4展示了如何使用Scikit-learn的t-SNE算法,将iris数据集的四维数据特征降低(压缩)到二维,并使用Matplotlib进行数据可视化。

代码5.4 使用Scikit-learn的t-SNE对数据特征进行降维

In[*]:
```
from sklearn.datasets import load_iris


#读取iris数据集
X, y=load_iris(return_X_y=True)
```

In[*]:
```
from sklearn.preprocessing import StandardScaler


#初始化数据标准化处理器
ss=StandardScaler()
```

```
    #标准化数据特征
    X=ss.fit_transform(X)
```

In[*]:
```
from sklearn.manifold import TSNE


#初始化 t-SNE,设定降维维度为 2
tsne=TSNE(n_components=2)

#对数据特征进行降维处理
X=tsne.fit_transform(X)
```

In[*]:
```
from matplotlib import pyplot as plt


colors =['red', 'blue', 'green']
markers =['o', '^', 's']

plt.figure(dpi=150)

#可视化降维的数据
for i in range(len(X)):
    plt.scatter(X[i, 0], X[i, 1], c=colors[y[i]], marker=markers[y[i]])

plt.show()
```

Out[*]:

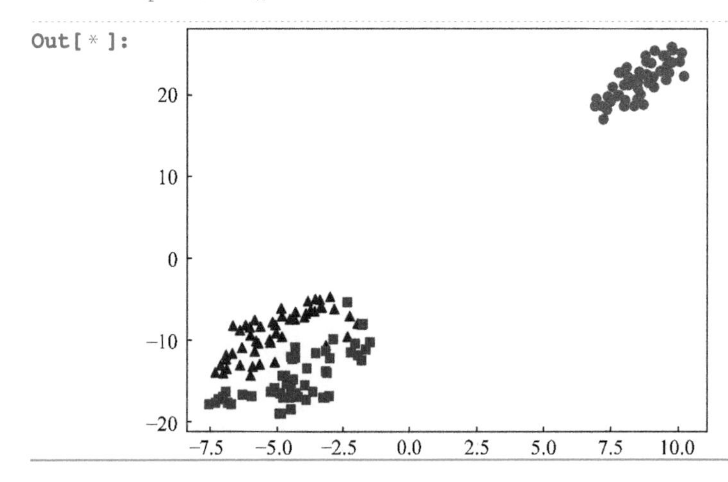

5. RBM 神经网络

受限玻尔兹曼机(Restricted Boltzmann Machine,RBM)是一种可以用神经网络来解释的概率图模型(Probabilistic Graphical Model),也可应用于降维中。

如图 5.9 所示,RBM 包含两个层,即可见层(Visible Layer)和隐藏层(Hidden Layer)。神经元之间的连接具有如下特点:层内无连接,层间全连接。显然,RBM 对应的图是一个二分图。一般来说,可见层的一个单元可以用来描述数据的一个方面或一个特征,而隐藏层单元的意义一般来说并不明确,可以看作特征提取层。当隐藏层的单元数量比可见层单元数量少时,我们就可以把这个 RBM 神经网络看作一个降维模型。

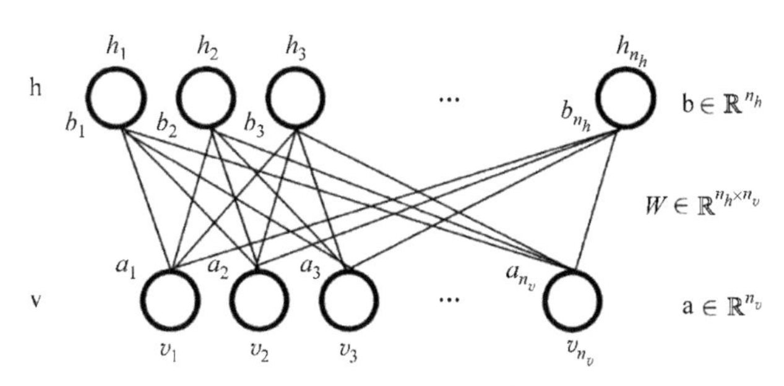

图 5.9　RBM 神经网络的典型结构示意图

代码 5.5 展示了如何使用 Scikit-learn 的 RBM 算法将 iris 数据集的四维数据特征降低(压缩)到二维,并使用 Matplotlib 进行数据可视化。

代码 5.5　使用 Scikit-learn 的 RBM 神经网络对数据特征进行降维

```
In[ * ]:  from sklearn.datasets import load_iris


          #读取 iris 数据集
          X, y=load_iris(return_X_y=True)
```

```
In[ * ]:  from sklearn.preprocessing import StandardScaler


          #初始化数据标准化处理器
          ss=StandardScaler()

          #标准化训练数据特征
          X=ss.fit_transform(X)
```

In[*]:
```
from sklearn.neural_network import BernoulliRBM


#初始化 RBM 神经网络,设定降维维度为 2
rbm=BernoulliRBM(n_components=2)

#对数据特征进行降维处理
X=rbm.fit_transform(X)
```

In[*]:
```
from matplotlib import pyplot as plt


colors =['red', 'blue', 'green']
markers =['o', '^', 's']

plt.figure(dpi=150)

#可视化降维的数据
for i in range(len(X)):
    plt.scatter(X[i, 0], X[i, 1], c=colors[y[i]], marker=markers[y[i]])

plt.show()
```

Out[*]:

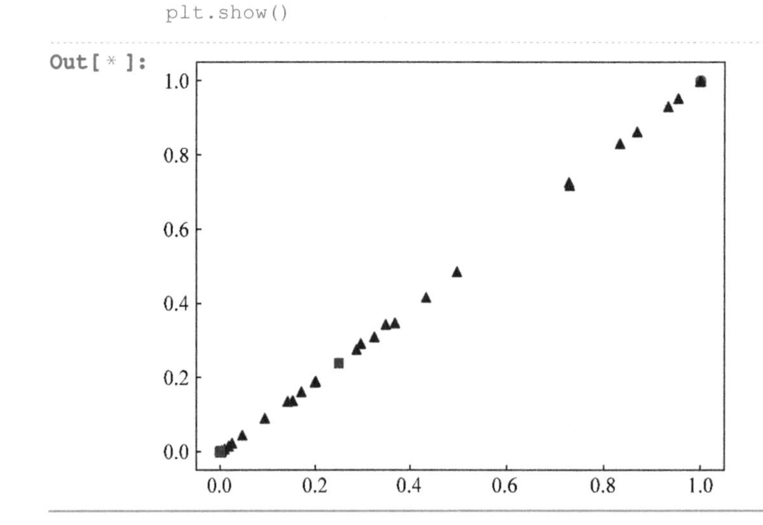

5.2.2　聚类算法

聚类指的是按照某个特定标准(如欧氏距离)把许多数据分割成不同的类或簇,使得同一类或簇内数据对象之间的相似性尽可能大,同时不同类或簇中数据对象之间的差异性也尽可能大。简而言之,聚类后,同一类的数据尽可能聚集到一起,不同类的数据尽量分离。因此,聚类分析又被称为群分析,是数据挖掘中的一个重要算法。聚类分析以相似性为基础,在一个聚类中的样本之间比不在同一聚类中的样本之间具有更多的相似性。

聚类算法可以被用来帮助市场分析人员区分不同的消费群体,并且概括出每一类消费者的消费模式或者购物习惯。它可以作为一个单独的数据挖掘工具,用以发现数据库中分布的一些深层的信息,并且概括出每一类的特点,或者把注意力放在某一个特定的类上以作进一步分析。同时,聚类分析也可以作为数据挖掘算法中其他分析算法的一个预处理步骤。

1. *K*-Means

K-Means 是一种采用迭代计算的方式来求解的聚类分析算法,其步骤如下。

- 首先,预先设定想要聚类的组数 *K*。
- 然后,随机选取 *K* 个对象作为初始的聚类中心。
- 接着,计算每个对象与各个初始聚类中心之间的距离,并把每个对象分配给距离它最近的聚类中心。聚类中心以及分配给它们的对象就代表一个类簇。每分配一个样本,聚类的聚类中心会根据聚类中现有的对象被重新计算。
- 这个过程将不断重复,直到满足某个终止条件。终止条件可以是没有(或最小数目的)对象被重新分配给不同的聚类,或者是没有(或最小数目的)聚类中心再发生变化。

基于上述的算法步骤,我们可以得出,*K*-Means 聚类算法的优点是速度快,计算简便。但是,其缺点也十分明显,即我们必须提前知道数据有多少类簇/组,而且聚类结果十分依赖初始聚类中心的选择。

代码 5.6 展示了如何使用 Scikit-learn 的 *K*-Means 聚类算法对 iris 数据集的特征进行聚类,并使用调整兰德系数来评估聚类效果。结果显示,Scikit-learn 的 *K*-Means 聚类算法在鸢尾花数据集上的调整兰德系数为 0.6201。

代码 5.6 搭建、训练和评估 *K*-Means 聚类算法

```
In[*]: from sklearn.datasets import load_iris

       #读取 iris 数据集的特征与类别标签
       features, labels=load_iris(return_X_y=True)
```

```
In[*]: from sklearn.preprocessing import StandardScaler


       #初始化数据标准化处理器
       ss=StandardScaler()

       #标准化数据特征
       features=ss.fit_transform(features)
```

```
In[*]: from sklearn.cluster import KMeans


       #初始化 K-Means 聚类算法
       kmeans=KMeans(n_clusters=3, random_state=2022)

       #利用 iris 数据特征进行聚类
       clusters=kmeans.fit_predict(features)
```

```
In[*]: from sklearn.metrics import adjusted_rand_score


       print('Scikit-learn 的 K-Means 聚类算法在 iris 数据集上的调整兰德系数为
       %.4f。' %adjusted_rand_score(labels, clusters))
```

```
Out[*]: Scikit-learn 的 K-Means 聚类算法在 iris 数据集上的调整兰德系数为 0.6201
```

2. DBSCAN

DBSCAN 是一种基于密度的聚类算法。这类算法基于一种密度可达的假定:如图 5.10 所示,某一类别任意样本的周围不远处一定有相同类别的样本存在,通过将紧密相连的样本划为一类,就得到了一个类簇。如果能将所有各组紧密相连的样本划分到各个不同的类簇,则会得到最终的聚类结果。因此,DBSCAN 的聚类定义很简单:由密度可达的关系,导出最大密度相连的样本集合,即最终聚类的一个类簇。

DBSCAN 聚类算法的优点是可以对任意形状的稠密数据集进行聚类,同时可以在聚

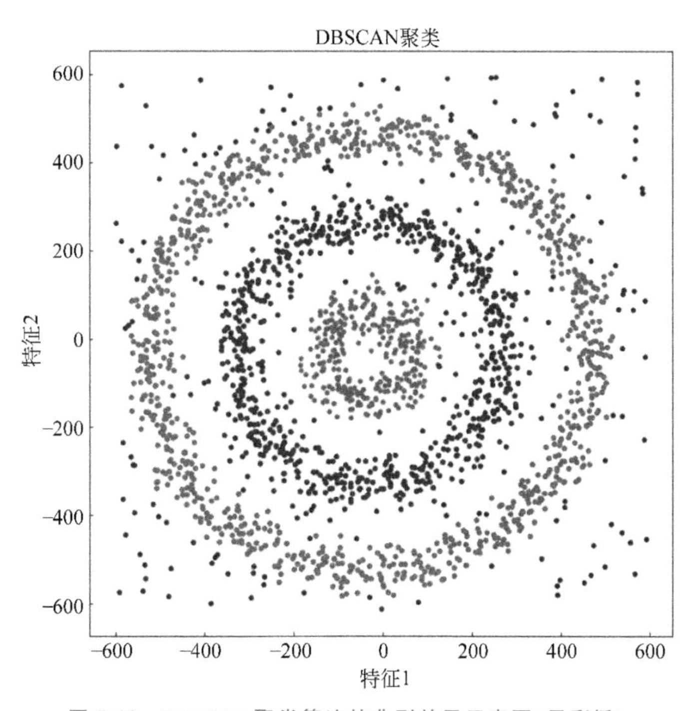

图 5.10　DBSCAN 聚类算法的典型效果示意图(见彩插)

类时发现异常点,因此对数据集中的异常点不敏感。但是 DBSCAN 也有其缺点:如果样本集的密度不均匀或者聚类间距差相差很大时,聚类质量较差。另外,如果样本集规模较大,聚类收敛的时间就会较长,而且相对于传统的 K-Means 等聚类算法,超参数更多也更复杂。

代码 5.7 展示了如何使用 Scikit-learn 的 DBSCAN 聚类算法,对 iris 数据集的特征进行聚类,并使用调整兰德系数来评估聚类效果。结果显示,Scikit-learn 的 DBSCAN 聚类算法在 iris 数据集上的调整兰德系数为 0.4421。

代码 5.7　搭建、训练和评估 DBSCAN 聚类算法

```
In[*]:  from sklearn.datasets import load_iris


        #读取 iris 数据集的特征与类别标签
        features, labels=load_iris(return_X_y=True)
```

```
In[*]:  from sklearn.preprocessing import StandardScaler
```

```
#初始化数据标准化处理器
ss=StandardScaler()

#标准化数据特征
features=ss.fit_transform(features)
```

In[*]:
```
from sklearn.cluster import DBSCAN


#初始化 DBSCAN 聚类算法
dbscan=DBSCAN()

#利用 iris 数据特征进行聚类
clusters=dbscan.fit_predict(features)
```

In[*]:
```
from sklearn.metrics import adjusted_rand_score


print('Scikit-learn 的 DBSCAN 聚类算法在 iris 数据集上的调整兰德系数为%.4f。'
%adjusted_rand_score(labels, clusters))
```

Out[*]:
```
Scikit-learn 的 DBSCAN 聚类算法在 iris 数据集上的调整兰德系数为 0.4421
```

3. 近邻传播算法

近邻传播（Affinity Propagation，AP）算法是一种基于近邻信息传递的聚类算法。其算法的基本思想是：将全部的数据点都当作潜在的聚类中心，然后将数据点两两连线，构成一个网络。这个网络会被量化成一个相似度矩阵，通过网络中各条边的消息传递，吸引力信息沿着节点连线递归传输，直到找到最优的类簇代表点集合，使得所有数据点到最近的类簇代表点的相似度之和最大。

AP 算法的优点在于不需要事先指定类簇的数目。相对于其他聚类算法，AP 算法十分适合处理中大规模的数据聚类问题。但是，AP 算法的缺点也十分明显，即只适合处理紧致的超球形结构数据聚类问题，当数据集分布松散或结构复杂时，聚类效果很差。

代码 5.8 展示了如何使用 Scikit-learn 的近邻传播聚类算法，对 iris 数据集的特征进行聚类，并使用调整兰德系数来评估聚类效果。结果显示，Scikit-learn 的 AP 聚类算法在 iris 数据集上的调整兰德系数为 0.3703。

代码 5.8 搭建、训练和评估 AP 聚类算法

```
In[*]:  from sklearn.datasets import load_iris


        #读取 iris 数据集的特征与类别标签
        features, labels=load_iris(return_X_y=True)
In[*]:  from sklearn.preprocessing import StandardScaler


        #初始化数据标准化处理器
        ss=StandardScaler()

        #标准化数据特征
        features=ss.fit_transform(features)
In[*]:  from sklearn.cluster import AffinityPropagation


        #初始化近邻传播聚类算法
        ap=AffinityPropagation(random_state=2022)

        #利用 iris 数据特征进行聚类
        clusters=ap.fit_predict(features)
In[*]:  from sklearn.metrics import adjusted_rand_score


        print('Scikit-learn 的近邻传播(AP)聚类算法在 iris 数据集上的调整兰德系数为
        %.4f。' %adjusted_rand_score(labels, clusters))
Out[*]: Scikit-learn 的近邻传播(AP)聚类算法在 iris 数据集上的调整兰德系数为 0.3703
```

4. 高斯混合模型

高斯混合模型(Gaussian Mixed Model,GMM)指的是多个高斯分布函数的线性组合。理论上,高斯混合模型可以拟合出任意类型的分布,通常用于处理同一集合下的数据,包含符合多个不同的分布的情况。如图 5.11 所示,对于聚类问题,高斯混合模型希望将每一个参数不同的高斯概率密度函数应用于模拟每一个类簇的分布,以达到精确地量化每一个类簇中事物的目标。在现实生活中,许多事物的特征分布都可以使用高斯概率密度函数拟合表达。

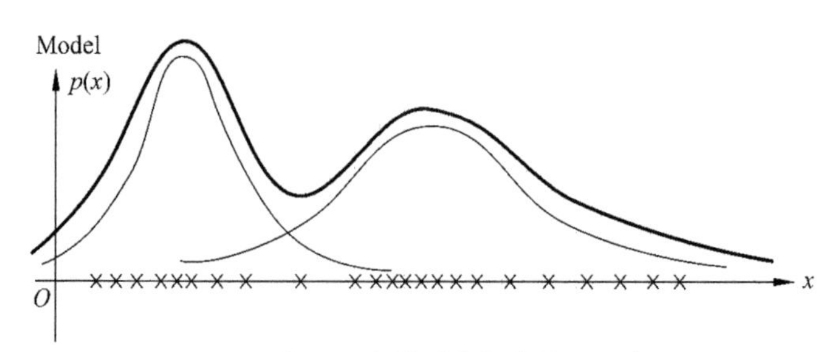

图 5.11　高斯混合模型的聚类效果示意图

高斯混合模型的优点是混合模型学习效率最高，并且适配许多自然采集的数据，如图像、声音、自然事物的特征（花瓣尺寸）等。但是，其缺点在于需要足够的数据对其模型进行充分估计，而且也需要预先指定类簇的数量。

代码 5.9 展示了如何使用 Scikit-learn 的高斯混合模型，对 iris 数据集的特征进行聚类，并使用调整兰德系数来评估聚类效果。结果显示，Scikit-learn 的高斯混合模型在 iris 数据集上的调整兰德系数为 0.9039。

代码 5.9　搭建、训练和评估高斯混合模型

```
In[*]:  from sklearn.datasets import load_iris


        #读取 iris 数据集的特征与类别标签
        features, labels=load_iris(return_X_y=True)
```

```
In[*]:  from sklearn.preprocessing import StandardScaler


        #初始化数据标准化处理器
        ss=StandardScaler()

        #标准化数据特征
        features=ss.fit_transform(features)
```

```
In[*]:  from sklearn.mixture import GaussianMixture


        #初始化高斯混合模型
        gmm=GaussianMixture(n_components=3, random_state=2022)

        #利用 iris 数据特征进行聚类
        clusters=gmm.fit_predict(features)
```

```
In[*]:  from sklearn.metrics import adjusted_rand_score


        print('Scikit-learn 的高斯混合模型在 iris 数据集上的调整兰德系数为%.4f。'
        %adjusted_rand_score(labels, clusters))
Out[*]: Scikit-learn 的高斯混合模型在 iris 数据集上的调整兰德系数为 0.9039
```

5. 层次化聚类

层次化聚类是一种很直观的算法，顾名思义，就是需要一层一层地对样本进行聚类。如图 5.12 所示，根据样本特征之间的相似度，从下而上地把小的类簇合并聚集，也可以从上而下地将大的类簇进行分割。一般用得比较多的是从下而上地聚集，因此这里只介绍前一种。所谓从下而上地合并类簇，指的是每次找到相似度最高(或者距离最短)的两个类簇，然后合并成一个新的类簇，重复操作直到全部合并为一个，整个过程就是建立一个树状结构。

层次化聚类的优点是可以一次性得到整个聚类的过程，对于不同类簇数量的聚类需求，都可以直接根据上述树状结构高效得到结果，不需要重新计算每一个数据点的类簇归属。层次化聚类的缺点是计算量比较大，因为每次都要计算多个类簇内所有数据点之间的两两距离；而且由于层次化聚类使用的是贪心算法，所以只能得到局部最优的聚类结果。

代码 5.10 展示了如何使用 Scikit-learn 的层次化聚类算法对 iris 数据集的特征进行聚类，并使用调整兰德系数来评估聚类效果。Scikit-learn 的层次化聚类算法在 iris 数据集上的调整兰德系数为 0.6153。

代码 5.10　搭建、训练和评估层次化聚类算法

```
In[*]:  from sklearn.datasets import load_iris


        #读取 iris 数据集的特征与类别标签
        features, labels=load_iris(return_X_y=True)
In[*]:  from sklearn.preprocessing import StandardScaler


        #初始化数据标准化处理器
        ss=StandardScaler()
```

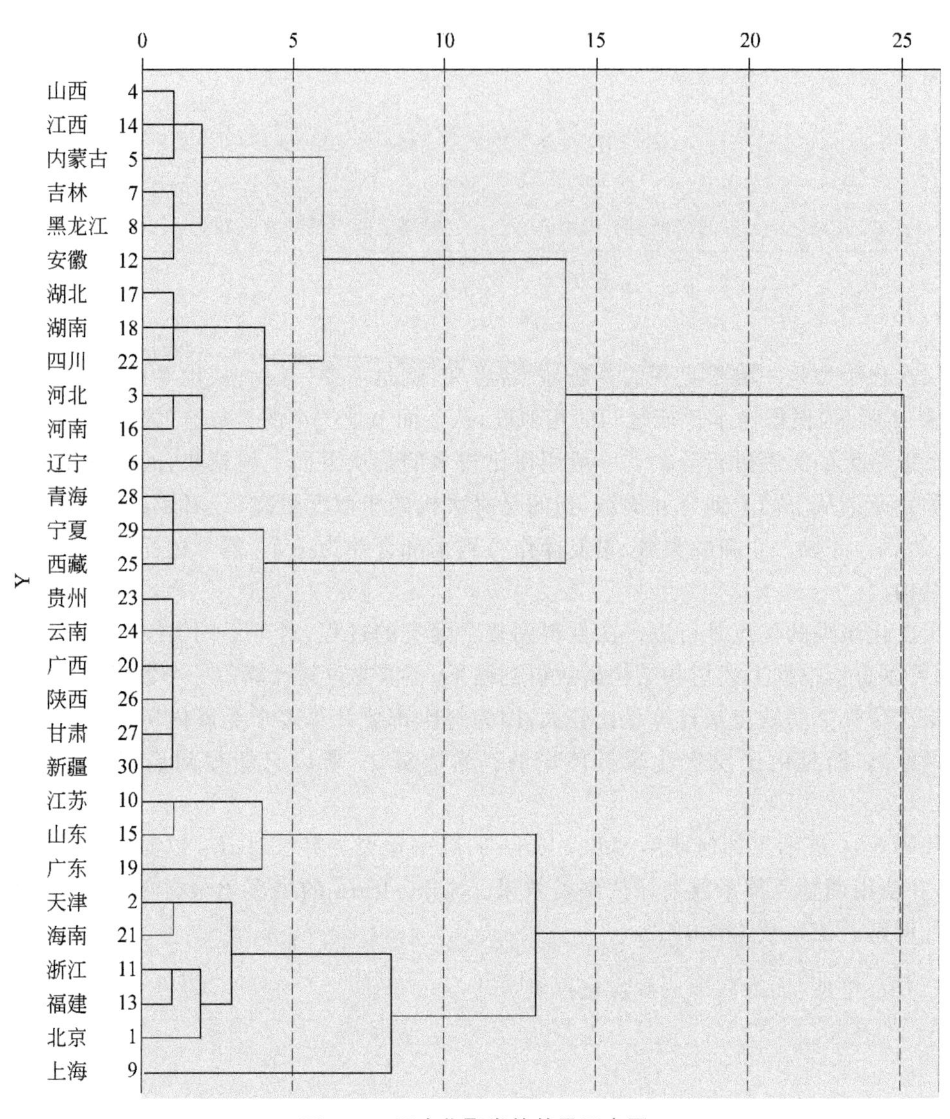

图 5.12　层次化聚类的效果示意图

```
#标准化数据特征
features=ss.fit_transform(features)
```

In[*]:
```
from sklearn.cluster import AgglomerativeClustering
```

```
#初始化层次聚类模型
ac=AgglomerativeClustering(n_clusters=3)

#利用 iris 数据特征进行聚类
clusters=ac.fit_predict(features)
```

In[*]:
```
from sklearn.metrics import adjusted_rand_score

print('Scikit-learn 的层次化聚类算法在 iris 数据集上的调整兰德系数为 %.4f。'
%adjusted_rand_score(labels, clusters))
```

Out[*]:
```
Scikit-learn 的层次化聚类算法在 iris 数据集上的调整兰德系数为 0.6153
```

5.3 Scikit-learn 监督学习模型

监督学习的任务重点在于根据已有的经验知识对未知样本的目标/标记进行预测。根据需要预测的目标变量类型不同,我们把监督学习大体分为分类预测与数值回归两种不同的任务类型。

5.3.1 分类预测

分类预测是最为常见的监督学习问题,并且其中的经典模型被广泛应用。其中,最基础的便是二分类(Binary Classification)问题,即判断是非,从两个类别中选择一个作为预测结果。除此之外,还有多类分类(Multiclass Classification)的问题,即在多于两个类别中选择一个;甚至还有多标签分类(Multi-label Classification)问题,与上述二分类以及多类分类问题不同,多标签分类问题判断一个样本是否同时属于多个不同类别。

在实际生活和工作中,我们会遇到许许多多的分类问题,如医生对肿瘤性质的判定,邮政系统对手写体邮编数字进行识别,互联网资讯公司对新闻进行分类,生物学家对物种类型的鉴定等。甚至,我们还能够对某些大灾难的经历者是否生还进行预测。

我们使用时下流行的 fashion_mnist 数据集,探讨和实践 Scikit-learn 中有关分类预测学习的各种模型,包括逻辑斯蒂回归分类器、随机梯度下降分类器、支持向量机分类器、朴素贝叶斯分类器、K-近邻分类器、决策树分类器、随机森林分类器、多层感知网络分类器等。

如图 5.13 所示,fashion_mnist 数据集收录了 10 种常见的服饰类型,每种类型的服饰包含了 6000 张黑白图片，样本数据共 60000 张的。其中，每一张黑白图片的尺寸为 28×28。

标签	描述	示例
0	T恤衫	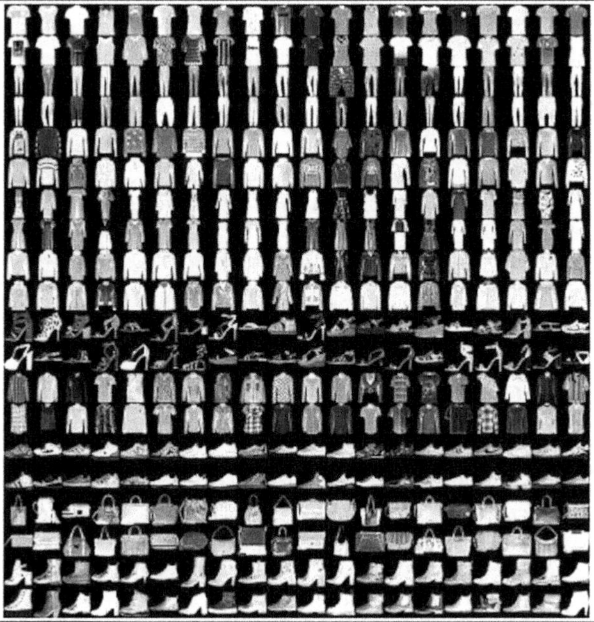
1	裤子	
2	卫衣	
3	连衣裙	
4	大衣	
5	凉鞋	
6	衬衫	
7	运动鞋	
8	包	
9	靴子	

图 5.13 fashion_mnist 数据集的样本数量、特征以及标签情况

1. 逻辑斯蒂回归分类器

逻辑斯蒂回归分类器有下面两个关键的模型要点。

- 首先，假设特征与分类结果之间存在线性关系。模型通过累加计算每个维度的特征与各自权重的乘积，来帮助模型做出最终的分类决策。如果我们定义 $\boldsymbol{x}=\{x_1,x_2,\cdots,x_n\}$ 来代表 n 维特征向量，同时用 n 维向量 $\boldsymbol{w}=\{w_1,w_2,\cdots,w_n\}$ 来代表对应的特征权重，也称为系数(Coefficient)。同时为了避免人为引入过坐标原点这种硬性假设，我们需要增加一个截距(Intercept)b。由此，这种线性关系便可以表达为

$$f(\boldsymbol{w},\boldsymbol{x},b)=\boldsymbol{w}^{\mathrm{T}}\boldsymbol{x}+b$$

- 其次，由于 $f\in\mathbb{R}$，取值范围分布在整个实数域中。然而，我们所要处理的最简单的二分类问题希望 $f\in\{0,1\}$。因此，我们需要一个函数把原先的 $f\in\mathbb{R}$ 映射到 $(0,1)$。于是，我们想到了逻辑斯蒂(Logistic)函数：

$$g(z)=\frac{1}{1+\mathrm{e}^{-z}}$$

这里的 $z\in\mathbb{R}$ 并且 $g\in(0,1)$，其函数图像如图 5.14 所示。

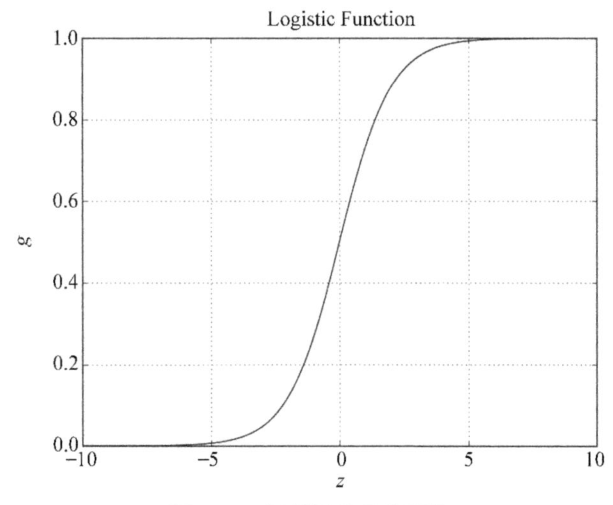

图 5.14　逻辑斯蒂函数图像

综上，如果将 z 替换为 f，我们就获得了一个经典的线性分类器，逻辑斯蒂回归模型：

$$h_{w,b}(\boldsymbol{x})=g[f(\boldsymbol{w},\boldsymbol{x},b)]=\frac{1}{1+\mathrm{e}^{-f}}=\frac{1}{1+\mathrm{e}^{-(\boldsymbol{w}^{\mathrm{T}}x+b)}}$$

根据图 5.14，我们可以观察到该模型如何处理一个待分类的特征向量：如果 $z=0$，那么 $g=0.5$；若 $z<0$，则 $g<0.5$，这个特征向量被判别为一类；反之，若 $z>0$，则 $g>0.5$，其被归为另外一类。

代码 5.11 展示了如何根据 fashion_mnist 训练集，使用 Scikit-learn 搭建和训练一个逻辑斯蒂回归分类器，用于对 fashion_mnist 测试集进行分类预测，并使用准确率来评估最终的分类效果。结果显示，Scikit-learn 的逻辑斯蒂回归分类器在 fashion_mnist 测试集上的准确率为 85.21%。

代码 5.11　搭建、训练和测试逻辑斯蒂回归分类器

```
In[*]:  import pandas as pd


        #使用 Pandas，读取 fashion_mnist 的训练和测试数据文件
```

```
train_data=pd.read_csv('../datasets/fashion_mnist/fashion_mnist_train.
csv')
test_data=pd.read_csv('../datasets/fashion_mnist/fashion_mnist_test.
csv')

#从训练数据中拆解出训练特征和类别标签
X_train=train_data[train_data.columns[1:]]
y_train=train_data['label']

#从测试数据中拆解出测试特征和类别标签
X_test=test_data[train_data.columns[1:]]
y_test=test_data['label']
```

```
In[*]: from sklearn.preprocessing import StandardScaler


#初始化数据标准化处理器
ss=StandardScaler()

#标准化训练数据特征
X_train=ss.fit_transform(X_train)

#标准化测试数据特征
X_test=ss.transform(X_test)
```

```
In[*]: from sklearn.linear_model import LogisticRegression


#初始化逻辑斯蒂回归分类器模型
lr=LogisticRegression()

#使用训练数据，训练逻辑斯蒂回归分类器模型
lr.fit(X_train, y_train)

#使用训练好的分类模型，依据测试数据的特征，进行类别预测
y_predict=lr.predict(X_test)
```

```
In[*]: from sklearn.metrics import accuracy_score
```

```
    #评估分类器的准确率
    print('Scikit-learn 的逻辑斯蒂回归分类器在 fashion_mnist 测试集上的准确率为%.2f%%。' %(accuracy_score(y_test, y_predict) * 100))
Out[ * ]: Scikit-learn 的逻辑斯蒂回归分类器在 fashion_mnist 测试集上的准确率为 85.21%
```

2. 随机梯度下降分类器

随机梯度下降分类器采用了与逻辑斯蒂回归分类器类似的模型假设，二者的区别在于对模型参数的求解方式。逻辑斯蒂回归分类器为了获得全局最优的精确结果，采用矩阵运算直接得到全局最优的参数值。而随机梯度下降分类器则采用迭代计算的方式，不断逼近全局最优的参数，但是与最优参数之间仍然存在一定的误差。任何一个机器学习问题都存在一个参数的搜索空间，空间维度取决于参数的规模。以图 5.15 为例，这个空间中一定存在一个全局最优的二维参数组合。最初，我们随机初始化这个二维参数，然后每一个轮次随机选取一批训练数据，并计算参数更新的梯度，直到最终迭代到参数的最优解。

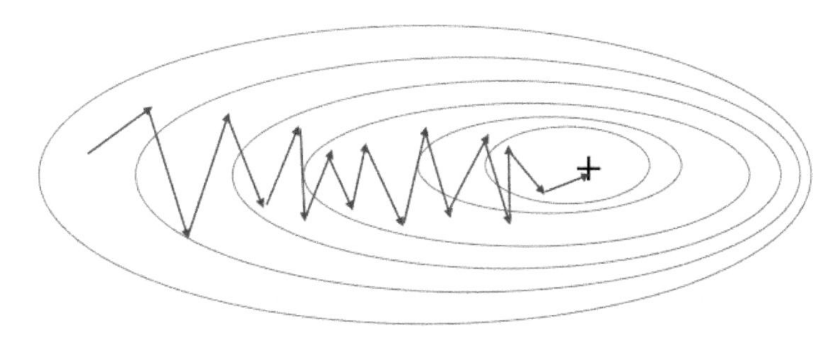

图 5.15　在参数空间中，随机梯度下降算法不断迭代帮助参数最终逼近最优的位置

代码 5.12 展示了如何根据 fashion_mnist 训练集，使用 Scikit-learn 搭建和训练一个随机梯度下降分类器，用于对 fashion_mnist 测试集进行分类预测，并使用准确率来评估最终的分类效果。结果显示，Scikit-learn 的随机梯度下降分类器在 fashion_mnist 测试集上的准确率为 83.54%。

代码 5.12　搭建、训练和测试随机梯度下降分类器

```
In[ * ]:  import pandas as pd


    #使用 Pandas 读取 fashion_mnist 的训练和测试数据文件
```

```
train_data=pd.read_csv('../datasets/fashion_mnist/fashion_mnist_train.
csv')
test_data=pd.read_csv('../datasets/fashion_mnist/fashion_mnist_test.
csv')

#从训练数据中拆解出训练特征和类别标签
X_train=train_data[train_data.columns[1:]]
y_train=train_data['label']

#从测试数据中拆解出测试特征和类别标签
X_test=test_data[train_data.columns[1:]]
y_test=test_data['label']
```

In[*]:
```
from sklearn.preprocessing import StandardScaler


#初始化数据标准化处理器
ss=StandardScaler()

#标准化训练数据特征
X_train=ss.fit_transform(X_train)

#标准化测试数据特征
X_test=ss.transform(X_test)
```

In[*]:
```
from sklearn.linear_model import SGDClassifier


#初始化随机梯度下降分类器模型
sgdc=SGDClassifier()

#使用训练数据，训练随机梯度下降分类器模型
sgdc.fit(X_train, y_train)

#使用训练好的分类模型，依据测试数据的特征，进行类别预测
y_predict=sgdc.predict(X_test)
```

In[*]:
```
from sklearn.metrics import accuracy_score
```

```
In[ * ]:  #评估分类器的准确率
          print('Scikit-learn 的随机梯度下降分类器在 fashion_mnist 测试集上的准确率
          为%.2f%%。' %(accuracy_score(y_test, y_predict) * 100))
```

```
Out[ * ]: Scikit-learn 的随机梯度下降分类器在 fashion_mnist 测试集上的准确率为 83.54%
```

3. 支持向量机分类器

在第 1 章的"良/恶性乳腺肿瘤预测"例子中，我们就曾经使用多个不同颜色的直线作为线性分类的边界。同样，在如图 5.16 所示的数据分类问题中，我们更有无数种线性分类边界可选择。

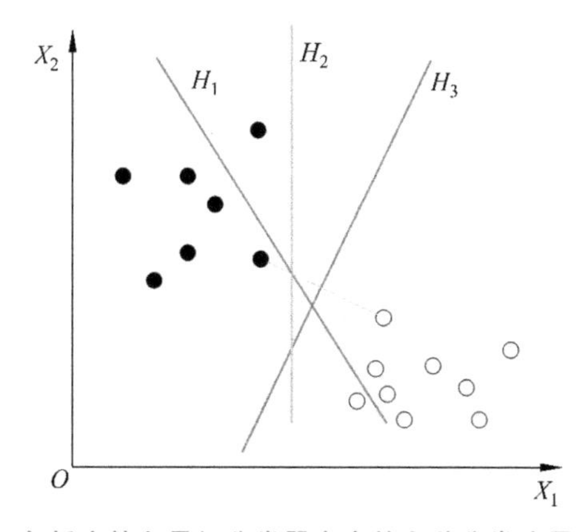

图 5.16　包括支持向量机分类器在内的多种分类边界(见彩图)

图 5.16 提供了三种不同的直线，用来划分这两种类别的训练样本。其中，直线 H_1 在这些训练样本上的表现不佳，本身就带有分类错误；直线 H_2 和直线 H_3 作为这个二类分类问题的线性分类模型，在训练集上的分类准确率都是 100%。

然而，由于这些分类模型最终都要应用在未知分布的测试数据上；因此我们更加关注如何最大限度地为未知分布的数据提供足够的待预测空间。如果那个距离直线 H_2 最近的黑色样本稍稍向右偏离直线 H_2，那么这个黑色样本很有可能被误判为白色样本，造成误差。相比之下，直线 H_3 在空间中的分布位置依然可以为更多有可能"稍稍偏离"的样本提供足够的"容忍度"。因此，我们更加期望学习到直线 H_3 作为更好的分类模型。

支持向量机分类器(Support Vector Machine Classifier)，便是根据训练样本的分布，搜索所有可能的线性分类器中最佳的那个。进一步仔细观察图 5.16 中的直线 H_3，我们会发现：决定其直线位置的样本并不是所有训练数据，而是其中的空间间隔最小的两个不同类别的数据点。我们把这种可以用来真正帮助决策最优线性分类模型的数据点称为

“支持向量”。逻辑斯蒂回归分类器与随机梯度下降分类器在训练过程中都考虑了所有训练样本对参数的影响，因此不一定获得最佳的分类器。

代码 5.13 展示了如何根据 fashion_mnist 训练集，使用 Scikit-learn 搭建和训练一个支持向量机分类器，用于对 fashion_mnist 测试集进行分类预测，并使用准确率来评估最终的分类效果。结果显示，Scikit-learn 的支持向量机分类器在 fashion_mnist 测试集上的准确率为 89.45%。

代码 5.13 搭建、训练和测试支持向量机分类器

```
In[ * ]: import pandas as pd


         #使用 pandas 读取 fashion_mnist 的训练和测试数据文件
         train_data=pd.read_csv('../datasets/fashion_mnist/fashion_mnist_train.
         csv')
         test_data=pd.read_csv('../datasets/fashion_mnist/fashion_mnist_test.
         csv')

         #从训练数据中拆解出训练特征和类别标签
         X_train=train_data[train_data.columns[1:]]
         y_train=train_data['label']

         #从测试数据中拆解出测试特征和类别标签
         X_test=test_data[train_data.columns[1:]]
         y_test=test_data['label']
```

```
In[ * ]: from sklearn.preprocessing import StandardScaler


         #初始化数据标准化处理器
         ss=StandardScaler()

         #标准化训练数据特征
         X_train=ss.fit_transform(X_train)

         #标准化测试数据特征
         X_test=ss.transform(X_test)
```

```
In[ * ]: from sklearn.svm import SVC
```

```
    #初始化支持向量机分类器模型
    svc=SVC()

    #使用训练数据,训练支持向量机分类器模型
    svc.fit(X_train, y_train)

    #使用训练好的分类模型,依据测试数据的特征,进行类别预测
    y_predict=svc.predict(X_test)
```

```
In[*]: from sklearn.metrics import accuracy_score


    #评估分类器的准确率
    print('Scikit-learn 的支持向量机分类器在 fashion_mnist 测试集上的准确率为
    %.2f%%。' %(accuracy_score(y_test, y_predict) * 100))
```

```
Out[*]: Scikit-learn 的支持向量机分类器在 fashion_mnist 测试集上的准确率为 89.45%
```

4. 朴素贝叶斯分类器

朴素贝叶斯(Naïve Bayes)是一个非常简单,但是实用性很强的分类模型。不过,不同于前面介绍的几种基于线性假设的分类模型,朴素贝叶斯分类器的构造基础是贝叶斯理论。

抽象一些说,朴素贝叶斯分类器会单独考量每一维度的特征被分类的条件概率;然后综合这些概率,对其所在的特征向量做出分类预测。因此,这个模型的基本数学假设是:各个维度上的特征被分类的条件概率之间是相互独立的。

采用概率模型表述如下。定义 $\boldsymbol{x}=\{x_1,x_2,\cdots,x_n\}$ 为某一 n 维特征向量,$y\in\{c_1,c_2,\cdots,c_k\}$ 为该特征向量 $\boldsymbol{x}$ 所有 k 种可能的类别,并记 $P(y=c_i\mid\boldsymbol{x})$ 为特征向量 $\boldsymbol{x}$ 属于类别 c_i 的概率。根据贝叶斯原理:

$$P(y\mid\boldsymbol{x})=\frac{P(\boldsymbol{x}\mid y)P(y)}{P(\boldsymbol{x})}$$

我们的目标是寻找所有 $y\in\{c_1,c_2,\cdots,c_k\}$ 中 $P(y\mid\boldsymbol{x})$ 最大的,即 $\underset{y}{\operatorname{argmax}}P(y\mid\boldsymbol{x})$;并且考虑到 $P(\boldsymbol{x})$ 对于同一样本都是相同的,因此可以忽略不计。所以,

$$\underset{y}{\operatorname{argmax}}P(y\mid\boldsymbol{x})=\underset{y}{\operatorname{argmax}}P(\boldsymbol{x}\mid y)P(y)=\underset{y}{\operatorname{argmax}}P(x_1,x_2,\cdots,x_n\mid y)P(y)$$

若每一种特征可能的取值均为 0 或者 1,在没有任何特殊假设的条件下,计算 $P(x_1,x_2,\cdots,x_n\mid y)$ 需要对 $k\times 2^n$ 个可能的参数进行估计:

$$P(x_1,x_2,\cdots,x_n\mid y)=$$
$$P(x_1\mid y)P(x_2\mid x_1,y)P(x_3\mid x_1,x_2,y)\cdots P(x_n\mid x_1,x_2,\cdots,x_{n-1},y)$$

根据朴素贝叶斯模型的特征类别条件独立假设，$P(x_n \mid x_1, x_2, \cdots, x_{n-1}, y) = P(x_n \mid y)$；若依然每一种特征可能的取值只有 2 种，那么我们只需要估计 $2kn$ 个参数，即 $P(x_1=0 \mid y=c_1)$，$P(x_1=1 \mid y=c_1)$，$\cdots$，$P(x_n=1 \mid y=c_k)$。

代码 5.14 展示了如何根据 fashion_mnist 训练集，使用 Scikit-learn 搭建和训练一个朴素贝叶斯分类器，用于对 fashion_mnist 测试集进行分类预测，并使用准确率来评估最终的分类效果。结果显示，朴素贝叶斯分类器在 fashion_mnist 测试集上的准确率为 71.41%。

代码 5.14 搭建、训练和测试朴素贝叶斯分类器

```
In[ * ]:  import pandas as pd


          #使用 pandas 读取 fashion_mnist 的训练和测试数据文件
          train_data=pd.read_csv('../datasets/fashion_mnist/fashion_mnist_train.
          csv')
          test_data=pd.read_csv('../datasets/fashion_mnist/fashion_mnist_test.
          csv')

          #从训练数据中拆解出训练特征和类别标签
          X_train=train_data[train_data.columns[1:]]
          y_train=train_data['label']

          #从测试数据中拆解出测试特征和类别标签
          X_test=test_data[train_data.columns[1:]]
          y_test=test_data['label']
```

```
In[ * ]:  from sklearn.naive_bayes import BernoulliNB


          #初始化基于伯努利分布的朴素贝叶斯分类器模型
          bnb=BernoulliNB()

          #使用训练数据，训练朴素贝叶斯分类器模型
          bnb.fit(X_train, y_train)

          #使用训练好的分类模型，依据测试数据的特征，进行类别预测
          y_predict=bnb.predict(X_test)
```

```
In[*]:  from sklearn.metrics import accuracy_score


        #评估分类器的准确率
        print('Scikit-learn 的朴素贝叶斯分类器在 fashion_mnist 测试集上的准确率为
        %.2f%%。' %(accuracy_score(y_test, y_predict) * 100))
Out[*]: Scikit-learn 的朴素贝叶斯分类器在 fashion_mnist 测试集上的准确率为 71.41%
```

5. *K*-近邻分类器

K-近邻模型本身非常直观并且容易理解,算法描述起来也很简单。如图 5.17 所示,假设我们有一些携带分类标记的训练样本分布于特征空间中;蓝色、绿色的样本点各自代表其类别。对于一个待分类的红色测试样本点,按照成语“近朱者赤,近墨者黑”的说法,我们需要寻找与这个待分类的样本在特征空间中距离最近的 K 个已标记样本作为参考,来帮助我们做出分类决策。这便是 *K*-近邻算法的通俗解释。

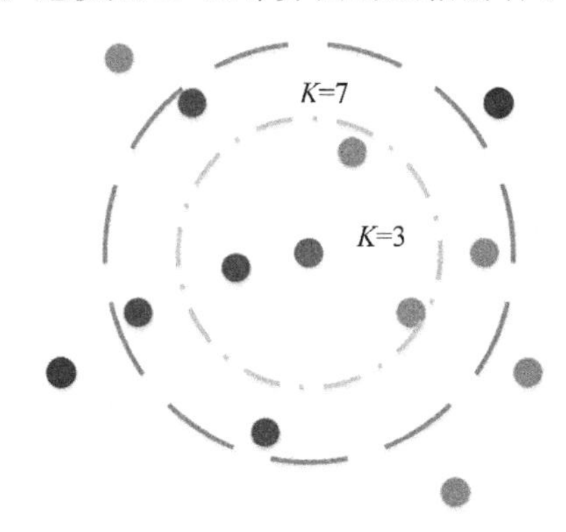

图 5.17 *K*-近邻算法的展示样例(见彩图)

而在图 5.17 中,如果我们根据最近的 $K=3$ 个带有标记的训练样本做分类决策,那么待测试的样本应该属于绿色类别,因为在 3 个最近邻的已标记样本中,绿色类别样本的比例最高;如果我们扩大搜索范围,设定 $K=7$,那么分类器则倾向待测样本属于蓝色。因此可以发现,随着 K 的不同,我们会获得不同效果的分类器。

代码 5.15 展示了如何根据 fashion_mnist 训练集,使用 Scikit-learn 搭建和训练一个 *K*-近邻分类器,用于对 fashion_mnist 测试集进行分类预测,并使用准确率来评估最终的分类效果。结果显示,*K*-近邻分类器在 fashion_mnist 测试集上的准确率为 86.30%。

代码 5.15 搭建、训练和测试 *K*-近邻分类器

```
In[ * ]:  import pandas as pd


          #使用 pandas 读取 fashion_mnist 的训练和测试数据文件
          train_data=pd.read_csv('../datasets/fashion_mnist/fashion_mnist_train.
          csv')
          test_data=pd.read_csv('../datasets/fashion_mnist/fashion_mnist_test.
          csv')

          #从训练数据中拆解出训练特征和类别标签
          X_train=train_data[train_data.columns[1:]]
          y_train=train_data['label']

          #从测试数据中拆解出测试特征和类别标签
          X_test=test_data[train_data.columns[1:]]
          y_test=test_data['label']
```

```
In[ * ]:  from sklearn.preprocessing import StandardScaler


          #初始化数据标准化处理器
          ss=StandardScaler()

          #标准化训练数据特征
          X_train=ss.fit_transform(X_train)

          #标准化测试数据特征
          X_test=ss.transform(X_test)
```

```
In[ * ]:  from sklearn.neighbors import KNeighborsClassifier


          #初始化 K-近邻分类器模型
          knc=KNeighborsClassifier()

          #使用训练数据，训练 K-近邻分类器模型
          knc.fit(X_train, y_train)
```

```
    #使用训练好的分类模型,依据测试数据的特征,进行类别预测
    y_predict=knc.predict(X_test)
In[*]: from sklearn.metrics import accuracy_score

    #评估分类器的准确率
    print('Scikit-learn 的 K-近邻分类器在 fashion_mnist 测试集上的准确率为
    %.2f%%。' %(accuracy_score(y_test, y_predict) * 100))
Out[*]: Scikit-learn 的 K-近邻分类器在 fashion_mnist 测试集上的准确率为 86.30%
```

6. 决策树分类器

前面所使用的逻辑斯蒂回归分类器、支持向量分类器等,都在某种程度上要求被学习的数据特征和目标之间遵照线性假设。然而,在许多现实场景下,这种假设是不存在的。比如,如果要采用线性模型假设,借由一个人的年龄来预测患流感的死亡率,那么只有两种情况:年龄越大死亡率越高;或者年龄越小死亡率越高。然而,根据常识判断,青壮年相较于儿童和老年人具有更加健全的免疫系统,因此更不容易因患流感死亡。因此,年龄与因流感而死亡之间不存在线性关系。如果要用数学表达式描述这种非线性关系,使用分段函数最为合理;而在机器学习模型中,决策树就是描述这种非线性关系的不二之选。

再比如,信用卡申请的审核涉及申请人的多项特征,也是典型的决策树模型。如图 5.18 所示,决策树节点(node)代表数据特征,如年龄(age)、身份是否是学生(student)、信用评级(credit_rating)等;每个节点下的分支代表对应特征值的分类,如年龄包括年轻人(youth)、中年人(middle_aged)以及老年人(senior),身份区分是否是学生等;而决策树

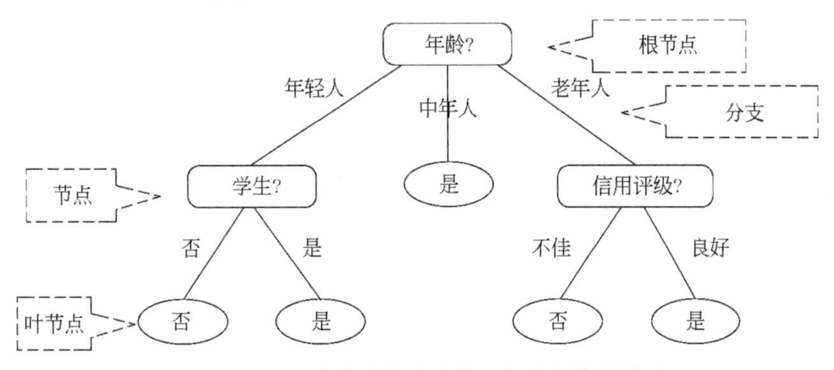

图 5.18　信用卡申请自动审核任务的决策树模型

的所有叶节点(leaf)则显示模型的决策结果。对于是否通过信用卡申请而言，这是二分类决策任务，因此只有是(yes)和否(no)两种分类结果。

如图 5.18 所示，这类使用多种不同特征组合搭建多层决策树的情况，模型在学习时就需要考虑特征节点的选取顺序。常用的度量方式包括信息熵(Information Gain)和基尼不纯性(Gini Impurity)。

代码 5.16 展示了如何根据 fashion_mnist 训练集，使用 Scikit-learn 搭建和训练一个决策树分类器，用于对 fashion_mnist 测试集进行分类预测，并使用准确率来评估最终的分类效果。结果显示，决策树分类器在 fashion_mnist 测试集上的准确率为 79.73%。

代码 5.16 搭建、训练和测试决策树分类器

```
In[*]: import pandas as pd


       #使用 pandas 读取 fashion_mnist 的训练和测试数据文件
       train_data=pd.read_csv('../datasets/fashion_mnist/fashion_mnist_train.
       csv')
       test_data=pd.read_csv('../datasets/fashion_mnist/fashion_mnist_test.
       csv')

       #从训练数据中拆解出训练特征和类别标签
       X_train=train_data[train_data.columns[1:]]
       y_train=train_data['label']

       #从测试数据中拆解出测试特征和类别标签
       X_test=test_data[train_data.columns[1:]]
       y_test=test_data['label']
```

```
In[*]: from sklearn.tree import DecisionTreeClassifier


       #初始化决策树分类器模型
       dtc=DecisionTreeClassifier()

       #使用训练数据，训练决策树分类器模型
       dtc.fit(X_train, y_train)
```

```
    #使用训练好的分类模型,依据测试数据的特征,进行类别预测
    y_predict=dtc.predict(X_test)
In[*]: from sklearn.metrics import accuracy_score


    #评估分类器的准确率
    print('决策树分类器在 fashion_mnist 测试集上的准确率为%.2f%%。'
    %(accuracy_score(y_test, y_predict) * 100))
Out[*]: 决策树分类器在 fashion_mnist 测试集上的准确率为 79.73%
```

7. 集成分类器

常言道:“一个篱笆三个桩,一个好汉三个帮”。集成(Ensemble)分类器便是综合考量多个分类器的预测结果而做出决策的一种分类器。这种综合考量的方式大体上分为如下两种。

一种是利用相同的训练数据同时搭建多个独立的分类模型,然后通过投票的方式,以少数服从多数的原则作出最终的分类决策。比较具有代表性的模型为随机森林分类器(Random Forest Classifier)和极度随机树分类器(Extra Trees Classifier),即在相同训练数据上同时搭建多棵决策树(Decision Tree)。然而,一株标准的决策树会根据每维特征对预测结果的影响程度进行排序,进而决定不同特征从上至下构建分裂节点的顺序。如此一来,所有在随机森林中的决策树都会受这一策略影响而构建得完全一致,从而丧失了多样性。因此,在构建随机森林分类器的过程中,每一棵决策树都会放弃这一固定的排序算法,转而随机选取特征。极度随机树比常规的随机森林更具有随机性,因为该模型在每次分裂或者分枝的时候,都会随机选择一个特征子集进行分枝特征的选择,而且该模型不需要选择最佳阈值,而是采用随机阈值进行分裂。

另一种则是按照一定次序搭建多个分类模型。这些模型彼此之间存在依赖关系。一般而言,每一个后续模型的加入都需要对现有集成模型的综合性能有所贡献,进而不断提升更新之后的集成模型的性能,并最终期望借助整合多个分类能力较弱的分类器,搭建具有更强分类能力的模型。其中,比较具有代表性的当属梯度提升树分类器(Gradient Boosting Classifier)。与构建随机森林分类器模型不同,这里每一棵决策树在生成的过程中都会尽可能降低整体集成模型在训练集上的拟合误差。

代码 5.17 展示了如何根据 fashion_mnist 训练集,使用 Scikit-learn 搭建和训练多种集成分类器,用于对 fashion_mnist 测试集进行分类预测,并使用准确率来评估最终的分类效果。

结果显示，Scikit-learn 的随机森林分类器在 fashion_mnist 测试集上的准确率为 88.49%；Scikit-learn 的梯度提升树分类器在 fashion_mnist 测试集上的准确率为 87.89%；Scikit-learn 的极度随机树分类器在 fashion_mnist 测试集上的准确率为 88.22%。

代码 5.17 搭建、训练和测试多种集成分类器

In[*]:
```
import pandas as pd


#使用 pandas 读取 fashion_mnist 的训练和测试数据文件
train_data=pd.read_csv('../datasets/fashion_mnist/fashion_mnist_train.
csv')
test_data=pd.read_csv('../datasets/fashion_mnist/fashion_mnist_test.
csv')

#从训练数据中拆解出训练特征和类别标签
X_train=train_data[train_data.columns[1:]]
y_train=train_data['label']

#从测试数据中拆解出测试特征和类别标签
X_test=test_data[train_data.columns[1:]]
y_test=test_data['label']
```

In[*]:
```
from sklearn.ensemble import RandomForestClassifier
from sklearn.metrics import accuracy_score


#初始化随机森林分类器模型
rfc=RandomForestClassifier()

#使用训练数据，训练随机森林分类器模型
rfc.fit(X_train, y_train)

#使用训练好的分类模型，依据测试数据的特征，进行类别预测
y_predict=rfc.predict(X_test)

#评估分类器的准确率
print('Scikit-learn 的随机森林分类器在 fashion_mnist 测试集上的准确率为
%.2f%%。' %(accuracy_score(y_test, y_predict) * 100))
```

```
Out[ * ]: Scikit-learn 的随机森林分类器在 fashion_mnist 测试集上的准确率为 88.49%
```

```
In[ * ]: from sklearn.ensemble import GradientBoostingClassifier
         from sklearn.metrics import accuracy_score


         #初始化梯度提升树分类器模型
         gbc=GradientBoostingClassifier()

         #使用训练数据,训练梯度提升树分类器模型
         gbc.fit(X_train, y_train)

         #使用训练好的分类模型,依据测试数据的特征,进行类别预测
         y_predict=gbc.predict(X_test)

         #评估分类器的准确率
         print('Scikit-learn 的梯度提升树分类器在 fashion_mnist 测试集上的准确率为
         %.2f%%。' %(accuracy_score(y_test, y_predict) * 100))
```

```
Out[ * ]: Scikit-learn 的梯度提升树分类器在 fashion_mnist 测试集上的准确率为 87.89%
```

```
In[ * ]: from sklearn.ensemble import ExtraTreesClassifier
         from sklearn.metrics import accuracy_score


         #初始化极度随机树分类器模型
         etc=ExtraTreesClassifier()

         #使用训练数据,训练极度随机树分类器模型
         etc.fit(X_train, y_train)

         #使用训练好的分类模型,依据测试数据的特征,进行类别预测
         y_predict=etc.predict(X_test)

         #评估分类器的准确率
         print('Scikit-learn 的极度随机树分类器在 fashion_mnist 测试集上的准确率为
         %.2f%%。' %(accuracy_score(y_test, y_predict) * 100))
```

```
Out[ * ]: Scikit-learn 的极度随机树分类器在 fashion_mnist 测试集上的准确率为 88.22%
```

8. 多层感知网络分类器

早期的人工智能研究人员打算先从计算机模拟人类神经元的角度深入探索机器学习，其中比较具有代表性的研究成果是弗兰克・罗森布拉特(Frank Rosenblatt)的感知机(Perceptron)模型。感知机的计算结构与生物学上的神经元类似，如图 5.19 所示，包括 n 维输入信号 $\boldsymbol{x}=<x_1,x_2,\cdots,x_n,1>$、对应的参数向量 $\boldsymbol{w}=<w_1,w_2,\cdots,w_n>$ 和截距 b，输出信号 y 等。

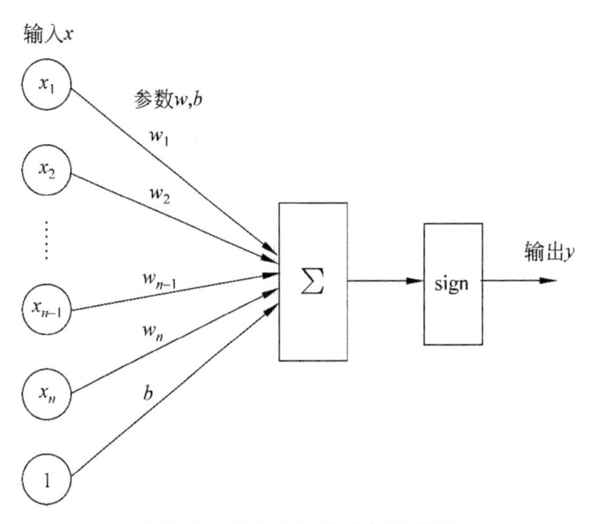

图 5.19　罗森布拉特感知机模型

罗森布拉特感知机采用线性加权求和的方式处理输入信号，即

$$y=\mathrm{sign}(\boldsymbol{w}^{\mathrm{T}}x+b)$$

为了模拟神经元的行为，同时定义激活(符号)函数 sign 如下：

$$\mathrm{sign}(z)=\begin{cases}+1, & z\geqslant 0\\ -1, & z<0\end{cases}$$

由此可知，感知机最终会产生两种离散数值的输出信号。

事实上，罗森布拉特感知机模型最大的贡献并不在于其对神经元的结构的模拟，而是罗森布拉特本人设计了一套算法，使得感知机可以不断地根据训练数据更新参数，达到学习线性二分类模型的能力。这个算法以现在的眼光来看与随机梯度下降(SGD)方法很像，但在当时可谓轰动一时，也极大地调动了人工智能研究者的热情。因为，这一成果实现了人们期待已久的计算机具备自适应能力的愿景。

好景不长，MIT 人工智能实验室创始人 Marvin Minsky 和 Seymour 在 1969 年出版

了一本题名为 *Perceptrons* 的书。书中不仅严谨地分析了感知机学习模型，而且使用异或(XOR)运算这一经典例子，道破了单层感知机在处理实际问题方面的局限性。如图5.20所示，我们目前了解的感知机模型可以处理线性二分类问题，即可以对AND、NAND以及OR这些运算产生的类别结果进行区分。但是很显然，我们无论如何也无法找到一条在二维空间的直线用来分割XOR所产生的数据点。

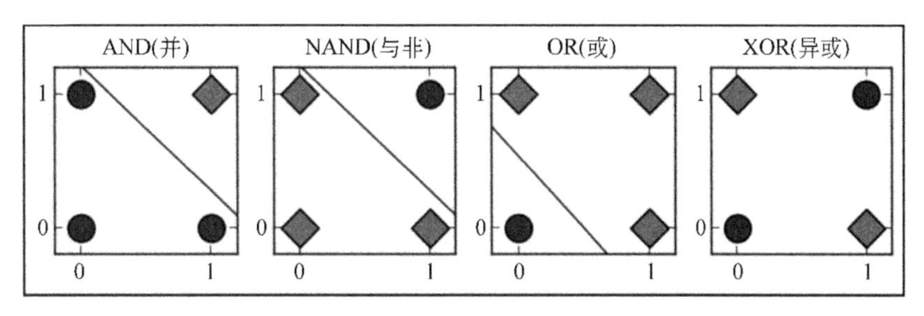

图5.20 使用单层感知机可以区分并、与非、或运算产生的数据，但是却无法区分异或运算产生的数据

Marvin Minsky和Seymour的这本著作使得神经网络的研究在20世纪70年代陷入了低潮。实际上，*Perceptrons* 这本书并没有完全否定单层感知机的科学贡献，同时也提到可以通过叠加多层感知机(Multi-layer Perceptrons)来完成对异或运算的非线性拟合。然而，之所以大家丧失了继续研究感知机的热情，主要是因为许多人发现，无法再继续将罗森布拉特发明的学习算法应用在多层感知机上。一方面，历史证明设计并验证一套有效的新算法总是要花费长达几年甚至十几年的时间；另一方面，就如之前提到的，虽然罗森布拉特提出的算法与随机梯度下降(SGD)法在形式上类似，但是sign这种分段函数导致无法平滑地求得梯度。

不过，依然有人在这场科研寒冬中坚持了下来，他们是David Rumelhart、Geoffrey Hinton和Ronald Williams。从1985年开始，这三位科学家所发表的一系列论文重新激发了对如图5.21所示的多层感知机(人工神经网络)的研究热潮。这些论文重点阐述了如何使用诸如逻辑斯蒂这类连续平滑的函数替换原有分段的符号函数sign，作为激发函数；以及如何使用回溯(Back Propagating，简称BP)算法逐层更新参数。

但是接下来的几年，从事人工神经网络(Artificial Neural Network，ANN)研究的科研人员渐渐陷入了两难的境地：尽管，一方面大家越发觉得隐藏层数(hidden layers)更多的神经网络可以表达更加复杂的现实数据，使深度神经网络拥有更高的性能；但是，另一方面一旦隐藏层数增加得过多，BP算法在回溯误差时衰退得越明显，甚至无法对输出层(input layer)参数的更新起到明显作用，而且更容易让模型优化陷入局部最优解。

代码5.18展示了如何根据fashion_mnist训练集，使用Scikit-learn搭建和训练一个

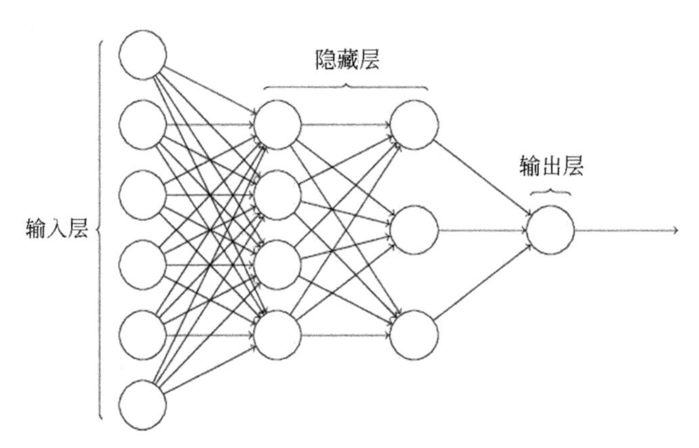

图 5.21 多层感知机（人工神经网络）的模型架构

多层感知网络分类器，用于对 fashion_mnist 测试集进行分类预测，并使用准确率来评估最终的分类效果。结果显示，Scikit-learn 的多层感知网络分类器在 fashion_mnist 测试集上的准确率为 88.89%。

代码 5.18 搭建、训练和测试多层感知网络分类器

```
In[ * ]:  import pandas as pd


          #使用 pandas 读取 fashion_mnist 的训练和测试数据文件
          train_data=pd.read_csv('../datasets/fashion_mnist/fashion_mnist_train.
          csv')
          test_data=pd.read_csv('../datasets/fashion_mnist/fashion_mnist_test.
          csv')

          #从训练数据中拆解出训练特征和类别标签
          X_train=train_data[train_data.columns[1:]]
          y_train=train_data['label']

          #从测试数据中拆解出测试特征和类别标签
          X_test=test_data[train_data.columns[1:]]
          y_test=test_data['label']
```

```
In[ * ]:  from sklearn.preprocessing import StandardScaler
```

```
        #初始化数据标准化处理器
        ss=StandardScaler()

        #标准化训练数据特征
        X_train=ss.fit_transform(X_train)

        #标准化测试数据特征
        X_test=ss.transform(X_test)
In[*]:  from sklearn.neural_network import MLPClassifier


        #初始化多层感知网络分类器模型
        mlpc=MLPClassifier()

        #使用训练数据,训练多层感知网络分类器模型
        mlpc.fit(X_train, y_train)

        #使用训练好的分类模型,依据测试数据的特征,进行类别预测
        y_predict=mlpc.predict(X_test)
In[*]:  from sklearn.metrics import accuracy_score


        #评估分类器的准确率
        print('Scikit-learn 的多层感知网络分类器在 fashion_mnist 测试集上的准确率
        为%.2f%%。' %(accuracy_score(y_test, y_predict) * 100))
Out[*]: Scikit-learn 的多层感知网络分类器在 fashion_mnist 测试集上的准确率为 88.89%
```

5.3.2 数值回归

数值回归是另一种常见的监督学习问题,并且其中的经典模型也应用最为广泛。其中,最基础的便是单值回归问题,即给出一个标量值的估计;除此之外还有多值回归的问题,即同时估计多个目标值。

在实际生活和工作中,我们也会遇到许多数值回归问题,比如用户年龄的估计、购买房屋时对房屋公允价格的评估、预测未来某公司的股票价格等。

使用时下流行的 white_wine 数据集,探讨和实践 Scikit-learn 中有关数值回归学习

的各种模型，包括线性回归分类器、随机梯度下降回归器、支持向量回归器、K-近邻回归器、决策树回归器、集成回归器、多层感知网络回归器等。

如图 5.22 所示，white_wine 数据集收录了近 5000 瓶白葡萄酒的品评数据，从 11 种不同的特征角度对每一瓶白葡萄酒进行量化打分，并给出最终的品质评级。

	fixed acidity	volatile acidity	citric acid	residual sugar	chlorides	free sulfur dioxide	total sulfur dioxide	density	pH	sulphates	alcohol	quality
0	7.0	0.27	0.36	20.7	0.045	45.0	170.0	1.00100	3.00	0.45	8.8	6
1	6.3	0.30	0.34	1.6	0.049	14.0	132.0	0.99400	3.30	0.49	9.5	6
2	8.1	0.28	0.40	6.9	0.050	30.0	97.0	0.99510	3.26	0.44	10.1	6
3	7.2	0.23	0.32	8.5	0.058	47.0	186.0	0.99560	3.19	0.40	9.9	6
4	7.2	0.23	0.32	8.5	0.058	47.0	186.0	0.99560	3.19	0.40	9.9	6
...	...	...	...	...	...	...	...	...	...	...	...	...
4893	6.2	0.21	0.29	1.6	0.039	24.0	92.0	0.99114	3.27	0.50	11.2	6
4894	6.6	0.32	0.36	8.0	0.047	57.0	168.0	0.99490	3.15	0.46	9.6	5
4895	6.5	0.24	0.19	1.2	0.041	30.0	111.0	0.99254	2.99	0.46	9.4	6
4896	5.5	0.29	0.30	1.1	0.022	20.0	110.0	0.98869	3.34	0.38	12.8	7
4897	6.0	0.21	0.38	0.8	0.020	22.0	98.0	0.98941	3.26	0.32	11.8	6

4898 rows × 12 columns

图 5.22　white_wine 数据集的样本数量、特征以及品质评分情况

1. 线性回归器

与逻辑斯蒂回归分类器的模型假设类似，线性回归器假设特征与分类结果之间存在线性关系。模型通过累加计算每个维度的特征与各自权重的乘积，来帮助模型做出最终的数值回归估计。

代码 5.19 展示了如何根据 white_wine 训练集中已知的白葡萄酒特征样本和品质得分，使用 Scikit-learn 搭建和训练一个线性回归器，用于对 white_wine 测试几种未知品质的白葡萄酒特征样本，进行品质得分的回归估计；并使用均方误差来评估最终的数值回归效果。结果显示，Scikit-learn 的线性回归器在 white_wine 测试集上的均方误差为 0.5131。

代码 5.19　搭建、训练和测试线性回归器

```
In[ * ]:  import pandas as pd


          #使用 pandas 读取数据文件
          data =
          pd.read_csv('../datasets/white_wine/white_wine_quality.csv', sep=';')
```

```
#从数据中拆分出特征与目标值
X=data[data.columns[:-1]]
y=data[data.columns[-1]]
```

In[*]:

```
from sklearn.model_selection import train_test_split


#拆分训练集和测试集
X_train, X_test, y_train, y_test=train_test_split(X, y, train_size=
0.8, random_state=2022)
```

In[*]:

```
from sklearn.preprocessing import StandardScaler


#初始化数据标准化处理器
ss=StandardScaler()

#标准化训练数据特征
X_train=ss.fit_transform(X_train)

#标准化测试数据特征
X_test=ss.transform(X_test)
```

In[*]:

```
from sklearn.linear_model import LinearRegression


#初始化线性回归器模型
lr=LinearRegression()

#使用训练数据,训练线性回归器模型
lr.fit(X_train, y_train)

#使用训练好的回归模型,依据测试数据的特征,进行数值回归
y_predict=lr.predict(X_test)
```

In[*]:

```
from sklearn.metrics import mean_squared_error


#评估回归器的误差
print('Scikit-learn 的线性回归器在 white_wine 测试集上的均方误差为%.4f。'
%mean_squared_error(y_test, y_predict))
```

```
Out[*]: Scikit-learn 的线性回归器在 white_wine 测试集上的均方误差为 0.5131
```

2. 随机梯度下降回归器

与随机梯度下降分类器的模型结构类似，随机梯度下降回归器采用迭代计算的方式，不断逼近全局最优的参数，来帮助模型做出最终的数值回归估计。

代码 5.20 展示了如何根据 white_wine 训练集中已知的白葡萄酒特征样本和品质得分，使用 Scikit-learn 搭建和训练一个随机梯度下降回归器，用于对 white_wine 测试几种未知品质的白葡萄酒特征样本，进行品质得分的回归估计；并使用均方误差来评估最终的数值回归效果。结果显示，Scikit-learn 的随机梯度下降回归器在 white_wine 测试集上的均方误差为 0.5175。

代码 5.20　搭建、训练和测试随机梯度下降回归器

```
In[*]:  import pandas as pd


        #使用 pandas 读取数据文件
        data =
        pd.read_csv('../datasets/white_wine/white_wine_quality.csv', sep=';')

        #从数据中拆分出特征与目标值
        X=data[data.columns[:-1]]
        y=data[data.columns[-1]]
```

```
In[*]:  from sklearn.model_selection import train_test_split


        #拆分训练集和测试集
        X_train, X_test, y_train, y_test=train_test_split(X, y, train_size=
        0.8, random_state=2022)
```

```
In[*]:  from sklearn.preprocessing import StandardScaler


        #初始化数据标准化处理器
        ss=StandardScaler()

        #标准化训练数据特征
```

```
X_train=ss.fit_transform(X_train)

#标准化测试数据特征
X_test=ss.transform(X_test)
```

In[*]:
```
from sklearn.linear_model import SGDRegressor


#初始化随机梯度回归器模型
sgdr=SGDRegressor()

#使用训练数据，训练随机梯度回归器模型
sgdr.fit(X_train, y_train)

#使用训练好的回归模型，依据测试数据的特征，进行数值回归
y_predict=sgdr.predict(X_test)
```

In[*]:
```
from sklearn.metrics import mean_squared_error


#评估回归器的误差
print('Scikit-learn 的随机梯度回归器在 white_wine 测试集上的均方误差为
%.4f。' %mean_squared_error(y_test, y_predict))
```

Out[*]:
```
Scikit-learn 的随机梯度回归器在 white_wine 测试集上的均方误差为 0.5175
```

3. 支持向量回归器

与支持向量机分类器的模型结构类似，支持向量回归器也选择其中的空间间隔最小的两个不同类别的数据点作为“支持向量”，用来真正帮助决策最优线性回归模型。

代码 5.21 展示了如何根据 white_wine 训练集中已知的白葡萄酒特征样本和品质得分，使用 Scikit-learn 搭建和训练一个支持向量回归器，用于对 white_wine 测试几种未知品质的白葡萄酒特征样本，进行品质得分的回归估计；并使用均方误差来评估最终的数值回归效果。结果显示，Scikit-learn 的支持向量回归器在 white_wine 测试集上的均方误差为 0.4117。

代码 5.21 搭建、训练和测试支持向量回归器

```
In[*]:  import pandas as pd


        #使用 pandas 读取数据文件
        data =
        pd.read_csv('../datasets/white_wine/white_wine_quality.csv', sep=';')

        #从数据中拆分出特征与目标值
        X=data[data.columns[:-1]]
        y=data[data.columns[-1]]
In[*]:  from sklearn.model_selection import train_test_split


        #拆分训练集和测试集
        X_train, X_test, y_train, y_test=train_test_split(X, y, train_size=
        0.8, random_state=2022)
In[*]:  from sklearn.preprocessing import StandardScaler


        #初始化数据标准化处理器
        ss=StandardScaler()

        #标准化训练数据特征
        X_train=ss.fit_transform(X_train)

        #标准化测试数据特征
        X_test=ss.transform(X_test)
In[*]:  from sklearn.svm import SVR


        #初始化支持向量回归器模型
        svr=SVR()

        #使用训练数据,训练支持向量回归器模型
        svr.fit(X_train, y_train)

        #使用训练好的回归模型,依据测试数据的特征,进行数值回归
        y_predict=svr.predict(X_test)
```

```
In[*]:  from sklearn.metrics import mean_squared_error


        #评估回归器的误差
        print('Scikit-learn 的支持向量回归器在 white_wine 测试集上的均方误差为
        %.4f。' %mean_squared_error(y_test, y_predict))
Out[*]: Scikit-learn 的支持向量回归器在 white_wine 测试集上的均方误差为 0.4117
```

4. *K*-近邻回归器

与 *K*-近邻分类器的模型假设类似，*K*-近邻回归器也寻找与这个待回归的样本在特征空间中距离最近的 *K* 个已标记样本作为参考，来帮助我们做出数值回归的决策。这便是 *K*-近邻回归器的通俗解释。

代码 5.22 展示了如何根据 white_wine 训练集中已知的白葡萄酒特征样本和品质得分，使用 Scikit-learn 搭建和训练一个 *K*-近邻回归器，用于对 white_wine 测试几种未知品质的白葡萄酒特征样本，进行品质得分的回归估计；并使用均方误差来评估最终的数值回归效果。结果显示，Scikit-learn 的 *K*-近邻回归器在 white_wine 测试集上的均方误差为 0.4457。

代码 5.22 搭建、训练和测试 *K*-近邻回归器

```
In[*]:  import pandas as pd


        #使用 pandas 读取数据文件
        data =
        pd.read_csv('../datasets/white_wine/white_wine_quality.csv', sep=';')

        #从数据中拆分出特征与目标值
        X=data[data.columns[:-1]]
        y=data[data.columns[-1]]
In[*]:  from sklearn.model_selection import train_test_split


        #拆分训练集和测试集
        X_train, X_test, y_train, y_test=train_test_split(X, y, train_size=
        0.8, random_state=2022)
```

In[*]:
```
from sklearn.preprocessing import StandardScaler


#初始化数据标准化处理器
ss=StandardScaler()

#标准化训练数据特征
X_train=ss.fit_transform(X_train)

#标准化测试数据特征
X_test=ss.transform(X_test)
```

In[*]:
```
from sklearn.neighbors import KNeighborsRegressor


#初始化 K-近邻回归器模型
knr=KNeighborsRegressor()

#使用训练数据，训练 K-近邻回归器模型
knr.fit(X_train, y_train)

#使用训练好的回归模型，依据测试数据的特征，进行数值回归
y_predict=knr.predict(X_test)
```

In[*]:
```
from sklearn.metrics import mean_squared_error


#评估回归器的误差
print('Scikit-learn 的 K-近邻回归器在 white_wine 测试集上的均方误差为
%.4f。' %mean_squared_error(y_test, y_predict))
```

Out[*]:
```
Scikit-learn 的 K-近邻回归器在 white_wine 测试集上的均方误差为 0.4457
```

5. 决策树回归器

与决策树分类器模型结构相似，决策树回归器也采用分段函数来表达特征与回归值之间的非线性关系，构建树状的决策模型。

代码 5.23 展示了如何根据 white_wine 训练集中已知的白葡萄酒特征样本和品质得分，使用 Scikit-learn 搭建和训练一个决策树回归器，用于对 white_wine 测试几种未知品

质的白葡萄酒特征样本，进行品质得分的回归估计；并使用均方误差来评估最终的数值回归效果。结果显示，Scikit-learn 的决策树回归器在 white_wine 测试集上的均方误差为 0.6694。

代码 5.23 搭建、训练和测试决策树回归器

```
In[ * ]:  import pandas as pd


          #使用 pandas 读取数据文件
          data =
          pd.read_csv('../datasets/white_wine/white_wine_quality.csv', sep=';')

          #从数据中拆分出特征与目标值
          X=data[data.columns[:-1]]
          y=data[data.columns[-1]]
```

```
In[ * ]:  from sklearn.model_selection import train_test_split


          #拆分训练集和测试集
          X_train, X_test, y_train, y_test=train_test_split(X, y, train_size=
          0.8, random_state=2022)
```

```
In[ * ]:  from sklearn.tree import DecisionTreeRegressor


          #初始化决策树回归器模型
          dtr=DecisionTreeRegressor()

          #使用训练数据，训练决策树回归器模型
          dtr.fit(X_train, y_train)

          #使用训练好的回归模型，依据测试数据的特征，进行数值回归
          y_predict=dtr.predict(X_test)
```

```
In[ * ]:  from sklearn.metrics import mean_squared_error


          #评估回归器的误差
```

```
print('Scikit-learn 的决策树回归器在 white_wine 测试集上的均方误差为
%.4f。' %mean_squared_error(y_test, y_predict))
```

```
Out[*]: Scikit-learn 的决策树回归器在 white_wine 测试集上的均方误差为 0.6694
```

6. 集成回归器

与多种集成分类器的模型结构类似，集成回归器主要基于决策树的非线性模型结构，包括随机森林回归器、梯度提升树回归器，以及极度随机树回归器。

代码 5.24 展示了如何根据 white_wine 训练集中已知的白葡萄酒特征样本和品质得分，使用 Scikit-learn 搭建和训练多种集成回归器，用于对 white_wine 测试几种未知品质的白葡萄酒特征样本，进行品质得分的回归估计；并使用均方误差来评估最终的数值回归效果。

结果显示，Scikit-learn 的随机森林回归器在 white_wine 测试集上的均方误差为 0.3192；Scikit-learn 的梯度提升树回归器在 white_wine 测试集上的均方误差为 0.4169；Scikit-learn 的极度随机树回归器在 white_wine 测试集上的均方误差为 0.3053。

代码 5.24　搭建、训练和测试多种集成回归器

```
In[*]: import pandas as pd


       #使用 pandas 读取数据文件
       data =
       pd.read_csv('../datasets/white_wine/white_wine_quality.csv', sep=';')

       #从数据中拆分出特征与目标值
       X=data[data.columns[:-1]]
       y=data[data.columns[-1]]
```

```
In[*]: from sklearn.model_selection import train_test_split


       #拆分训练集和测试集
       X_train, X_test, y_train, y_test=train_test_split(X, y, train_size=
       0.8, random_state=2022)
```

```
In[*]: from sklearn.ensemble import RandomForestRegressor
       from sklearn.metrics import mean_squared_error
```

```
#初始化随机森林回归器模型
rfr=RandomForestRegressor()

#使用训练数据,训练随机森林回归器模型
rfr.fit(X_train, y_train)

#使用训练好的回归模型,依据测试数据的特征,进行数值回归
y_predict=rfr.predict(X_test)

#评估回归器的误差
print('Scikit-learn的随机森林回归器在white_wine测试集上的均方误差为
%.4f。' %mean_squared_error(y_test, y_predict))
```

Out[*]: Scikit-learn的随机森林回归器在white_wine测试集上的均方误差为0.3192

In[*]:

```
from sklearn.ensemble import GradientBoostingRegressor
from sklearn.metrics import mean_squared_error


#初始化梯度提升树回归器模型
gbr=GradientBoostingRegressor()

#使用训练数据,训练梯度提升树回归器模型
gbr.fit(X_train, y_train)

#使用训练好的回归模型,依据测试数据的特征,进行数值回归
y_predict=gbr.predict(X_test)

#评估回归器的误差
print('Scikit-learn的梯度提升树回归器在white_wine测试集上的均方误差为
%.4f。' %mean_squared_error(y_test, y_predict))
```

Out[*]: Scikit-learn的梯度提升树回归器在white_wine测试集上的均方误差为0.4169

In[*]:

```
from sklearn.ensemble import ExtraTreesRegressor
from sklearn.metrics import mean_squared_error
```

```
#初始化极度随机树回归器模型
etr=ExtraTreesRegressor()

#使用训练数据，训练极度随机树回归器模型
etr.fit(X_train, y_train)

#使用训练好的回归模型，依据测试数据的特征，进行数值回归
y_predict=etr.predict(X_test)

#评估回归器的误差
print('Scikit-learn 的极度随机树回归器在 white_wine 测试集上的均方误差为
%.4f。' %mean_squared_error(y_test, y_predict))
```

Out[*]: Scikit-learn 的极度随机树回归器在 white_wine 测试集上的均方误差为 0.3053

7. 多层感知网络回归器

与多层感知网络分类器的模型结构类似，多层感知网络回归器通过构建多层人工神经元网络，并使用诸如逻辑斯蒂这类连续平滑的函数替换原有分段的符号函数 sign，作为激发函数；最终给出数值回归的估计，并利用 BP 算法逐层更新参数。

代码 5.25 展示了如何根据 white_wine 训练集中已知的白葡萄酒特征样本和品质得分，使用 Scikit-learn 搭建和训练一个多层感知网络回归器，用于对 white_wine 测试几种未知品质的白葡萄酒特征样本，进行品质得分的回归估计；并使用均方误差来评估最终的数值回归效果。结果显示，Scikit-learn 的多层感知网络回归器在 white_wine 测试集上的均方误差为 0.4199。

代码 5.25　搭建、训练和测试多层感知网络回归器

```
In[*]:  import pandas as pd


        #使用 pandas 读取数据文件
        data =
        pd.read_csv('../datasets/white_wine/white_wine_quality.csv', sep=';')

        #从数据中拆分出特征与目标值
        X=data[data.columns[:-1]]
        y=data[data.columns[-1]]
```

```
In[ * ]:  from sklearn.model_selection import train_test_split


          #拆分训练集和测试集
          X_train, X_test, y_train, y_test=train_test_split(X, y, train_size=
          0.8, random_state=2022)
```

```
In[ * ]:  from sklearn.preprocessing import StandardScaler


          #初始化数据标准化处理器
          ss=StandardScaler()

          #标准化训练数据特征
          X_train=ss.fit_transform(X_train)

          #标准化测试数据特征
          X_test=ss.transform(X_test)
```

```
In[ * ]:  from sklearn.neural_network import MLPRegressor


          #初始化多层感知网络回归器模型
          mlpr=MLPRegressor()

          #使用训练数据,训练多层感知网络回归器模型
          mlpr.fit(X_train, y_train)

          #使用训练好的回归模型,依据测试数据的特征,进行数值回归
          y_predict=mlpr.predict(X_test)
```

```
In[ * ]:  from sklearn.metrics import mean_squared_error


          #评估回归器的误差
          print('Scikit-learn 的多层感知网络回归器在 white_wine 测试集上的均方误差为%.
          4f。' %mean_squared_error(y_test, y_predict))
```

```
Out[ * ]: Scikit-learn 的多层感知网络回归器在 white_wine 测试集上的均方误差为 0.4199
```

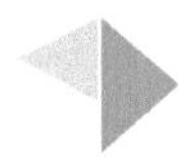

5.4 Scikit-learn 半监督学习模型

半监督学习(Semi-Supervised Learning)是模式识别和机器学习领域研究的另一个重点问题，是监督学习与无监督学习相结合的一种学习方法。如图 5.23 所示，半监督学习使用大量的未标记数据以及少量标记数据来进行模式识别与机器学习工作。

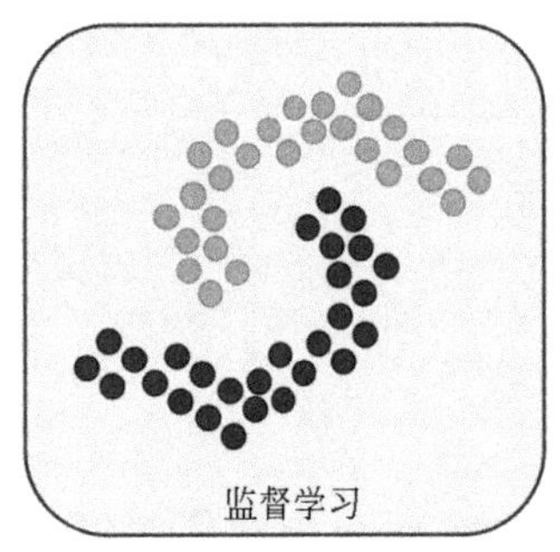

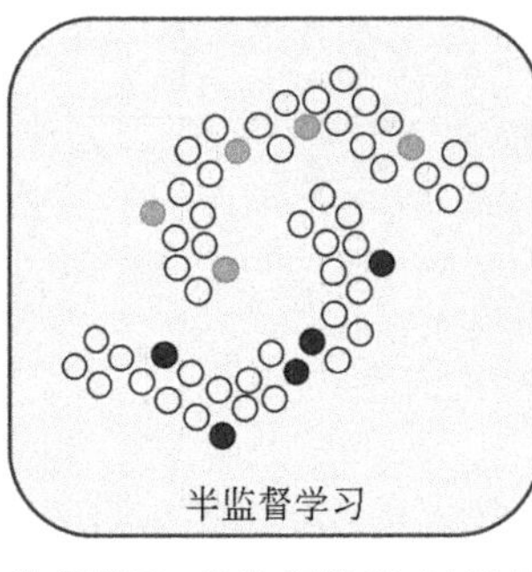

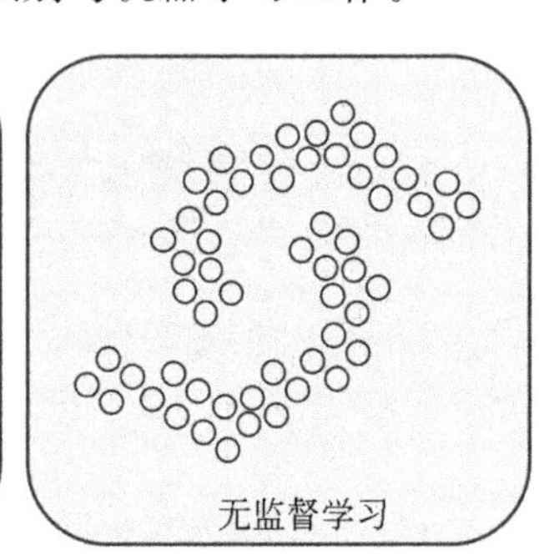

图 5.23 监督学习、半监督学习，以及无监督学习

与监督学习相比，半监督学习的问题在现实生活中更为常见，因为标记数据可能很耗时并且很昂贵。使用半监督学习时，会要求尽量少的人员来从事数据标记工作，减少人工成本的同时，又能够带来比较高的准确性。因此，半监督学习正越来越受到人们的重视。

由于半监督学习需要依赖大量的未标记数据，所以我们一般需要以下 3 个常用的基本假设来建立预测样例和学习目标之间的关系。

(1) 平滑假设：位于稠密数据区域的两个距离很近的样例的类标签相似，也就是说，当两个样例被稠密数据区域中的边连接时，它们在很大的概率下有相同的类标签；相反地，当两个样例被稀疏数据区域分开时，它们的类标签趋于不同。

(2) 聚类假设：当两个样例位于同一聚类簇时，它们在很大的概率下有相同的类标签。这个假设的等价定义为低密度分离假设，即分类决策边界应该穿过稀疏数据区域，而避免将稠密数据区域的样例分到决策边界两侧。

(3) 流形假设：将高维数据嵌入低维流形中，当两个样例位于低维流形中的一个小局部邻域内时，它们具有相似的类标签。

在实际生活和工作中，我们也会遇到许多半监督学习问题，比如一些医疗上疑难杂症的自动化诊断、不常见物种的图像识别等。

下面使用时下流行的 digits 数据集，探讨和实践 Scikit-learn 中有关半监督学习的各种模型，包括自学习框架和标签传播算法。如图 5.24 所示，digits 数据集收录了近 2000

份人工手写数字图像，共有 10 个类别，分别代表数字 0 至数字 9。每一张图像都由 8×8 =64 个灰度像素值构成。

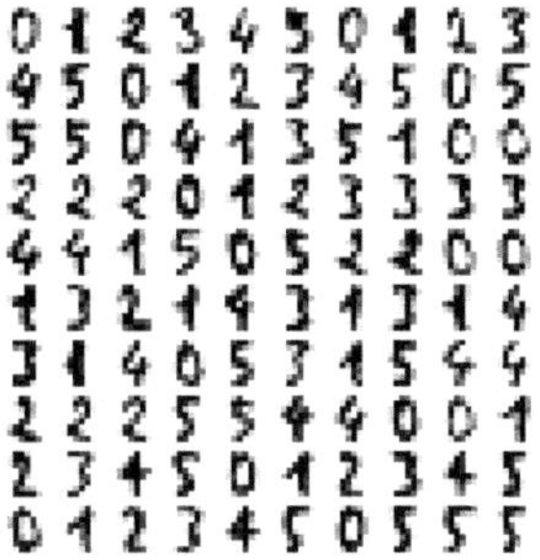

图 5.24 digits 数据集的样本数量、特征以及标签情况

5.4.1 自学习框架

自学习框架主要探讨如何将未标记的数据用在监督学习中，这就是半监督学习的用武之地。在自学习框架下，我们可以在少量的标记数据上训练监督学习模型，然后使用该模型对未标记的数据进行分类预测或者数值回归。由于这些预测大概率比随机猜测的结果更好，未标记数据的部分预测结果便可以作为"伪标签"，在随后的模型训练迭代中使用。虽然半监督学习有很多种风格，但这种特殊的技术称为自学习。

在概念层面上，自学习的工作原理和步骤如下。

(1) 将标记的数据实例拆分为训练集和测试集。然后，对标记的训练数据训练一个监督学习模型。

(2) 使用经过训练的模型来预测所有未标记数据实例的标签。在这些预测的标签中，正确率最高的被认为是"伪标签"。

(3) 将"伪标签"数据与正确标记的训练数据连接起来。在组合的"伪标签"和正确标记训练数据上重新训练上述监督学习模型。

(4) 使用经过训练的模型来预测已标记的测试数据实例的标签。使用所选择的度量来评估最终的模型性能。

(5) 可以重复步骤(1)到(4)，直到步骤(2)中的预测标签不再满足特定的概率阈值，或者直到没有更多未标记的数据保留。

代码 5.26 展示了如何使用 digits 数据中不同比例的样本作为标记数据，搭建、训练自学习框架下的多层感知神经网络分类器，用于 digits 测试集上手写数字图像的分类任务。结果显示，随着标记数据的占比逐渐增加，Scikit-learn 自学习框架下的多层感知网络分类器的分类准确率也在不断攀升。

代码 5.26 搭建、训练和测试自学习框架

```
In[ * ]:  import pandas as pd
          from sklearn.datasets import load_digits


          #读取 digits 数据集
          digits=load_digits()
```

```
In[ * ]:  from sklearn.model_selection import train_test_split


          #拆分训练集和测试集
          X_train, X_test, y_train, y_test=train_test_split(digits.data, digits
          .target, train_size=0.8, random_state=2022)
```

```
In[ * ]:  from sklearn.preprocessing import StandardScaler


          #初始化数据标准化处理器
          ss=StandardScaler()

          #标准化训练数据特征
          X_train=ss.fit_transform(X_train)

          #标准化测试数据特征
          X_test=ss.transform(X_test)
```

```
In[ * ]:  import numpy as np
          from sklearn.semi_supervised import SelfTrainingClassifier
          from sklearn.neural_network import MLPClassifier
          from sklearn.metrics import accuracy_score


          for proportion in np.arange(0.0, 1.0, 0.2):

              rng=np.random.RandomState(2022)

              #随机将一定比例的标注数据转变为无标注数据
```

```
random_unlabeled_points=rng.rand(y_train.shape[0])<proportion

y_train[random_unlabeled_points]=-1

mlpc=MLPClassifier()

#采用多层感知网络分类器作为自学习框架的核心
self_training_model=SelfTrainingClassifier(mlpc)

self_training_model.fit(X_train, y_train)

y_predict=self_training_model.predict(X_test)

#评估自学习框架下,不同比例训练样本的准确率
print('Scikit-learn 自学习框架支持的多层感知网络分类器在 digits 测试集上的准确率为%.2f%%(采用%.2f%%的训练样本)。' % (accuracy_score(y_test, y_predict) * 100, (1.0 -proportion) * 100.0))
```

```
Out[*]: Scikit-learn 自学习框架支持的多层感知网络分类器在 digits 测试集上的准确率为 97.22%(采用 100.00%的训练样本)。
Scikit-learn 自学习框架支持的多层感知网络分类器在 digits 测试集上的准确率为 96.39%(采用 80.00%的训练样本)。
Scikit-learn 自学习框架支持的多层感知网络分类器在 digits 测试集上的准确率为 95.83%(采用 60.00%的训练样本)。
Scikit-learn 自学习框架支持的多层感知网络分类器在 digits 测试集上的准确率为 94.72%(采用 40.00%的训练样本)。
Scikit-learn 自学习框架支持的多层感知网络分类器在 digits 测试集上的准确率为 93.61%(采用 20.00%的训练样本)。
```

5.4.2 标签传播算法

标签传播算法是基于图的半监督学习方法,基本思路是根据已标记节点的标签信息来预测未标记节点的标签信息,利用样本间的关系建立完全图模型。

每个节点的标签可以按相似度传播给相邻的节点。在节点传播的每一步,每个节点根据相邻节点的标签来更新自己的标签。与该节点相似度越大,则相邻节点对其标注的影响权值就越大;相似节点的标签越趋于一致,其标签就越容易传播。

在标签传播过程中,保持已标记的数据的标签不变,使其将标签传给未标注的数据。

最终当迭代结束时,若相似节点的概率分布趋于相似,则可以划分到一类中。

代码 5.27 展示了如何使用 digits 数据中不同比例的样本作为标记数据,搭建、训练标签传播算法,用于 digits 测试集上手写数字图像的分类任务。结果显示,随着标记数据的占比逐渐增加,Scikit-learn 的标签传播算法的分类准确率也在不断攀升。

代码 5.27 搭建、训练和测试标签传播算法

```
In[ * ]: from sklearn.datasets import load_digits


         #读取 digits 数据集
         digits=load_digits()
```

```
In[ * ]: from sklearn.model_selection import train_test_split


         #拆分训练集和测试集
         X_train, X_test, y_train, y_test=train_test_split(digits.data, digits
         .target, train_size=0.8, random_state=2022)
```

```
In[ * ]: from sklearn.preprocessing import StandardScaler


         #初始化数据标准化处理器
         ss=StandardScaler()

         #标准化训练数据特征
         X_train=ss.fit_transform(X_train)

         #标准化测试数据特征
         X_test=ss.transform(X_test)
```

```
In[ * ]: import numpy as np
         from sklearn.semi_supervised import LabelSpreading
         from sklearn.metrics import accuracy_score


         for proportion in np.arange(0.0, 1.0, 0.2):

             rng=np.random.RandomState(2022)
```

```
#随机将一定比例的标注数据转变为无标注数据
random_unlabeled_points=rng.rand(y_train.shape[0])<proportion

y_train[random_unlabeled_points]=-1

#初始化标签传播算法
ls=LabelSpreading()

ls.fit(X_train, y_train)

y_predict=ls.predict(X_test)

#评估标签传播算法在不同比例训练样本下的准确率
print('Scikit-learn 的标签传播算法在 digits 测试集上的准确率为%.2f%%(采
用%.2f%%的训练样本)。' %(accuracy_score(y_test, y_predict) * 100, (1.0 -
proportion) * 100.0))
```

```
Out[*]: Scikit-learn 的标签传播算法在 digits 测试集上的准确率为 96.94%(采用 100.00%
的训练样本)。
Scikit-learn 的标签传播算法在 digits 测试集上的准确率为 96.94%(采用 80.00%的
训练样本)。
Scikit-learn 的标签传播算法在 digits 测试集上的准确率为 96.39%(采用 60.00%的
训练样本)。
Scikit-learn 的标签传播算法在 digits 测试集上的准确率为 96.11%(采用 40.00%的
训练样本)。
Scikit-learn 的标签传播算法在 digits 测试集上的准确率为 95.28%(采用 20.00%的
训练样本)。
```

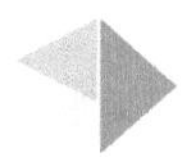

5.5 单机机器学习模型的常用优化技巧

本节将向读者传授一系列更加偏向实战的模型优化技巧。相信读者在实践了 Scikit-learn 中多个经典的机器学习模型之后，就会发现：一旦确定使用某个模型，我们就可以从标准的训练数据集中依靠默认的配置学习到模型所需要的参数(Parameter)；接下来，模型便可以利用这组习得的参数在测试数据集上进行预测，进而对模型的表现性能进行评价。

但是，这套方案并不能保证所有用于训练的数据特征都是最好的，学习得到的参数一定是最优的，以及默认配置下的模型总是最佳的。也就是说，我们可以从更多的角度对本章使用过的机器学习模型进行优化。

影响一个机器学习模型最终“智慧”程度的因素有很多，本节分别从数据、特征、参数、超参数、效率 5 个不同的角度对如何进行机器学习模型的优化进行探讨，并使用 Scikit-learn 实践单机机器学习模型的常用优化技巧。

5.5.1 交叉验证

一些初学者经常拿着测试集的正确结果，反复调优模型与特征，从而可以发现在测试集上表现最佳的模型配置和特征组合。这是极其错误的行为！事实上，如果在 Kaggle 这类竞赛平台上实践机器学习任务就会发现，人们只可以提交预测结果，并不可能知晓正确答案。如果更加严格一些，只给大家一次提交预测结果的机会，那么更不可能期待借助测试集“动手脚”。进一步讲，对于在量化投资公司从事股票预测研究的人们，能够获取的永远是过去股票价格的走势，未来的股票价格永远是对他们所设计模型的测试，并且机会只有一次。

如代码 5.28 所示，尽管我们的模型在训练集上的准确率可以接近 100%；但是，我们始终无法在测试集上取得类似的高准确率的结果。这就要求我们充分地使用现有数据。通常的做法依然是对现有数据进行采样分割：一部分用于模型参数训练，称为训练集（Training set）；另一部分数据集合用于调优模型配置和特征选择，并且对未知的测试性能做出估计，称为验证集（Validation set）。根据验证流程复杂度的不同，模型检验方式可分为留一验证和 K-折交叉验证。

- 留一验证（Leave-one-out cross validation）最为简单，就是从任务提供的数据中，随机采样一定比例作为训练集，剩下的留作验证。通常，我们取 8 ∶ 2 的比例，即 80%作为训练集，剩下的 20%留作验证。不过，通过这一验证方法优化的模型性能也不稳定，原因在于对验证集合随机采样的不确定性。因此，这一方法仅用于计算能力较弱，或者相对数据规模较大的机器学习任务。
- 当我们拥有足够的计算资源之后，这一验证方法进化成为更加高级的 K-折交叉验证（K-fold cross-validation）。交叉验证可以理解为从事了多次留一验证的过程。需要强调的是，每次检验所使用的验证集之间是互斥的，并且要保证每一条可用数据都被模型验证过。

代码 5.28　对 Scikit-learn 的随机森林分类器模型进行交叉验证

```
In[ * ]:  import pandas as pd


          #使用 pandas 读取 fashion_mnist 的训练和测试数据文件
          train_data =
          pd.read_csv('../datasets/fashion_mnist/fashion_mnist_train.csv')
          test_data =
          pd.read_csv('../datasets/fashion_mnist/fashion_mnist_test.csv')
In[ * ]:  #从训练数据中拆解出训练特征和类别标签
          X_train=train_data[train_data.columns[1:]]
          y_train=train_data['label']

          #从测试数据中拆解出测试特征和类别标签
          X_test=test_data[train_data.columns[1:]]
          y_test=test_data['label']
In[ * ]:  from sklearn.ensemble import RandomForestClassifier
          from sklearn.metrics import accuracy_score


          #初始化随机森林分类器模型,默认采用 10 个树
          rfc =
          RandomForestClassifier(n_estimators=10, random_state=2022)

          #用训练集数据训练随机森林分类器模型
          rfc.fit(X_train, y_train)

          #用训练好的分类模型,在训练集上重新预测一遍
          y_predict=rfc.predict(X_train)

          print('Scikit-learn 的随机森林分类器在 fashion_mnist 训练集上的准确率为
          %.2f%%。' %(accuracy_score(y_train, y_predict) * 100))
Out[ * ]: Scikit-learn 的随机森林分类器在 fashion_mnist 训练集上的准确率为 99.53%
In[ * ]:  from sklearn.model_selection import cross_val_score
          import numpy as np


          #采用 5 折交叉验证,评估分类模型
```

```
scores=cross_val_score(rfc, X_train, y_train, cv=5)

print('Scikit-learn的随机森林分类器在fashion_mnist训练集上交叉验证的平均准确率为%.2f%%。' %(np.mean(scores) * 100))
```

Out[*]: Scikit-learn 的随机森林分类器在 fashion_mnist 训练集上交叉验证的平均准确率为 85.71%

In[*]:

```
from sklearn.metrics import accuracy_score


#用训练好的分类模型，在测试集上预测一遍
y_predict=rfc.predict(X_test)

#评估分类器在测试集上的准确率
print('Scikit-learn的随机森林分类器在fashion_mnist测试集上的准确率为%.2f%%。' %(accuracy_score(y_test, y_predict) * 100))
```

Out[*]: 随 Scikit-learn 的随机森林分类器在 fashion_mnist 测试集上的准确率为 86.42%

5.5.2 特征工程

尽管有一种说法是“数据和特征决定了机器学习的上限，而模型和算法只是逼近这个上限而已”，但不是所有的数据都适合作为特征。特征工程的目的是最大限度地从原始数据中提取特征，以供算法和模型使用。特征工程更像一种能够将数据像艺术一样展现的技术，因为好的特征工程需要充分混合专业领域知识、直觉和基本的数学能力。即便是专业人员，每一个人在特征工程方面的水平都是不同的。

本质上，呈现给算法的数据应该能拥有基本数据的相关结构或属性。做特征工程其实就是将数据属性转换为数据特征的过程。属性代表了数据的所有维度，但是在数据建模时，如果对原始数据的所有属性进行学习，并不能很好地找到数据的潜在趋势。而如果通过特征工程对数据进行预处理，算法模型就能够更少地受到噪声干扰，从而更好地找出关键的模式。事实上，好的特征甚至能够使用简单的模型达到很好的效果。

1. 特征数值化

不是所有的数据类型都是数值，也有文本、类别等数据类型。如果想要将类别型和文本型数据引入机器学习模型中进行数值运算，那么就需要将这些特征进行数值化处理。

代码 5.29 展示了如何使用 Scikit-learn 分别对类别型和文本型数据进行特征数值化处理。其中，我们将类别型数据转换为独热编码；将文本型数据转换为 tf-idf 编码。

代码 5.29 使用 Scikit-learn 分别进行类别、文本特征数值化

In[*]:
```
import pandas as pd


#使用 pandas 读取数据文件
df=pd.read_csv('../Datasets/titanic/train.csv')

#从数据中选取类别与文本类型的特征
df[['Name', 'Sex']]
```

Out[*]:

	Name	Sex
0	Braund, Mr. Owen Harris	male
1	Cumings, Mrs. John Bradley (Florence Briggs Th...	female
2	Heikkinen, Miss. Laina	female
3	Futrelle, Mrs. Jacques Heath (Lily May Peel)	female
4	Allen, Mr. William Henry	male
...	...	...
886	Montvila, Rev. Juozas	male
887	Graham, Miss. Margaret Edith	female
888	Johnston, Miss. Catherine Helen "Carrie"	female
889	Behr, Mr. Karl Howell	male
890	Dooley, Mr. Patrick	male

891 rows × 2 columns

In[*]:
```
from sklearn.preprocessing import OneHotEncoder


#初始化独热编码器
ohe=OneHotEncoder()

#采用独热编码方式对性别(类别)特征进行数值化编码
ohe.fit_transform(df[['Sex']])
```

```
Out[*]: <891x2 sparse matrix of type '<class 'numpy.float64'>'
            with 891 stored elements in Compressed Sparse Row format>
```

```
In[*]:  from sklearn.feature_extraction.text import TfidfVectorizer


        #初始化 tf-idf 编码器
        vectorizer = TfidfVectorizer()

        #采用 tf-idf 编码方式对姓名(文本)特征进行数值化编码
        vectorizer.fit_transform(df['Name'])
```

```
Out[*]: <891x1509 sparse matrix of type '<class 'numpy.float64'>'
            with 3566 stored elements in Compressed Sparse Row format>
```

2. 特征标准化

许多特征的量纲不同，例如人的身高一般不会超过 3 米，但是许多高楼可以达到数百米，地球的周长将近 4 万公里。在使用随机梯度下降的方式搜索和更新模型参数时，差距过大的特征量纲有可能会极大降低模型优化的效率，甚至影响最终的预测效果。

以使用随机下降算法来搜索房屋二维特征（房间数和面积）的权重最优解为例，如图 5.25 所示。如果使用原始的房屋特征，房屋的房间数和面积在量纲上一般相差 1～2 个数量级。因此，初始参数很有可能随机在数量级较大的特征一侧。如果通过随机梯度

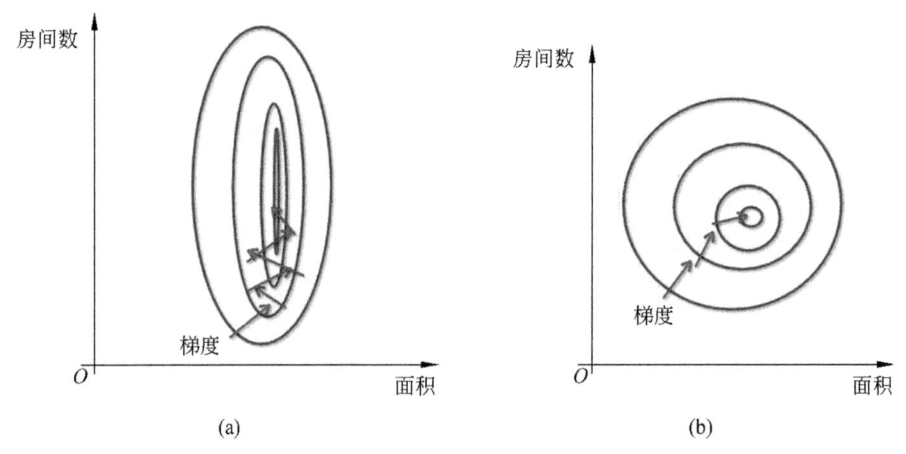

图 5.25 使用随机下降算法寻找房屋特征权重的最优解

下降的方式更新参数，不仅迭代的次数更多，结果也可能不稳定，如图 5.25(a)所示。如果将特征经过标准化处理，那么特征分布在一个标准的圆形空间，这样不论初始参数随机在什么位置，通过梯度下降迭代的效率和效果都是差不多的，如图 5.25(b)所示。因此，在许多依赖随机下降作为参数更新方式的机器学习模型中，都需要对特征进行标准化处理。

代码 5.30 对比展示了 Scikit-learn 的随机梯度下降分类器在使用特征标准化与不使用特征标准化前提下，在 fashion_mnist 测试集上的分类准确率。结果显示，Scikit-learn 的随机梯度下降分类器在 fashion_mnist 未标准化处理的测试集上的准确率为 79.15%；而在 fashion_mnist 特征标准化测试集上的准确率为 83.75%。

代码 5.30　使用 Scikit-learn 进行特征数值标准化

```
In[ * ]:  iimport pandas as pd


          #使用 pandas 读取 fashion_mnist 的训练和测试数据文件
          train_data=pd.read_csv('../datasets/fashion_mnist/fashion_mnist_train
          .csv')
          test_data=pd.read_csv('../datasets/fashion_mnist/fashion_mnist_test
          .csv')

          #从训练数据中拆解出训练特征和类别标签
          X_train=train_data[train_data.columns[1:]]
          y_train=train_data['label']

          #从测试数据中拆解出测试特征和类别标签
          X_test=test_data[train_data.columns[1:]]
          y_test=test_data['label']
```

```
In[ * ]:  from sklearn.linear_model import SGDClassifier


          #初始化随机梯度下降分类器模型
          sgdc=SGDClassifier()

          #使用训练数据，训练随机梯度下降分类器模型
          sgdc.fit(X_train, y_train)

          #使用训练好的分类模型，依据测试数据的特征，进行类别预测
          y_predict=sgdc.predict(X_test)
```

In[*]:
```
from sklearn.metrics import accuracy_score


#评估分类器的准确率
print('Scikit-learn 的随机梯度下降分类器在 fashion_mnist 测试集上的准确率为%.2f%%。' %(accuracy_score(y_test, y_predict) * 100))
```

Out[*]:
```
Scikit-learn 的随机梯度下降分类器在 fashion_mnist 测试集上的准确率为 79.15%
```

In[*]:
```
from sklearn.preprocessing import StandardScaler


#初始化数据标准化处理器
ss=StandardScaler()

#标准化训练数据特征
X_train=ss.fit_transform(X_train)

#标准化测试数据特征
X_test=ss.transform(X_test)
```

In[*]:
```
from sklearn.linear_model import SGDClassifier


#初始化随机梯度下降分类器模型
sgdc=SGDClassifier()

#使用训练数据，训练随机梯度下降分类器模型
sgdc.fit(X_train, y_train)

#使用训练好的分类模型，依据测试数据的特征，进行类别预测
y_predict=sgdc.predict(X_test)
```

In[*]:
```
from sklearn.metrics import accuracy_score


#评估分类器的准确率
print('Scikit-learn 的随机梯度下降分类器在 fashion_mnist 特征标准化测试集上的准确率为%.2f%%。' %(accuracy_score(y_test, y_predict) * 100))
```

```
Out[*]: Scikit-learn 的随机梯度下降分类器在 fashion_mnist 特征标准化测试集上的准确率
        为 83.75%
```

3. 特征升/降维

许多现实中的数据特征规模也差距很大，例如人口信息特征相对规模较小，而图像数据则存在大量的像素特征。在信息特征较少时，我们通常采用特征升维的方式，得到许多交叉特征。例如，人的身高、性别、体重这 3 个不同维度的特征可以交叉得到(身高-性别)、(性别-体重)等复合特征。而面对特征规模庞大的图像特征，我们经常需要通过特征降维来获得更有区分度的线性独立特征。

代码 5.31 主要展示了 Scikit-learn 中比较有代表性的特征升维和降维方法，分别是多项式特征生成器和主成分分析器。

代码 5.31 使用 Scikit-learn 进行特征升/降维

```
In[*]:  from sklearn.datasets import load_digits


        #读取数据集
        dataset=load_digits()

        #查看数据的样本数量和特征维度
        dataset.data.shape
```

```
Out[*]: (1797, 64)
```

```
In[*]:  from sklearn.preprocessing import PolynomialFeatures


        #初始化多项式特征生成器
        pf=PolynomialFeatures(degree=2)

        #对数据进行特征升维处理
        hd_data=pf.fit_transform(dataset.data)

        #查看升维后的数据量与特征维度
        hd_data.shape
```

```
Out[*]: (1797, 2145)
```

```
In[*]:  from sklearn.decomposition import PCA


        #初始化 PCA 降维模型
        pca=PCA(n_components=3)

        #对数据进行特征降维处理
        ld_data=pca.fit_transform(dataset.data)

        #查看降维后的数据量与特征维度
        ld_data.shape

Out[*]: (1797, 3)
```

4. 特征选择

不是所有的特征都对模型的预测结果起到重要作用。许多与模型的预测结果无关的特征，不仅会凭空增加许多无用的计算量，同时也有可能引入大量噪声。因此，特征选择是提升模型预测效果的一种有效方法。

代码 5.32 主要对比展示了 Scikit-learn 中使用与不使用特征选择功能的前提下，决策树分类器在 fashion_mnist 测试集上的分类准确率。结果显示，Scikit-learn 的决策树分类器在经过特征选择的 fashion_mnist 测试集上的准确率为 87.22%；而在没有经过特征选择的 fashion_mnist 测试集上的准确率为 83.61%。

代码 5.32　使用 Scikit-learn 进行特征选择

```
In[*]:  from sklearn.datasets import load_digits


        #获取数据特征与标签
        X, y=load_digits(return_X_y=True)

In[*]:  from sklearn.model_selection import train_test_split


        #拆分出训练集与测试集
        X_train, X_test, y_train, y_test=train_test_split(X, y, train_size=0.8,
        random_state=2022)
```

In[*]:
```
from sklearn.tree import DecisionTreeClassifier


dtc=DecisionTreeClassifier()

dtc.fit(X_train, y_train)

y_predict=dtc.predict(X_test)
```

In[*]:
```
from sklearn.metrics import accuracy_score


print('决策树分类器在使用原始特征的 digits 测试集上的准确率为%.2f%%。' %
(accuracy_score(y_test, y_predict) * 100))
```

Out[*]: 决策树分类器在使用原始特征的 digits 测试集上的准确率为 83.61%

In[*]:
```
from sklearn.feature_selection import SelectKBest, chi2


#初始化特征选择器
f_select=SelectKBest(chi2, k=20)

#采用有标签监督的方式选取最佳特征
Xs_train=f_select.fit_transform(X_train, y_train)

Xs_test=f_select.transform(X_test)
```

In[*]:
```
dtc=DecisionTreeClassifier()

dtc.fit(Xs_train, y_train)

ys_predict=dtc.predict(Xs_test)

print('决策树分类器在经过特征选择的 digits 测试集上的准确率为%.2f%%。' %
(accuracy_score(y_test, ys_predict) * 100))
```

Out[*]: 决策树分类器在经过特征选择的 digits 测试集上的准确率为 87.22%

5.5.3 参数正则化

任何机器学习模型在训练集上的性能表现，都不能作为其对未知测试数据预测能力的评估。并且，本书从开篇就强调过要重视模型的泛化力（Generalization），只是没有过多地展开讨论。下面将详细解释什么是模型的泛化力，以及如何保证模型的泛化力。

拟合是机器学习模型在训练的过程中通过更新参数，使得模型不断契合可观测数据（训练集）的过程。如图 5.26 所示，当参数的规模很小（Degree＝1）时，模型不仅没有对训练集上的数据有良好的拟合状态，而且在测试集上也表现平平，这种情况称为欠拟合（Underfitting）。反之，当我们一味追求很高的参数规模（Degree＝4），尽管模型几乎完全拟合了所有的训练数据，但也变得非常波动，几乎丧失了对未知数据的预测能力，这种情况称为过拟合（Overfitting）。上述两种情况都是模型缺乏泛化力的表现。

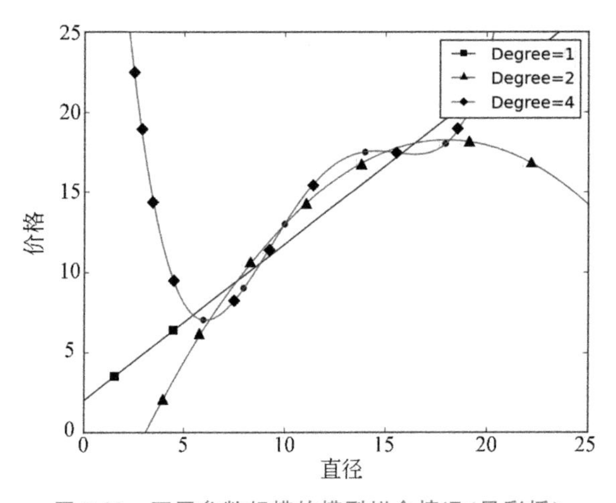

图 5.26 不同参数规模的模型拟合情况（见彩插）

由此可见，虽然我们不断追求更好的模型泛化力，但是因为未知数据无法预测，所以又期望模型可以充分利用训练数据，避免欠拟合。这就要求我们在增加模型复杂度、提高在可观测数据上的效果表现的同时，又需要兼顾模型的泛化力，防止发生过拟合的情况。为了平衡这两难的选择，我们通常采用两种参数正则化的方法，分别是 L_1 范数正则化与 L_2 范数正则化。

以线性回归为例，如果加入对模型的 L_1 范数正则化，那么新的线性回归目标如下式所示：

$$\underset{w,b}{\operatorname{argmin}} L(\boldsymbol{w},b)=\underset{w,b}{\operatorname{argmin}}\sum_{m}^{k=1}(f(\boldsymbol{w},\boldsymbol{x},b)-y^{k})^{2}+\lambda\|\boldsymbol{w}\|_{1}$$

也就是说，在原优化目标的基础上，增加了参数向量的 L_1 范数。如此一来，在新目标优化的过程中，也同时需要考量 L_1 惩罚项的影响。为了使目标最小化，这种正则化方法的结果会让参数向量中的许多元素趋向于 0，使得大部分特征失去对优化目标的贡献。而这种让有效特征变得稀疏(Sparse)的 L_1 正则化模型通常称为 Lasso。

与 L_1 范数正则化略有不同的是，L_2 范数正则化则在原优化目标的基础上增加了参数向量的 L_2 范数的惩罚项，如下式所示：

$$\underset{w,b}{\operatorname{argmin}} L(\boldsymbol{w},b)=\underset{w,b}{\operatorname{argmin}}\sum_{k=1}^{m}(f(\boldsymbol{w},\boldsymbol{x},b)-y^{k})^{2}+\lambda\|\boldsymbol{w}\|_{2}$$

为了使新优化目标最小化，这种正则化方法的结果会让参数向量中的大部分元素都变得很小，压制了参数之间的差异性。而这种压制参数之间差异性的 L_2 正则化模型，通常称为 Ridge。

代码 5.33 首先展示了 Scikit-learn 的线性回归器模型(无参数正则化)在 diabetes 测试集上的均方误差为 3039.19；然后，分别尝试了经过 L_1 和 L_2 正则化的线性回归器模型，在其他条件相同的前提下，糖尿病测试集 diabetes 上的均方误差稍有降低；最后，在对特征进行升维之后选择经过 L_1 正则化的线性回归模型，取得了不错的均方误差 2964.62。这说明有一些有价值的交叉特征需要经过特征升维获得，并且同时需要经过 L_1 正则化的线性回归模型进行自动化的特征筛选。

代码 5.33 搭建、训练和测试带有参数正则化的线性回归器模型

```
In[*]:  from sklearn.datasets import load_diabetes


        #加载糖尿病数据集
        dataset=load_diabetes()

        #查看数据的样本数量和特征维度
        dataset.data.shape
```

```
Out[*]: (442, 10)
```

```
In[*]:  from sklearn.model_selection import train_test_split


        #按照 6:4 的比例分割出训练和测试集
```

```
X_train, X_test, y_train, y_test=train_test_split(dataset.data, dataset
.target, train_size=0.6, random_state=2022)

#查看训练集的样本数量和特征维度
X_train.shape
```

Out[*]: (265, 10)

In[*]:

```
from sklearn.preprocessing import StandardScaler


#初始化数据标准化处理器
ss=StandardScaler()

#标准化训练数据特征
X_train=ss.fit_transform(X_train)

#标准化测试数据特征
X_test=ss.transform(X_test)
```

In[*]:

```
from sklearn.linear_model import LinearRegression
from sklearn.metrics import mean_squared_error


#初始化线性回归器模型，不采用参数正则化
lr=LinearRegression()

#用训练集数据训练回归器模型
lr.fit(X_train, y_train)

#用训练好的分类模型，在测试集上预测一遍
y_predict=lr.predict(X_test)

print('Scikit-learn 的线性回归器模型(无参数正则化)在 diabetes 测试集上的均方
误差为%.2f。' %(mean_squared_error(y_test, y_predict)))
```

Out[*]: Scikit-learn 的线性回归器模型(无参数正则化)在 diabetes 测试集上的均方误差为 3039.19

In[*]:

```
from sklearn.linear_model import Ridge
from sklearn.metrics import mean_squared_error
```

```
    #初始化线性回归器模型,采用参数 L2 正则化
    lr=Ridge()

    #用训练集数据训练回归器模型
    lr.fit(X_train, y_train)

    #用训练好的分类模型,在测试集上预测一遍
    y_predict=lr.predict(X_test)

    print('Scikit-learn 的线性回归器模型(参数 L2 正则化)在 diabetes 测试集上的均
    方误差为%.2f。' %(mean_squared_error(y_test, y_predict)))
```

```
Out[*]: Scikit-learn 的线性回归器模型(参数 L2 正则化)在 diabetes 测试集上的均方误差为
        3037.06
```

```
In[*]:  from sklearn.linear_model import Lasso
        from sklearn.metrics import mean_squared_error


        #初始化线性回归器模型,采用参数 L1 正则化
        lr=Lasso()

        #用训练集数据训练回归器模型
        lr.fit(X_train, y_train)

        #用训练好的分类模型,在测试集上预测一遍
        y_predict=lr.predict(X_test)

        print('Scikit-learn 的线性回归器模型(参数 L1 正则化)在 diabetes 测试集上的均
        方误差为%.2f。' %(mean_squared_error(y_test, y_predict)))
```

```
Out[*]: Scikit-learn 的线性回归器模型(参数 L1 正则化)在 diabetes 测试集上的均方误差为
        3038.18
```

```
In[*]:  from sklearn.preprocessing import PolynomialFeatures


        #初始化多项式特征生成器
        pf=PolynomialFeatures(degree=2)
```

```
#对训练数据进行特征升维处理
X_train=pf.fit_transform(X_train)

#对测试数据进行特征升维处理
X_test=pf.transform(X_test)

#查看升维训练集的样本数量和特征维度
X_train.shape
```

Out[*]: (265, 66)

In[*]:

```
from sklearn.linear_model import Lasso
from sklearn.metrics import mean_squared_error


#初始化线性回归器模型,采用参数 L1 正则化
lr=Lasso()

#用升维的训练集数据训练回归器模型
lr.fit(X_train, y_train)

#用训练好的分类模型,在升维的测试集上预测一遍
y_predict=lr.predict(X_test)

print('Scikit-learn 的线性回归器模型(参数 L1 正则化)在 diabetes 升维测试集上的均方误差为%.2f。' %(mean_squared_error(y_test, y_predict)))
```

Out[*]: Scikit-learn 的线性回归器模型(参数 L1 正则化)在 diabetes 升维测试集上的均方误差为 2964.62

5.5.4 超参数寻优

前面所提到的模型配置，我们一般统称为模型的超参数(Hyperparameters)，如 K-近邻算法中的 K 值、随机森林模型中决策树的数量等。多数情况下，超参数的选择是无限的。因此，在有限的时间内，除了可以验证人工预设的几种超参数组合以外，也可以通过启发式的搜索方法对超参数组合进行调优。我们称这种启发式的超参数搜索方法为网格搜索。

由于超参数的空间是无尽的，因此超参数的组合配置只能是"更优"解，没有最优解。通常情况下，我们依靠网格搜索(Grid Search)对多种超参数组合的空间进行"暴力"搜索。每一套超参数组合被代入学习函数中作为新的模型，并且为了比较新模型之间的性能，对每个模型采用交叉验证的方法，在多组相同的训练和开发数据集下进行评估。

如代码 5.34 所示，我们对比了采用默认超参数配置的随机森林分类器和经过网格搜索的随机森林分类器在 fashion_mnist 测试集上的分类准确率。结果证明，经过网格搜索，我们不仅能够取得比默认配置更优的超参数，而且能够获得准确率更高的模型。

代码 5.34 对随机森林分类器模型进行超参数寻优

```
In[ * ]: import pandas as pd


         #使用 pandas 读取 fashion_mnist 的训练和测试数据文件
         train_data =
         pd.read_csv('../datasets/fashion_mnist/fashion_mnist_train.csv')
         test_data =
         pd.read_csv('../datasets/fashion_mnist/fashion_mnist_test.csv')
```

```
In[ * ]: #从训练数据中拆解出训练特征和类别标签
         X_train=train_data[train_data.columns[1:]]
         y_train=train_data['label']

         #从测试数据中拆解出测试特征和类别标签
         X_test=test_data[train_data.columns[1:]]
         y_test=test_data['label']
```

```
In[ * ]: from sklearn.ensemble import RandomForestClassifier
         from sklearn.metrics import accuracy_score


         #初始化随机森林分类器模型，并明确设定超参数
         rfc =
         RandomForestClassifier(n_estimators=10, random_state=2022)

         #使用训练数据，训练随机森林分类器模型
         rfc.fit(X_train, y_train)

         #使用训练好的分类模型，依据测试数据的特征，进行类别预测
```

```
    y_predict=rfc.predict(X_test)

    #评估分类器的准确率
    print('随机森林分类器在 fashion_mnist 测试集上的准确率为%.2f%%。' %
(accuracy_score(y_test, y_predict) * 100))
```

Out[*]: 随机森林分类器在 fashion_mnist 测试集上的准确率为 86.42%

```
In[*]:  from sklearn.ensemble import RandomForestClassifier
        from sklearn.model_selection import GridSearchCV
        from sklearn.metrics import accuracy_score


        #预设超参数的候选值
        parameters ={'n_estimators':[10, 50, 100]}

        #初始化随机森林分类器模型
        rfc=RandomForestClassifier(random_state=2022)

        clf=GridSearchCV(rfc, parameters)

        #使用训练数据,训练随机森林分类器模型
        clf.fit(X_train, y_train)

        #使用训练好的分类模型,依据测试数据的特征,进行类别预测
        y_predict=clf.predict(X_test)

        #评估分类器的准确率
        print('随机森林分类器在 fashion_mnist 测试集上的准确率为%.2f%%。' %
(accuracy_score(y_test, y_predict) * 100))
```

Out[*]: 随机森林分类器在 fashion_mnist 测试集上的准确率为 88.55%

```
In[*]:  #查看最优的超参数
        clf.best_params_
```

Out[*]: {'n_estimators': 100}

5.5.5 并行加速训练

截至目前,我们对机器学习模型的优化技巧大多专注于提升模型在测试数据集上的

预测效果。然而，在现实的学习、生活、工作中，我们除了需要探讨结果的好坏，同时也需要关注过程的效率。因此，本节主要介绍如何提升 Scikit-learn 中绝大多数机器学习模型的训练效率。

许多 Scikit-learn 中的机器学习模型，如多数的线性模型、朴素贝叶斯模型、集成树模型等，由于其内部参数可以各自独立地执行迭代计算，所以存在对这些模型并行训练和优化的条件。现行的计算机大多具备多核心 CPU，这也在硬件上为人们提供了成倍提升机器学习模型训练效率的基础。特别是在面对大规模数据下的机器学习任务时，这种加速训练的机制显得尤为重要。

如代码 5.35 所示，我们在相同的计算机上使用相同的训练数据，对 Scikit-learn 的随机森林分类器模型进行参数训练。使用单线程训练，总体花费约 1 分钟完成了模型的训练；而采用 8 个线程并发训练，只需要花费 13 秒左右，训练效率提升了近 300%。不仅如此，并发加速训练所得到的模型，在测试集上取得的分类效果也和单线程训练得到的模型完全一致。

因此，在初始化部分可并行训练的 Scikit-learn 机器学习模型时，推荐利用 n_jobs 选项，根据 CPU 核心数量设定并发线程的个数。在不影响模型预测效果的同时，我们可以充分利用计算机的多核 CPU 资源，大幅提升模型训练效率，节约运算时间。

代码 5.35　对随机森林分类器模型进行并行加速训练

```
In[*]: import pandas as pd


       #使用 pandas 读取 fashion_mnist 的训练和测试数据文件
       train_data =
       pd.read_csv('../datasets/fashion_mnist/fashion_mnist_train.csv')
       test_data =
       pd.read_csv('../datasets/fashion_mnist/fashion_mnist_test.csv')
```

```
In[*]: #从训练数据中拆解出训练特征和类别标签
       X_train=train_data[train_data.columns[1:]]
       y_train=train_data['label']

       #从测试数据中拆解出测试特征和类别标签
       X_test=test_data[train_data.columns[1:]]
       y_test=test_data['label']
```

```
In[*]: from sklearn.ensemble import RandomForestClassifier
```

```
#初始化随机森林分类器模型，默认单线程运行
rfc=RandomForestClassifier(verbose=1, random_state=2022)

#使用训练数据，单线程训练随机森林分类器模型
rfc.fit(X_train, y_train)

#使用训练好的分类模型，依据测试数据的特征，进行类别预测
y_predict=rfc.predict(X_test)
```

Out[*]:
```
[Parallel(n_jobs=1)]: Using backend SequentialBackend with 1 concurrent workers.
[Parallel(n_jobs=1)]: Done 100 out of 100 | elapsed: 1.0min finished
[Parallel(n_jobs=1)]: Using backend SequentialBackend with 1 concurrent workers.
[Parallel(n_jobs=1)]: Done 100 out of 100 | elapsed: 0.2s finished
```

In[*]:
```
from sklearn.metrics import accuracy_score


#评估分类器的准确率
print('单线程随机森林分类器在 fashion_mnist 测试集上的准确率为%.2f%%。' %
(accuracy_score(y_test, y_predict) * 100))
```

Out[*]:
```
单线程随机森林分类器在 fashion_mnist 测试集上的准确率为 88.55%
```

In[*]:
```
from sklearn.ensemble import RandomForestClassifier


#初始化随机森林分类器模型，并设定为 8 个线程并发运行
p_rfc =
RandomForestClassifier(verbose=1, n_jobs=8, random_state=2022)

#使用训练数据，并行训练随机森林分类器模型
p_rfc.fit(X_train, y_train)

#使用训练好的分类模型，依据测试数据的特征，进行类别预测
y_predict=p_rfc.predict(X_test)
```

Out[*]:
```
[Parallel(n_jobs=8)]: Using backend ThreadingBackend with 8 concurrent workers.
```

```
[Parallel(n_jobs=8)]: Done 34 tasks | elapsed: 4.9s
[Parallel(n_jobs=8)]: Done 100 out of 100 | elapsed: 12.8s finished
[Parallel(n_jobs=8)]: Using backend ThreadingBackend with 8 concurrent
workers.
[Parallel(n_jobs=8)]: Done 34 tasks | elapsed: 0.0s
[Parallel(n_jobs=8)]: Done 100 out of 100 | elapsed: 0.1s finished
```

```
In[*]:  from sklearn.metrics import accuracy_score


        #评估分类器的准确率
        print('多线程随机森林分类器在 fashion_mnist 测试集上的准确率为%.2f%%。' %
        (accuracy_score(y_test, y_predict) * 100))
```

```
Out[*]: 多线程随机森林分类器在 fashion_mnist 测试集上的准确率为 88.55%
```

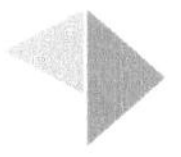

5.6 章末小结

本章全面介绍和实践了 Scikit-learn 中大量的监督学习、无监督学习、半监督学习模型，以及机器学习中常见的优化技巧。

在 Scikit-learn 无监督学习的数据降维方法中，t-SNE 是目前效果较好的方法。另外，在 Scikit-learn 的多种聚类算法中，高斯混合模型(GMM)、*K*-means 和层次化聚类是比较常用并且效果不错的聚类算法。如表 5.1 所示，上述 3 种聚类算法在鸢尾花测试集上的聚类效果最佳。

表 5.1 Scikit-learn 中多种聚类算法在鸢尾花测试集上的调整兰德系数

聚类算法	Scikit-learn 中的调用包与接口	鸢尾花测试集上的调整兰德系数
K-means	cluster.KMeans()	0.6201
DBSCAN	cluster.DBSCAN()	0.4421
近邻传播(AP)算法	cluster.AffinityPropagation()	0.3703
高斯混合模型(GMM)	mixture.GaussianMixture()	0.9039
层次化聚类	cluster.AgglomerativeClustering()	0.6153

Scikit-learn 监督学习用于分类预测的模型中，集成分类器(包括随机森林、梯度提升树和极度随机树)、多层感知网络分类器，以及支持向量机分类器是处理大多数分类任务

的首选。如表 5.2 所示，上述 3 种分类预测模型在 fashion_mnist 测试集上的准确率更高，所以分类效果更好。

表 5.2　Scikit-learn 中多种分类预测模型在 fashion_mnist 测试集上的准确率

分类预测模型	Scikit-learn 中的调用包与接口	fashion_mnist 测试集上的准确率
逻辑斯蒂回归分类器	linear_model.LogisticRegression()	85.21%
随机梯度下降分类器	linear_model.SGDClassifier()	83.54%
支持向量机分类器	svm.SVC()	89.45%
朴素贝叶斯分类器	naive_bayes.BernoulliNB()	71.41%
K-近邻分类器	neighbors.KNeighborsClassifier()	86.30%
决策树分类器	tree.DecisionTreeClassifier()	79.73%
集成分类器(随机森林)	ensemble.RandomForestClassifier()	88.49%
集成分类器(梯度提升树)	ensemble.GradientBoostingClassifier()	87.89%
集成分类器(极度随机树)	ensemble.ExtraTreesClassifier()	88.22%
多层感知网络分类器	neural_network.MLPClassifier()	88.89%

Scikit-learn 监督学习用于数值回归的模型中，集成回归器（包括随机森林、梯度提升树和极度随机树）、多层感知网络回归器，以及支持向量机回归器的数值回归能力较好。如表 5.3 所示，上述三种数值回归模型在 white_wine 测试集上的均方误差更小，所以数值回归效果更好。

表 5.3　Scikit-learn 中多种数值回归模型在 white_wine 测试集上的均方误差

数值回归模型	Scikit-learn 中的调用包与接口	white_wine 测试集的均方误差
线性回归器	linear_model.LinearRegression()	0.5131
随机梯度下降回归器	linear_model.SGDRegressor()	0.5175
支持向量回归器	svm.SVR()	0.4117
K-近邻回归器	neighbors.KNeighborsRegressor()	0.4457
决策树回归器	tree.DecisionTreeRegressor()	0.6694
集成回归器(随机森林)	ensemble.RandomForestRegressor()	0.3192
集成回归器(梯度提升树)	ensemble.GradientBoostingRegressor()	0.4169
集成回归器(极度随机树)	ensemble.ExtraTreesRegressor()	0.3053
多层感知网络回归器	neural_network.MLPRegressor()	0.4199

除了上述对于机器学习模型选择的经验之谈之外，我们还应该全面掌握优化机器学习模型的若干实用技巧。这些技巧从数据、特征、参数、超参数，以及效率 5 种不同的维度对机器学习模型进行优化；并且涵盖了特征工程、参数正则化、交叉验证、超参数寻优，以及并行加速训练 5 个方向的课题。

第 3 部分

进　阶　篇

第 6 章

PyTorch/TensorFlow/PaddlePaddle 深度学习

神经网络的研究起源于 20 世纪 50—60 年代。那时还没有太多的计算机科学家参与到人工智能的研究中，主要是因为那时的人类对计算机的了解也刚刚起步。于是，一些人工智能的先驱者尝试借鉴一些神经科学的研究成果来构建人工智能。

一些研究神经元的生物学家发现了脑神经信息传递的大致工作原理，如图 6.1 所示。首先，神经元的树突(Dendrite)接收其他神经元传递过来的信息；然后，神经细胞的细胞体(Cell body)对信息进行加工；接着，加工后的信息沿轴突(Axon)传递到轴突终端(Axon terminal)；最后，信息传递给其他神经元的树突。就这样，大量的神经元前后连接成了一个结构复杂的神经网络。

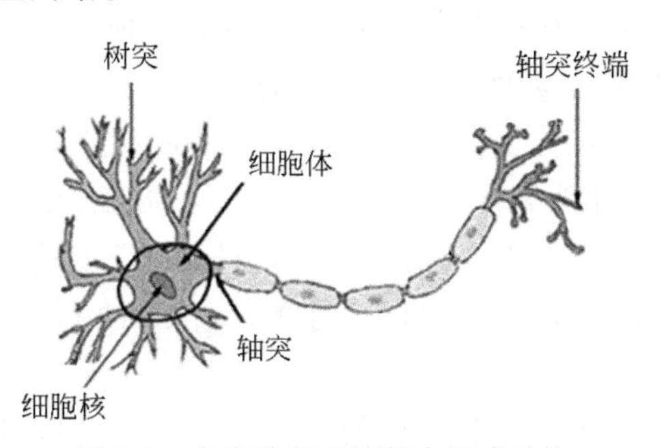

图 6.1　人类神经元的基本组成结构

于是，早期的研究人员打算先从计算机模拟人类神经元的角度，对人工智能进行深入探索。比较具有代表性的研究成果是 5.3.1 节中介绍的弗兰克·罗森布拉特的感知机模型。

2006 年，Hinton 教授的研究团队再次发表论文，利用预训练(Pre-training)的方式缓解了局部最优解的问题，将隐藏层的数量推进到 7 层，并由此掀起了深度学习（Deep Learning）的热潮。此后近 20 年的发展过程中，深度学习的成就不断刷新人类的认知，在语音识别、图像识别、自然语言处理、机器人领域都取得了惊人的成果，让原本科幻小说中的无人驾驶、机器人助理等成为了现实。

尽管研究人员在实验室中发掘了不少深度学习的潜能，但如果想要将深度学习应用到现实当中，至少面临大规模张量（Tensor）的并行加速运算和对模型自动求导的平台功能两项挑战。本着“工欲善其事，必先利其器”的思想，一些大型科技公司的研究团队开始自行开发深度学习平台，以满足大量人工智能相关业务的长远发展。如图 6.2 所示，目前国内外流行的深度学习平台包括 PyTorch、TensorFlow 以及 PaddlePaddle。

PyTorch TensorFlow PaddlePaddle

图 6.2 PyTorch、TensorFlow、PaddlePaddle（飞桨）的品牌标识

- 2017 年 1 月，Facebook 人工智能研究院（FAIR）基于 Torch 推出了 PyTorch。PyTorch 是一个基于 Python 的科学计算包，提供两个高级功能：具有强大的 GPU 加速的张量计算（如 NumPy）以及包含自动求导系统的深度神经网络。不仅能够实现强大的 GPU 加速，同时还支持动态神经网络。除了 Facebook 外，PyTorch 也已经被 Twitter、CMU 和 Salesforce 等机构采用。
- 从 2010 年开始，Google Brain（谷歌大脑）开发了其第一代专用于神经网络学习的系统平台 DistBelief。50 多个团队在 Google 和其他 Alphabet 公司的商业产品部署了基于 DistBelief 的深度学习神经网络，包括 Google 搜索、Google 语音搜索、Google 相册、Google 地图、Google 街景、Google 翻译和 YouTube 等。随后，Google 指派其计算机科学家简化和重构了 DistBelief，使其变成一个更快、更健壮的应用级别代码库，于是 TensorFlow 就这样诞生了。作为 Google Brain 的第二代机器学习系统，TensorFlow 可以运行在多个 CPU、GPU 以及移动计算平台，包括 Android 和 iOS。
- PaddlePaddle 吸纳了上述两款平台的优点，以百度公司多年的深度学习技术研究和业务应用为基础，是中国首个自主研发、功能完备且开源的产业级深度学习平台。PaddlePaddle 不仅集成了深度学习核心训练和推理框架、基础模型库，还提供了大量端到端开发套件和丰富的工具组件。

因此，本章继续在 fashion_mnist 数据集的基础上，介绍大量经典的深度学习模型，如前馈神经网络、卷积神经网络、循环神经网络、自动编码器等，并给出上述模型在 PyTorch、TensorFlow、PaddlePaddle 3 种深度学习平台上的 Python 代码实践。

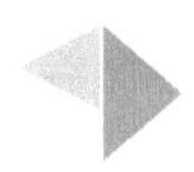

6.1 PyTorch/TensorFlow/PaddlePaddle 环境配置

为了本章的深度学习实践，我们分别创建了 3 种新的虚拟环境，依次命名为 python_torch、python_tf，以及 python_paddle。我们需要在这些虚拟环境中分别搭建和配置 PyTorch、TensorFlow 和 PaddlePaddle 这 3 种流行的深度学习平台，为后续介绍基于 Python 的深度学习奠定全面的实践基础。

在 Windows、macOS 和 Ubuntu 操作系统中，我们都可以在命令行或终端中输入 conda 命令来创建新的虚拟环境，并且设定虚拟环境中 Python 3 解释器的版本号为 3.8。创建 3 个虚拟环境(python_torch、python_tf，以及 python_paddle)的命令分别是：

(1) conda create -n python_torch python=3.8；

(2) conda create -n python_tf python=3.8；

(3) conda create -n python_paddle python=3.8。

在 Windows 或者 macOS 这类拥有 Anaconda Navigator 的操作系统中，我们能够通过可视化软件创建虚拟环境。图 6.3 展示了如何在 macOS 中使用 Anaconda Navigator 创建虚拟环境 python_tf，并设定其 Python 解释器版本为 3.8 的方法。在其他操作系统下，创建其他名称的虚拟环境也可以参考此例。

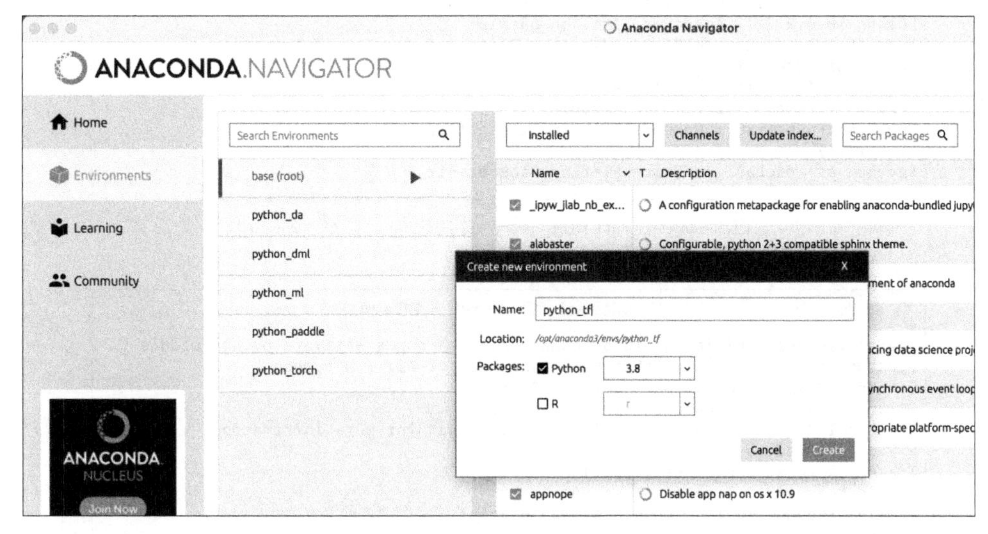

图 6.3 使用 Anaconda Navigator 创建虚拟环境 python_tf，并设定 Python 解释器的版本号为 3.8

3 个虚拟环境均创建好之后，我们可以在命令行/终端中分别使用命令：conda

activate python_torch、conda activate python_tf,以及 conda activate python_paddle 切换到对应的虚拟环境。如图 6.4～图 6.6 所示,我们尝试在新虚拟环境的 Python 3.8 解释器中分别导入 PyTorch、TensorFlow,以及 PaddlePaddle 程序库。但是,运行结果证明,作为一个新建的虚拟环境,其 Python 3.8 解释器并不会预装 PyTorch、TensorFlow 及 PaddlePaddle 程序库。

```
michael_fan — -zsh — 80×24
Last login: Thu Aug 26 11:09:01 on ttys004
(base) michael_fan@michael-fandeMacBook-Air ~ % conda activate python_torch
(python_torch) michael_fan@michael-fandeMacBook-Air ~ % python
Python 3.8.11 (default, Aug  6 2021, 08:56:27)
[Clang 10.0.0 ] :: Anaconda, Inc. on darwin
Type "help", "copyright", "credits" or "license" for more information.
>>> import torch
Traceback (most recent call last):
  File "<stdin>", line 1, in <module>
ModuleNotFoundError: No module named 'torch'
>>> exit()
(python_torch) michael_fan@michael-fandeMacBook-Air ~ %
```

图 6.4　虚拟环境 python_torch 的 Python 3.8 解释器没有预装 PyTorch 程序库

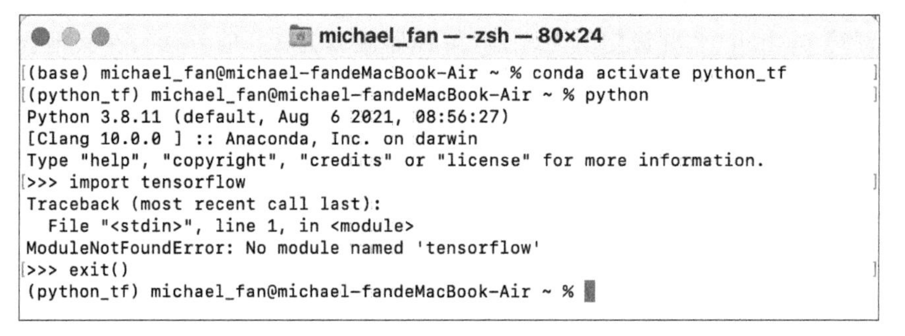

图 6.5　虚拟环境 python_tf 的 Python 3.8 解释器没有预装 TensorFlow 程序库

```
michael_fan — -zsh — 80×24
(base) michael_fan@michael-fandeMacBook-Air ~ % conda activate python_paddle
(python_paddle) michael_fan@michael-fandeMacBook-Air ~ % python
Python 3.8.11 (default, Aug  6 2021, 08:56:27)
[Clang 10.0.0 ] :: Anaconda, Inc. on darwin
Type "help", "copyright", "credits" or "license" for more information.
>>> import paddle
Traceback (most recent call last):
  File "<stdin>", line 1, in <module>
ModuleNotFoundError: No module named 'paddle'
>>> exit()
(python_paddle) michael_fan@michael-fandeMacBook-Air ~ %
```

图 6.6　虚拟环境 python_paddle 的 Python 3.8 解释器没有预装 PaddlePaddle 程序库

因此，我们接下来将分别演示如何在 Python 3.8 解释器中安装 PyTorch、TensorFlow，以及 PaddlePaddle 程序库。鉴于 Anaconda Navigator 不能方便和全面地安装这 3 个程序库的最新版本，我们将只演示如何使用 conda 命令快速安装上述各个深度学习平台。

以 macOS 系统为例，如图 6.7 所示，在其终端的虚拟环境 python_torch 中使用 conda 命令[①] conda install pytorch==1.9.1 -c pytorch，自动安装和配置版本号为 1.9.1 的 PyTorch 程序库[②]。

```
(python_torch) michael_fan@michael-fandeMacBook-Air ~ % conda install pytorch==1.9.1 -c pytorch
Collecting package metadata (current_repodata.json): done
Solving environment: done

## Package Plan ##

  environment location: /opt/anaconda3/envs/python_torch

  added / updated specs:
    - pytorch==1.9.1


The following packages will be downloaded:

    package                    |            build
    ---------------------------|-----------------
    typing_extensions-3.10.0.2 |     pyh06a4308_0          31 KB
    ------------------------------------------------------------
                                           Total:          31 KB

The following NEW packages will be INSTALLED:

  blas               pkgs/main/osx-64::blas-1.0-mkl
  intel-openmp       pkgs/main/osx-64::intel-openmp-2021.3.0-hecd8cb5_3375
  libuv              pkgs/main/osx-64::libuv-1.40.0-haf1e3a3_0
  mkl                pkgs/main/osx-64::mkl-2021.3.0-hecd8cb5_517
  ninja              pkgs/main/osx-64::ninja-1.10.2-hf7b0b51_1
  pytorch            pytorch/osx-64::pytorch-1.9.1-py3.8_0
  typing_extensions  pkgs/main/noarch::typing_extensions-3.10.0.2-pyh06a4308_0


Proceed ([y]/n)?
```

图 6.7 在虚拟环境 python_torch 中使用 conda 命令搭建和配置 PyTorch

如图 6.8 所示，在 macOS 操作系统终端的虚拟环境 python_tf 中使用 conda 命令[③]：conda install tensorflow==2.4.1 -c conda-forge，自动安装和配置版本号为 2.4.1 的

① 如需要在 Windows 与 Linux 下安装，对应的命令可以到 PyTorch 官网查阅，以官网给出的 conda 安装命令为准。

② 本书使用版本号为 1.9.1 的 PyTorch 程序库。指定版本号是为了避免因 PyTorch 程序库升级所带来的书中代码与最新版本不兼容的问题。

③ 如需要在 Windows 与 Linux 下安装，对应的命令可以到 Anaconda 官网的 conda-forge 中查阅，以官网给出的 conda 安装命令为准。

TensorFlow程序库[①]。

```
(python_tf) michael_fan@michael-fandeMacBook-Air ~ % conda install tensorflow==2.4.1 -c conda-forge
Collecting package metadata (current_repodata.json): done
Solving environment: failed with initial frozen solve. Retrying with flexible solve.
Collecting package metadata (repodata.json): done
Solving environment: done

## Package Plan ##

  environment location: /opt/anaconda3/envs/python_tf

  added / updated specs:
    - tensorflow==2.4.1


The following packages will be downloaded:

    package                    |            build
    ---------------------------|-----------------
    abseil-cpp-20210324.2      |       he49afe7_0         937 KB  conda-forge
    absl-py-0.15.0             |     pyhd8ed1ab_0          98 KB  conda-forge
```

图6.8 在虚拟环境python_tf中使用conda命令搭建和配置TensorFlow

如图6.9所示,在macOS操作系统终端的虚拟环境python_paddle中使用conda命令[②]:conda install paddlepaddle==2.1.2 -c https://mirrors.tuna.tsinghua.edu.cn/anaconda/cloud/Paddle/,自动安装和配置PaddlePaddle程序库[③]。

```
(python_paddle) michael_fan@michael-fandeMacBook-Air ~ % conda install paddlepaddle==2.1.2 -c https://mirrors.tuna.tsinghua.edu.cn/anaconda/cloud/Paddle/
Collecting package metadata (current_repodata.json): done
Solving environment: failed with initial frozen solve. Retrying with flexible solve.
Solving environment: failed with repodata from current_repodata.json, will retry with next repodata source.
Collecting package metadata (repodata.json): done
Solving environment: done

## Package Plan ##

  environment location: /opt/anaconda3/envs/python_paddle

  added / updated specs:
    - paddlepaddle==2.1.2


The following packages will be downloaded:

    package                    |            build
    ---------------------------|-----------------
    gast-0.3.3                 |             py_0          14 KB
    giflib-5.2.1               |       haf1e3a3_0          70 KB
    mkl_fft-1.3.1              |  py38h4ab4a9b_0         165 KB
    pillow-8.4.0               |  py38h98e4679_0         606 KB
    ------------------------------------------------------------
                                           Total:         856 KB

The following NEW packages will be INSTALLED:
```

图6.9 在虚拟环境python_paddle中使用conda命令搭建和配置PaddlePaddle

为了校验是否成功在上述3个虚拟环境的Python 3.8解释器中分别安装好了PyTorch、TensorFlow,以及PaddlePaddle 3个程序库,可以在Python 3.8解释器中分别输入代码:import torch、import tensorflow,以及import paddle,尝试导入PyTorch、

① 本书使用版本号为2.4.1的TensorFlow程序库。

② 如需要在Windows与Linux下安装,对应的命令可以到PaddlePaddle官网中查阅,以官网给出的conda安装命令为准。

③ 本书使用版本号为2.1.2的PaddlePaddle程序库。

TensorFlow，以及 PaddlePaddle 程序库。

结果分别如图 6.10～图 6.12 所示。

```
michael_fan — python — 80×24
(python_torch) michael_fan@michael-fandeMacBook-Air ~ % python
Python 3.8.12 (default, Oct 12 2021, 06:23:56)
[Clang 10.0.0 ] :: Anaconda, Inc. on darwin
Type "help", "copyright", "credits" or "license" for more information.
>>> import torch
>>> torch.__version__
'1.9.1'
>>>
```

图 6.10　在虚拟环境 python_torch 的 Python 3.8 解释器中尝试导入 PyTorch

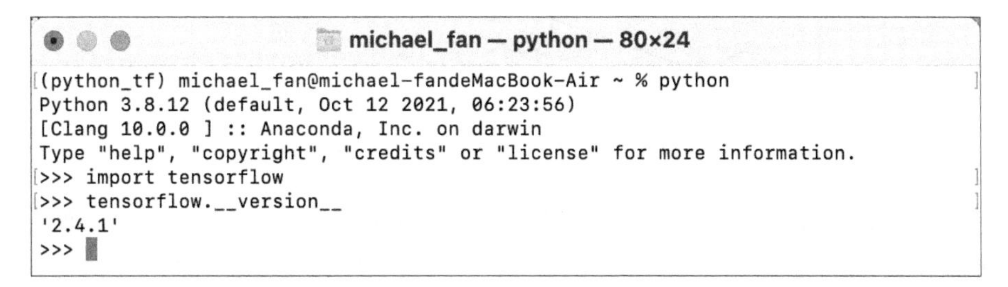

图 6.11　在虚拟环境 python_tf 的 Python 3.8 解释器中尝试导入 TensorFlow

```
michael_fan — python — 80×24
(python_paddle) michael_fan@michael-fandeMacBook-Air ~ % python
Python 3.8.12 (default, Oct 12 2021, 06:23:56)
[Clang 10.0.0 ] :: Anaconda, Inc. on darwin
Type "help", "copyright", "credits" or "license" for more information.
>>> import paddle
sysctl: unknown oid 'machdep.cpu.leaf7_features'
>>> paddle.__version__
'2.1.2'
>>>
```

图 6.12　在虚拟环境 python_paddle 的 Python 3.8 解释器中尝试导入 PaddlePaddle

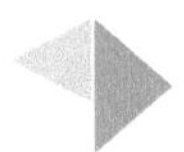

6.2　前馈神经网络

前馈神经网络（Feed Forward Networks，FFN）广义上与多层感知机的结构非常相似。如图 6.13 所示，前馈神经网络由输入层、隐藏层、输出层，以及各层之间的连接组成。

其中，隐藏层可以根据模型的大小和复杂程度被设计成数量任意的多层结构。各层之间连接一般指特征的权重，特征权重的数量取决于前一层与后一层的神经元的个数的乘积。例如，如果输入层的特征个数为 m，接下来的隐藏层的神经元的数量为 n，那么这两层之间的特征权重的数量为 $m \times n$。因此，这种神经网络也称为全连接神经网络。

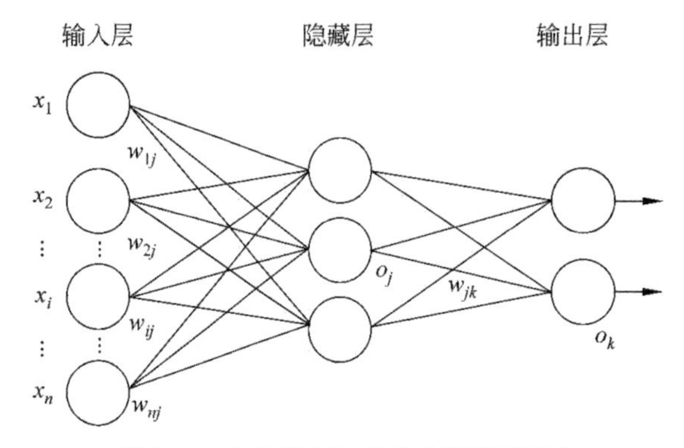

图 6.13　前馈神经网络的典型模型结构

在深度前馈神经网络中，“深度”指一个神经网络模型由不止一层组成，设计的层数越多，深度就越大，模型也就越复杂。而“前馈”指从输入到输出的数据流向，数据流只会按照输入层-隐藏层-输出层的顺序流动，而不会对上一层有任何影响和反馈。

综上，搭建一个前馈神经网络，需要重点留意如下几项要点：

- 每一层神经元的数量；
- 除了输入层和输出层之外，隐藏层的激活函数；
- 根据机器学习任务（分类、回归）的不同，决定模型的损失函数；
- 选择合适的梯度更新算法。

6.2.1　前馈神经网络的 PyTorch 实践

代码 6.1 展示了如何使用 PyTorch 搭建前馈神经网络，以及如何在 fashion_mnist 数据集上，完成 PyTorch 版本的前馈神经网络的模型训练和测试工作。值得一提的是，就当前版本的 PyTorch 而言，我们无法使用像 Scikit-learn 一样的高级接口，即仅调用 fit() 或者 predict()就可以完成模型的训练或者测试。

因此，在编写基于 PyTorch 的深度神经网络时，读者需要注意如下几项要点：

- 搭建网络时，需要继承 torch.nn.Module 类，并自定义网络结构；
- 建议使用 torch.utils.data.DataLoader 封装训练和测试数据，便于在训练时对数据进行采样；

- 训练和测试过程中，需要自行编写数据遍历循环和梯度更新的操作；
- 建议在执行模型训练和测试之前分别调用 torch.nn.Module 类的 train()和 eval()方法，因为 eval()方法会保证在测试的过程中模型不再根据测试数据更新梯度，而 train()方法则会解除 eval()的限制。

代码 6.1 使用 PyTorch 搭建、训练和测试前馈神经网络

```
In[*]:  '''
        前馈神经网络的 PyTorch 实践代码
        '''
        from torch import nn, optim


        #设定超参数
        INPUT_SIZE = 784
        HIDDEN_SIZE = 256
        NUM_CLASSES = 10
        EPOCHS = 5
        BATCH_SIZE = 64
        LEARNING_RATE = 1e-3


        class FFN(nn.Module):
            '''
            自定义的前馈神经网络类继承自 nn.Module
            '''
            def __init__(self, input_size, hidden_size, num_classes):

                super(FFN, self).__init__()

                self.l1=nn.Linear(input_size, hidden_size)

                self.relu=nn.ReLU()

                self.l2=nn.Linear(hidden_size, num_classes)


            def forward(self, x):
```

```
        #添加有 256 个神经元的隐藏层
        out=self.l1(x)

        #设定激活函数为 ReLU
        out=self.relu(out)

        #添加有 10 个神经元的输出层
        out=self.l2(out)

        return out


#初始化前馈神经网络模型
model=FFN(INPUT_SIZE, HIDDEN_SIZE, NUM_CLASSES)

#设定神经网络的损失函数
criterion=nn.CrossEntropyLoss()

#设定神经网络的优化方法
optimizer=optim.Adam(model.parameters(), lr=LEARNING_RATE)
```

```
In[*]: import pandas as pd


#使用 pandas 读取 fashion_mnist 的训练和测试数据文件
train_data=pd.read_csv('../datasets/fashion_mnist/fashion_mnist_train.
csv')
test_data=pd.read_csv('../datasets/fashion_mnist/fashion_mnist_test.
csv')

#从训练数据中拆解出训练特征和类别标签
X_train=train_data[train_data.columns[1:]]
y_train=train_data['label']

#从测试数据中拆解出测试特征和类别标签
X_test=test_data[train_data.columns[1:]]
y_test=test_data['label']
```

In[*]:
```
from sklearn.preprocessing import StandardScaler


#初始化数据标准化处理器
ss=StandardScaler()

#标准化训练数据特征
X_train=ss.fit_transform(X_train)

#标准化测试数据特征
X_test=ss.transform(X_test)
```

In[*]:
```
import torch
from torch.utils.data import TensorDataset, DataLoader


#构建适用于 PyTorch 模型训练的数据结构
train_tensor=TensorDataset(torch.tensor(X_train.astype('float32')),
torch.tensor(y_train.values))

#构建适用于 PyTorch 模型训练的数据读取器
train_loader=DataLoader(dataset =train_tensor, batch_size=BATCH_SIZE,
shuffle=True)

n_total_steps=len(train_loader)

#开启模型训练
model.train()

for epoch in range(EPOCHS):
    for i, (features, labels) in enumerate(train_loader):
        outputs=model(features)
        loss=criterion(outputs, labels)

        optimizer.zero_grad()
        loss.backward()
        optimizer.step()
```

```
        if (i+1) %300 ==0:
            print(f'Epoch [{epoch+1}/{EPOCHS}], Step[{i+1}/{n_total_steps}], Loss: {loss.item():.4f}')
```

Out[*]:

```
Epoch [1/5], Step[300/938], Loss: 0.5596
Epoch [1/5], Step[600/938], Loss: 0.2572
Epoch [1/5], Step[900/938], Loss: 0.2615
Epoch [2/5], Step[300/938], Loss: 0.3669
Epoch [2/5], Step[600/938], Loss: 0.2542
Epoch [2/5], Step[900/938], Loss: 0.3871
Epoch [3/5], Step[300/938], Loss: 0.2910
Epoch [3/5], Step[600/938], Loss: 0.2556
Epoch [3/5], Step[900/938], Loss: 0.3481
Epoch [4/5], Step[300/938], Loss: 0.3999
Epoch [4/5], Step[600/938], Loss: 0.3293
Epoch [4/5], Step[900/938], Loss: 0.3380
Epoch [5/5], Step[300/938], Loss: 0.1945
Epoch [5/5], Step[600/938], Loss: 0.3887
Epoch [5/5], Step[900/938], Loss: 0.3628
```

In[*]:

```
#构建适用于 PyTorch 模型测试的数据结构
test_tensor=TensorDataset(torch.tensor(X_test.astype('float32')), torch.tensor(y_test.values))

#构建适用于 PyTorch 模型测试的数据读取器
test_loader=DataLoader(dataset=test_tensor, batch_size=BATCH_SIZE, shuffle=False)

#开启模型测试
model.eval()

n_correct=0
n_samples=0

for features, labels in test_loader:
    outputs=model(features)
    _, predictions=torch.max(outputs.data, 1)

    n_samples+=labels.size(0)
```

```
        n_correct += (predictions==labels).sum().item()

    acc=100.0 * n_correct / n_samples

    print('前馈神经网络(PyTorch 版本)在 fashion_mnist 测试集上的准确率为%.2f%%。'
    %acc)
```

Out[*]: 前馈神经网络(PyTorch 版本)在 fashion_mnist 测试集上的准确率为 88.43%

6.2.2 前馈神经网络的 TensorFlow 实践

代码 6.2 展示了如何使用 TensorFlow 搭建前馈神经网络，以及如何在 fashion_mnist 数据集上完成 TensorFlow 版本的前馈神经网络的模型训练和测试工作。

代码 6.2　使用 TensorFlow 搭建、训练和测试前馈神经网络

In[*]:
```
import os


#解决 macOS 的一些系统问题
os.environ['TF_CPP_MIN_LOG_LEVEL']='2'
os.environ['KMP_DUPLICATE_LIB_OK']='True'
```

In[*]:
```
'''
前馈神经网络的 TensorFlow 实践代码
'''
from tensorflow.keras import models, layers, losses, optimizers


#设定超参数
HIDDEN_SIZE=256
NUM_CLASSES=10
EPOCHS=5
BATCH_SIZE=64
LEARNING_RATE=1e-3


#初始化前馈神经网络模型
model=models.Sequential()
```

```
model.add(layers.Dense(HIDDEN_SIZE, activation='relu'))

model.add(layers.Dense(NUM_CLASSES))

#设定神经网络的损失函数、优化方式，以及评估方法
model.compile(optimizer=optimizers.Adam(LEARNING_RATE),
              loss=losses.SparseCategoricalCrossentropy(from_logits=True),
              metrics=['accuracy'])
```

In[*]:
```
import pandas as pd


#使用 pandas 读取 fashion_mnist 的训练和测试数据文件
train_data=pd.read_csv('../datasets/fashion_mnist/fashion_mnist_train.
csv')
test_data=pd.read_csv('../datasets/fashion_mnist/fashion_mnist_test.
csv')

#从训练数据中拆解出训练特征和类别标签
X_train=train_data[train_data.columns[1:]]
y_train=train_data['label']

#从测试数据中拆解出测试特征和类别标签
X_test=test_data[train_data.columns[1:]]
y_test=test_data['label']
```

In[*]:
```
from sklearn.preprocessing import StandardScaler


#初始化数据标准化处理器
ss=StandardScaler()

#标准化训练数据特征
X_train=ss.fit_transform(X_train)

#标准化测试数据特征
X_test=ss.transform(X_test)
```

In[*]:
```
#使用 fashion_mnist 的训练集数据训练网络模型
```

```
model.fit(X_train, y_train.values, batch_size=BATCH_SIZE, epochs=
EPOCHS, verbose=1)
```

Out[*]:
```
Epoch 1/5
938/938 [==============================] - 5s 5ms/step - loss: 0.5648 - accuracy:
0.8042
Epoch 2/5
938/938 [==============================] - 4s 4ms/step - loss: 0.3296 - accuracy:
0.8813
Epoch 3/5
938/938 [==============================] - 4s 4ms/step - loss: 0.2834 - accuracy:
0.8952
Epoch 4/5
938/938 [==============================] - 3s 3ms/step - loss: 0.2552 - accuracy:
0.9057
Epoch 5/5
938/938 [==============================] - 3s 3ms/step - loss: 0.2366 - accuracy:
0.9135
```

In[*]:
```
#使用 fashion_mnist 的测试集数据评估网络模型的效果
result=model.evaluate(X_test, y_test.values, verbose=0)

print('前馈神经网络(TensorFlow 版本)在 fashion_mnist 测试集上的准确率为
%.2f%%。' %(result[1] * 100))
```

Out[*]:
```
前馈神经网络(TensorFlow 版本)在 fashion_mnist 测试集上的准确率为 88.14%
```

与 PyTorch 不同，TensorFlow 吸取了 Scikit-learn 的优点，集成了大量 Keras 的高级接口，即仅用一行代码就可以完成模型训练和测试。因此，在编写基于 TensorFlow 的深度神经网络时，仅需要很少的代码即可完成模型的搭建、训练以及测试工作。

6.2.3 前馈神经网络的 PaddlePaddle 实践

代码 6.3 展示了如何使用 PaddlePaddle 搭建前馈神经网络，以及如何在 fashion_mnist 数据集上完成 PaddlePaddle 版本的前馈神经网络的模型训练和测试工作。

在代码实践过程中，我们发现 PaddlePaddle 的接口设计不仅基本沿用了 PyTorch 的风格，而且同时又吸取了 TensorFlow 在高级接口设计上的优点。因此，在编写基于 PaddlePaddle 的深度神经网络时，有 PyTorch 编程经验的读者可以快速迁移到 PaddlePaddle，还能享受到高级接口带来的便利。

代码 6.3　使用 PaddlePaddle 搭建、训练和测试前馈神经网络

In[*]:
```
'''
前馈神经网络的 PaddlePaddle 实践代码
'''
import paddle
from paddle import nn, optimizer, metric


#设定超参数
INPUT_SIZE=784
HIDDEN_SIZE=256
NUM_CLASSES=10
EPOCHS=5
BATCH_SIZE=64
LEARNING_RATE=1e-3

#搭建前馈神经网络
paddle_model=nn.Sequential(

    #添加有 256 个神经元的隐藏层
    nn.Linear(INPUT_SIZE, HIDDEN_SIZE),

    #设定激活函数为 ReLU
    nn.ReLU(),

    #添加有 10 个神经元的输出层
    nn.Linear(HIDDEN_SIZE, NUM_CLASSES)
)

#初始化前馈神经网络模型
model=paddle.Model(paddle_model)

#为模型训练做准备，设置优化器、损失函数和评估指标
model.prepare(optimizer=optimizer.Adam(learning_rate=LEARNING_RATE,
parameters=model.parameters()),
             loss=nn.CrossEntropyLoss(),
             metrics=metric.Accuracy())
```

```
In[*]:  import pandas as pd


        #使用 pandas 读取 fashion_mnist 的训练和测试数据文件
        train_data=pd.read_csv('../datasets/fashion_mnist/fashion_mnist_train.
        csv')
        test_data=pd.read_csv('../datasets/fashion_mnist/fashion_mnist_test.
        csv')

        #从训练数据中拆解出训练特征和类别标签
        X_train=train_data[train_data.columns[1:]]
        y_train=train_data['label']

        #从测试数据中拆解出测试特征和类别标签
        X_test=test_data[train_data.columns[1:]]
        y_test=test_data['label']
```

```
In[*]:  from sklearn.preprocessing import StandardScaler


        #初始化数据标准化处理器
        ss=StandardScaler()

        #标准化训练数据特征
        X_train=ss.fit_transform(X_train)

        #标准化测试数据特征
        X_test=ss.transform(X_test)
```

```
In[*]:  from paddle.io import TensorDataset


        X_train=paddle.to_tensor(X_train.astype('float32'))
        y_train=y_train.values

        #构建适用于 PaddlePaddle 模型训练的数据集
        train_dataset=TensorDataset([X_train, y_train])

        #启动模型训练，指定训练数据集，设置训练轮次，设置每次数据集计算的批次大小
```

```
model.fit(train_dataset, epochs=EPOCHS, batch_size=BATCH_SIZE, verbose
=1)
```

Out[*]:
```
The loss value printed in the log is the current step, and the metric is the
average value of previous steps.
Epoch 1/5
step 938/938 [==============================] -loss: 0.3127 -acc: 0.8414 -3ms/
step
Epoch 2/5
step 938/938 [==============================] -loss: 0.2533 -acc: 0.8793 -3ms/
step
Epoch 3/5
step 938/938 [==============================] -loss: 0.0977 -acc: 0.8948 -3ms/
step
Epoch 4/5
step 938/938 [==============================] -loss: 0.2007 -acc: 0.9024 -3ms/
step
Epoch 5/5
step 938/938 [==============================] -loss: 0.1697 -acc: 0.9111 -3ms/
step
```

In[*]:
```
X_test=paddle.to_tensor(X_test.astype('float32'))
y_test=y_test.values

#构建适用于 PaddlePaddle 模型测试的数据集
test_dataset=TensorDataset([X_test, y_test])

#启动模型测试,指定测试数据集
result=model.evaluate(test_dataset, verbose=0)

print('前馈神经网络(PaddlePaddle 版本)在 fashion_mnist 测试集上的准确率为
%.2f%%。' %(result['acc'] * 100))
```

Out[*]:
```
前馈神经网络(PaddlePaddle 版本)在 fashion_mnist 测试集上的准确率为 88.54%
```

6.3 卷积神经网络

受到猫视觉皮层电生理研究启发，有人提出卷积神经网络（Convolutional Neural

Networks，CNN）。Yann LeCun 等人最早将 CNN 用于手写数字识别，并一直保持了在该问题的霸主地位。近年来，卷积神经网络在多个方向持续发力，在语音识别、人脸识别、通用物体识别、运动分析、自然语言处理甚至脑电波分析方面均有突破。卷积神经网络与前馈神经网络的结构有很大区别，前者主要包含由卷积层和池化层构成的特征抽取器。

如图 6.14 所示，卷积层上的输入神经元被另外一系列以矩阵形式排列的神经元（即 $\begin{pmatrix}1 & 0 & 1\\0 & 1 & 0\\1 & 0 & 1\end{pmatrix}$）所逐行扫描；被覆盖的部分（即 $\begin{pmatrix}1 & 1 & 0\\1 & 1 & 1\\0 & 1 & 1\end{pmatrix}$）通过内积计算（对位相乘并求和）的方式得到一个标量特征。如果没有特殊的激活函数，我们直接使用这个标量特征值作为输出。这里用于扫描的神经元矩阵也称作卷积核，被所有输入的特征所共享。卷积核一般以随机小数矩阵的形式初始化，在网络的训练过程中卷积核将学习得到合理的权值。共享权值（卷积核）带来的直接好处是减少网络各层之间的连接，同时又降低了过拟合的风险。

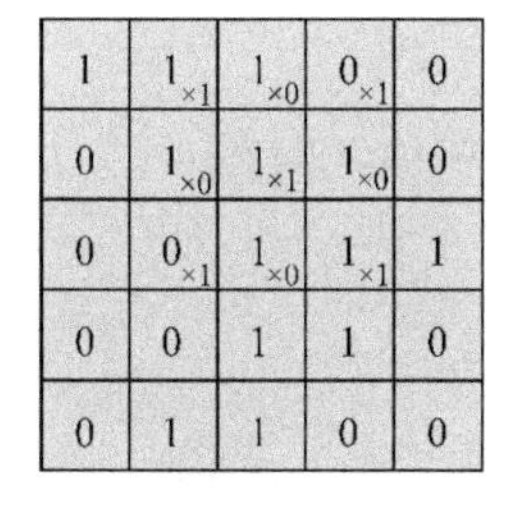

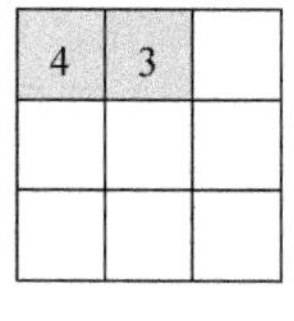

图像　　　　卷积特征

图 6.14　卷积神经网络的典型模型结构：卷积层（见彩插）

池化（Pooling）是一种特殊的卷积过程，一般放在卷积层之后进行。池化方式通常有均值池化（Mean Pooling）和最大值池化（Max Pooling），能够显著降低模型复杂度。图 6.15 展示了最大值池化的方式，用一个 2×2 的池化过滤器（Filter），按照步长（Stride）为 2 的方式移动。每覆盖一个卷积后的特征区域，就会选择这个区域的最大值作为最终

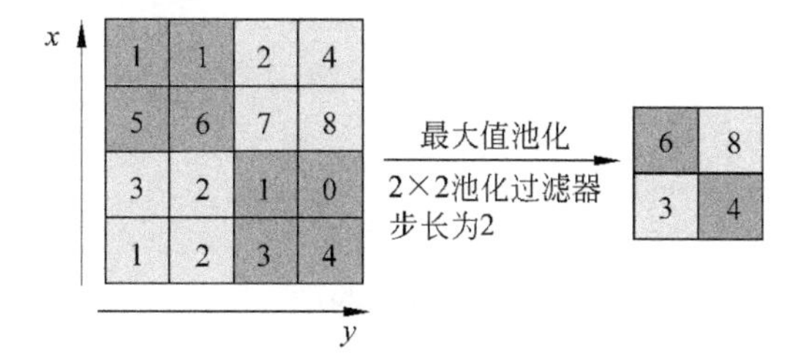

图 6.15　卷积神经网络的典型模型结构：池化层（见彩插）

的特征输出。因此，最终的卷积特征规模被极大地缩减，大大简化了模型复杂度，减少了模型的参数。

综上，搭建一个卷积神经网络，需要重点留意如下几项要点：

- 卷积核的大小和逐行扫描的移动步长；
- 卷积计算的激活函数；
- 池化方式，池化过滤器的大小和移动步长；
- 根据机器学习任务（分类、回归）的不同，决定模型的损失函数；
- 选择合适的梯度更新算法。

6.3.1 卷积神经网络的 PyTorch 实践

代码 6.4 展示了如何使用 PyTorch 搭建卷积神经网络，以及如何在 fashion_mnist 数据集上，完成 PyTorch 版本的卷积神经网络的模型训练和测试工作。

在编写基于 PyTorch 的深度神经网络时，需要注意同 6.2.1 节的几项要点，此处不再赘述。

代码 6.4 使用 PyTorch 搭建、训练和测试卷积神经网络

```
In[*]:  '''
        卷积神经网络的 PyTorch 实践代码
        '''
        from torch import nn, optim


        #设定超参数
        INPUT_SIZE=1600
        HIDDEN_SIZE=256
        NUM_CLASSES=10
        EPOCHS=5
        BATCH_SIZE=64
        LEARNING_RATE=1e-3


        class CNN(nn.Module):
            '''
            自定义卷积神经网络类，继承自 nn.Module
            '''
```

```
    def __init__(self, input_size, hidden_size, num_classes):

        super(CNN, self).__init__()

        self.conv_1=nn.Conv2d(in_channels=1, out_channels=32, kernel_
size=3)
        self.conv_2=nn.Conv2d(in_channels=32, out_channels=64, kernel_
size=3)

        self.relu=nn.ReLU()

        self.max_pool=nn.MaxPool2d(kernel_size=2, stride=2)

        self.flatten=nn.Flatten()

        self.l1=nn.Linear(input_size, hidden_size)
        self.l2=nn.Linear(hidden_size, num_classes)


    def forward(self, x):

        out=self.conv_1(x)
        out=self.relu(out)
        out=self.max_pool(out)

        out=self.conv_2(out)
        out=self.relu(out)
        out=self.max_pool(out)

        out=self.flatten(out)

        out=self.l1(out)
        out=self.relu(out)
        out=self.l2(out)

        return out
```

```
#初始化卷积神经网络模型
model=CNN(INPUT_SIZE, HIDDEN_SIZE, NUM_CLASSES)

#设定神经网络的损失函数
criterion=nn.CrossEntropyLoss()

#设定神经网络的优化方法
optimizer=optim.Adam(model.parameters(), lr=LEARNING_RATE)
```

```
In[ * ]: import pandas as pd


#使用 pandas 读取 fashion_mnist 的训练和测试数据文件
train_data=pd.read_csv('../datasets/fashion_mnist/fashion_mnist_train.
csv')
test_data=pd.read_csv('../datasets/fashion_mnist/fashion_mnist_test.
csv')

#从训练数据中拆解出训练特征和类别标签
X_train=train_data[train_data.columns[1:]]
y_train=train_data['label']

#从测试数据中拆解出测试特征和类别标签
X_test=test_data[train_data.columns[1:]]
y_test=test_data['label']
```

```
In[ * ]: from sklearn.preprocessing import StandardScaler


#初始化数据标准化处理器
ss=StandardScaler()

#标准化训练数据特征
X_train=ss.fit_transform(X_train)

#标准化测试数据特征
X_test=ss.transform(X_test)
```

In[*]:
```
import torch
from torch.utils.data import TensorDataset, DataLoader


#构建适用于 PyTorch 模型训练的数据结构
train_tensor=TensorDataset(torch.tensor(X_train.astype('float32')),
torch.tensor(y_train.values))

#构建适用于 PyTorch 模型训练的数据读取器
train_loader=DataLoader(dataset=train_tensor, batch_size=BATCH_SIZE,
shuffle=True)

n_total_steps=len(train_loader)

#开启模型训练
model.train()

for epoch in range(EPOCHS):
    for i, (features, labels) in enumerate(train_loader):
        images=features.reshape([-1, 1, 28, 28])
        outputs=model(images)
        loss=criterion(outputs, labels)

        optimizer.zero_grad()
        loss.backward()
        optimizer.step()

        if (i+ 1) %300==0:
                print(f'Epoch [{epoch+ 1}/{EPOCHS}], Step[{i+ 1}/{n_total_
steps}], Loss: {loss.item():.4f}')
```

Out[*]:
```
Epoch [1/5], Step[300/938], Loss: 0.2759
Epoch [1/5], Step[600/938], Loss: 0.2363
Epoch [1/5], Step[900/938], Loss: 0.5338
Epoch [2/5], Step[300/938], Loss: 0.4047
Epoch [2/5], Step[600/938], Loss: 0.2880
Epoch [2/5], Step[900/938], Loss: 0.2237
Epoch [3/5], Step[300/938], Loss: 0.1879
Epoch [3/5], Step[600/938], Loss: 0.1237
```

```
Epoch [3/5], Step[900/938], Loss: 0.3197
Epoch [4/5], Step[300/938], Loss: 0.2247
Epoch [4/5], Step[600/938], Loss: 0.3762
Epoch [4/5], Step[900/938], Loss: 0.1492
Epoch [5/5], Step[300/938], Loss: 0.2168
Epoch [5/5], Step[600/938], Loss: 0.2435
Epoch [5/5], Step[900/938], Loss: 0.1596
```

In[*]:

```
#构建适用于 PyTorch 模型测试的数据结构
test_tensor = TensorDataset (torch. tensor (X _test. astype (' float32 ')),
torch.tensor(y_test.values))

#构建适用于 PyTorch 模型测试的数据读取器
test_loader = DataLoader(dataset = test _tensor, batch _size = BATCH _SIZE,
shuffle=False)

#开启模型测试
model.eval()

n_correct=0
n_samples=0

for features, labels in test_loader:
    images=features.reshape([-1, 1, 28, 28])
    outputs=model(images)
    _, predictions=torch.max(outputs.data, 1)

    n_samples +=labels.size(0)
    n_correct +=(predictions==labels).sum().item()

acc=100.0 * n_correct / n_samples
print('卷积神经网络(PyTorch 版本)在 fashion_mnist 测试集上的准确率为%.2f%%。'
%acc)
```

Out[*]:

```
卷积神经网络(PyTorch 版本)在 fashion_mnist 测试集上的准确率为 91.60%
```

6.3.2 卷积神经网络的 TensorFlow 实践

代码 6.5 展示了如何使用 TensorFlow 搭建卷积神经网络，以及如何在 fashion_

mnist 数据集上，完成 TensorFlow 版本的卷积神经网络的模型训练和测试工作。

代码 6.5　使用 TensorFlow 搭建、训练和测试卷积神经网络

```
In[*]:  import os
        #解决 macOS 的一些系统问题

        os.environ['TF_CPP_MIN_LOG_LEVEL'] ='2'
        os.environ['KMP_DUPLICATE_LIB_OK']='True'
```

```
In[*]:  '''
        卷积神经网络的 TensorFlow 实践代码
        '''
        from tensorflow.keras import models, layers, losses, optimizers



        #设置超参数
        HIDDEN_SIZE=256
        NUM_CLASSES=10
        EPOCHS=5
        BATCH_SIZE=64
        LEARNING_RATE=1e-3

        #初始化卷积神经网络模型
        model=models.Sequential()

        model.add(layers.Conv2D(32, (3, 3), activation='relu', input_shape=(28,
        28, 1)))

        model.add(layers.MaxPooling2D((2, 2)))

        model.add(layers.Conv2D(64, (3, 3), activation='relu'))

        model.add(layers.MaxPooling2D((2, 2)))

        model.add(layers.Flatten())

        model.add(layers.Dense(HIDDEN_SIZE, activation='relu'))

        model.add(layers.Dense(NUM_CLASSES))
```

```
    #设定神经网络的损失函数、优化方式,以及评估方法
    model.compile(optimizer=optimizers.Adam(LEARNING_RATE), loss=losses
    .SparseCategoricalCrossentropy(from_logits=True), metrics=['accuracy'])
```

```
In[ * ]:  import pandas as pd


    #使用 pandas 读取 fashion_mnist 的训练和测试数据文件
    train_data=pd.read_csv('../datasets/fashion_mnist/fashion_mnist_train.
    csv')
    test_data=pd.read_csv('../datasets/fashion_mnist/fashion_mnist_test.
    csv')

    #从训练数据中拆解出训练特征和类别标签
    X_train=train_data[train_data.columns[1:]]
    y_train=train_data['label']

    #从测试数据中拆解出测试特征和类别标签
    X_test=test_data[train_data.columns[1:]]
    y_test=test_data['label']
```

```
In[ * ]:  from sklearn.preprocessing import StandardScaler


    #初始化数据标准化处理器
    ss=StandardScaler()

    #标准化训练数据特征
    X_train=ss.fit_transform(X_train)

    #标准化测试数据特征
    X_test=ss.transform(X_test)
```

```
In[ * ]:  X_train=X_train.reshape([-1, 28, 28, 1])

    #使用 fashion_mnist 的训练集数据训练网络模型
    model.fit(X_train, y_train.values, batch_size=BATCH_SIZE, epochs=
    EPOCHS, verbose=1)
```

```
Out[*]: Epoch 1/5
        938/938 [============================] -29s 31ms/step -loss: 0.5867
        -accuracy: 0.7902
        Epoch 2/5
        938/938 [============================] -28s 29ms/step -loss: 0.2935
        -accuracy: 0.8948
        Epoch 3/5
        938/938 [============================] -28s 30ms/step -loss: 0.2432
        -accuracy: 0.9104
        Epoch 4/5
        938/938 [============================] -31s 33ms/step -loss: 0.2015
        -accuracy: 0.9246
        Epoch 5/5
        938/938 [============================] -34s 36ms/step -loss: 0.1747
        -accuracy: 0.9344
```

```
In[*]:  X_test=X_test.reshape([-1, 28, 28, 1])

        #使用 fashion_mnist 的测试集数据评估网络模型的效果
        result=model.evaluate(X_test, y_test.values, verbose=0)

        print('卷积神经网络(TensorFlow 版本)在 fashion_mnist 测试集上的准确率为
        %.2f%%。' %(result[1] * 100))
```

```
Out[*]: 卷积神经网络(TensorFlow 版本)在 fashion_mnist 测试集上的准确率为 91.47%
```

6.3.3　卷积神经网络的 PaddlePaddle 实践

代码 6.6 展示了如何使用 PaddlePaddle 搭建卷积神经网络，以及如何在 fashion_mnist 数据集上，完成 PaddlePaddle 版本的卷积神经网络的模型训练和测试工作。

代码 6.6　使用 PaddlePaddle 搭建、训练和测试卷积神经网络

```
In[*]:  '''
        卷积神经网络的 PaddlePaddle 实践代码
        '''
        import paddle
        from paddle import nn, optimizer, metric
```

```
#设定超参数
INPUT_SIZE=1600
HIDDEN_SIZE=256
NUM_CLASSES=10
EPOCHS=5
BATCH_SIZE=64
LEARNING_RATE=1e-3

#搭建卷积神经网络
paddle_model=nn.Sequential(
    nn.Conv2D(in_channels=1, out_channels=32, kernel_size=3),
    nn.ReLU(),
    nn.MaxPool2D(kernel_size=2, stride=2),

    nn.Conv2D(in_channels=32, out_channels=64, kernel_size=3),
    nn.ReLU(),
    nn.MaxPool2D(kernel_size=2, stride=2),

    nn.Flatten(),
    nn.Linear(in_features=INPUT_SIZE, out_features=HIDDEN_SIZE),
    nn.ReLU(),
    nn.Linear(in_features=HIDDEN_SIZE, out_features=NUM_CLASSES)
)

#初始化卷积神经网络模型
model=paddle.Model(paddle_model)

#为模型训练做准备，设置优化器、损失函数和评估指标
model.prepare(optimizer=optimizer.Adam(learning_rate=LEARNING_RATE,
parameters=model.parameters()),
loss=nn.CrossEntropyLoss(),
metrics=metric.Accuracy())
```

In[*]:

```
import pandas as pd

#使用 pandas 读取 fashion_mnist 的训练和测试数据文件
train_data=pd.read_csv('../datasets/fashion_mnist/fashion_mnist_train.
csv')
test_data=pd.read_csv('../datasets/fashion_mnist/fashion_mnist_test.
csv')
```

```
#从训练数据中拆解出训练特征和类别标签
X_train=train_data[train_data.columns[1:]]
y_train=train_data['label']

#从测试数据中拆解出测试特征和类别标签
X_test=test_data[train_data.columns[1:]]
y_test=test_data['label']
```

In[*]:
```
from sklearn.preprocessing import StandardScaler


#初始化数据标准化处理器
ss=StandardScaler()

#标准化训练数据特征
X_train=ss.fit_transform(X_train)

#标准化测试数据特征
X_test=ss.transform(X_test)
```

In[*]:
```
from paddle.io import TensorDataset

X_train=X_train.reshape([-1, 1, 28, 28])

X_train=paddle.to_tensor(X_train.astype('float32'))

y_train=y_train.values

#构建适用于 PaddlePaddle 模型训练的数据集
train_dataset=TensorDataset([X_train, y_train])

#启动模型训练,指定训练数据集,设置训练轮次,设置每次数据集计算的批次大小
model.fit(train_dataset, epochs=EPOCHS, batch_size=BATCH_SIZE, verbose
=1)
```

Out[*]:
```
The loss value printed in the log is the current step, and the metric is the
average value of previous steps.
Epoch 1/5
step 938/938 [==============================] - loss: 0.3586 - acc: 0.8472
- 58ms/step
```

```
Epoch 2/5
step 938/938 [==============================] -loss: 0.2091 -acc: 0.8949
-60ms/step
Epoch 3/5
step 938/938 [==============================] -loss: 0.0417 -acc: 0.9131
-60ms/step
Epoch 4/5
step 938/938 [==============================] -loss: 0.1168 -acc: 0.9275
-63ms/step
Epoch 5/5
step 938/938 [==============================] -loss: 0.0826 -acc: 0.9387
-66ms/step
```

In[*]:
```
X_test=X_test.reshape([-1, 1, 28, 28])

X_test=paddle.to_tensor(X_test.astype('float32'))

y_test=y_test.values

#构建适用于 PaddlePaddle 模型测试的数据集
test_dataset=TensorDataset([X_test, y_test])

#启动模型测试,指定测试数据集
result=model.evaluate(test_dataset, verbose=0)

print('卷积神经网络(PaddlePaddle 版本)在 fashion_mnist 测试集上的准确率为
%.2f%%。' %(result['acc'] * 100))
```

Out[*]:
```
卷积神经网络(PaddlePaddle 版本)在 fashion_mnist 测试集上的准确率为 91.09%
```

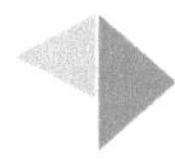

6.4 循环神经网络

循环神经网络（Recurrent Neural Networks，RNN）被广泛地应用在序列型数据上面，例如自然语言和语音等。如图 6.16 所示，循环神经网络包含具有前后时序特征的输入单元（$\boldsymbol{x}=x_0,\cdots,x_t,\cdots$）、对应的输出单元（$\boldsymbol{y}=y_0,\cdots,y_t,\cdots$），以及中间用于特征计算和转换的（多层）神经网络作为隐藏单元（$\boldsymbol{s}=s_0,\cdots,s_t,\cdots$）。这些隐藏单元完成了循环神经网络最为主要的工作。与前馈神经网络不同，隐藏单元同时接收两个方面的输入信息，一方面来自当前时刻(t)的输入单元,另一方面来自上一个时刻($t-1$)的隐藏单元。此外,循环神经网络不是每一个时刻都一定要有输出。例如,我们需要预测最终的分类效果,那么仅需要关注最后一个隐藏单元对应的输出。因此,循环神经网络的关键之处在于隐藏层,隐藏层能够捕捉序列的信息。

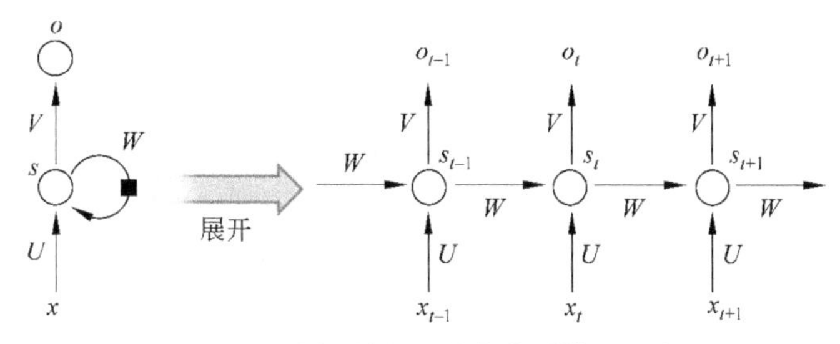

图 6.16 循环神经网络的典型模型结构

但是,在具体的实践过程中,基本的 RNN 结构没有能力处理过于长的时间序列特征,大量初始阶段的时序特征到序列的末尾的特征贡献被极大削弱。长短时记忆(Long Short Term Memory,LSTM)神经网络是一种能够捕捉长时依赖的特殊循环神经元。如图 6.17 所示,LSTM 有能力向隐藏层添加或者移除信息,这些操作由门(Gate)结构来精细调控。门结构是一种让信息有选择通过的方式,由一个 Sigmoid 神经网络层(σ)和一个点乘操作构成。Sigmoid 层输出的数据在 0~1 之间,表示每一个组件应该通过多少信息。如果为 0,则表示任何信息都无法通过;如果为 1,则表示所有信息都可以通过。

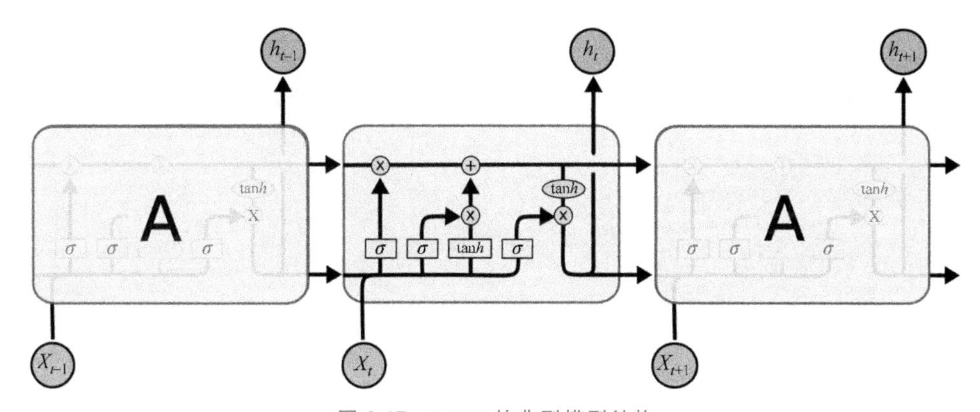

图 6.17 LSTM 的典型模型结构

综上,搭建一个循环神经网络,需要重点留意如下几项要点:

- 输入序列的长度,以及每一时刻的特征规模;

- 隐藏层神经元类型的选择；
- 输出结果的个数；
- 根据机器学习任务（分类、回归）的不同，决定模型的损失函数；
- 选择合适的梯度更新算法。

6.4.1 循环神经网络的 PyTorch 实践

代码 6.7 展示了如何使用 PyTorch 搭建循环神经网络，以及如何在 fashion_mnist 数据集上完成 PyTorch 版本的循环神经网络的模型训练和测试工作。

在编写基于 PyTorch 的深度神经网络时，需要注意同 6.2.1 节的几项要点，此处不再赘述。

代码 6.7 使用 PyTorch 搭建、训练和测试循环神经网络

In[*]:
```
'''
循环神经网络的 PyTorch 实践代码
'''
from torch import nn, optim


#设定超参数
INPUT_UNITS=56
TIME_STEPS=14
HIDDEN_SIZE=256
NUM_CLASSES=10
EPOCHS=5
BATCH_SIZE=64
LEARNING_RATE=1e-3


class RNN(nn.Module):
    '''
    自定义循环神经网络类,继承自 nn.Module
    '''
    def __init__(self, input_units, hidden_size, num_classes):

        super(RNN, self).__init__()
```

```
        self.lstm=nn.LSTM(input_size=input_units, hidden_size=hidden_
size, batch_first=True)

        self.linear=nn.Linear(hidden_size, num_classes)


    def forward(self, x):
        #添加长短时神经网络
        out=self.lstm(x)

        out=self.linear(out[0][:, -1, :])

        return out


#初始化循环神经网络模型
model=RNN(INPUT_UNITS, HIDDEN_SIZE, NUM_CLASSES)

#设定神经网络的损失函数
criterion=nn.CrossEntropyLoss()

#设定神经网络的优化方法
optimizer=optim.Adam(model.parameters(), lr=LEARNING_RATE)
```

In[*]:

```
import pandas as pd


#使用 pandas 读取 fashion_mnist 的训练和测试数据文件
train_data=pd.read_csv('../datasets/fashion_mnist/fashion_mnist_train.
csv')
test_data=pd.read_csv('../datasets/fashion_mnist/fashion_mnist_test.
csv')

#从训练数据中拆解出训练特征和类别标签
X_train=train_data[train_data.columns[1:]]
y_train=train_data['label']

#从测试数据中拆解出测试特征和类别标签
X_test=test_data[train_data.columns[1:]]
y_test=test_data['label']
```

```
In[*]:  from sklearn.preprocessing import StandardScaler


        #初始化数据标准化处理器
        ss=StandardScaler()

        #标准化训练数据特征
        X_train=ss.fit_transform(X_train)

        #标准化测试数据特征
        X_test=ss.transform(X_test)
```

```
In[*]:  import torch
        from torch.utils.data import TensorDataset, DataLoader


        #构建适用于 PyTorch 模型训练的数据结构
        train_tensor=TensorDataset(torch.tensor(X_train.astype('float32')),
        torch.tensor(y_train.values))

        #构建适用于 PyTorch 模型训练的数据读取器
        train_loader=DataLoader(dataset=train_tensor, batch_size=BATCH_SIZE,
        shuffle=True)

        n_total_steps=len(train_loader)

        #开启模型训练
        model.train()

        for epoch in range(EPOCHS):
            for i, (images, labels) in enumerate(train_loader):
                images=images.reshape([-1, TIME_STEPS, INPUT_UNITS])
                outputs=model(images)
                loss=criterion(outputs, labels)

                optimizer.zero_grad()
                loss.backward()
                optimizer.step()
```

```
        if (i+ 1) %300==0:
            print(f'Epoch [{epoch+1}/{EPOCHS}], Step[{i+1}/{n_total_
steps}], Loss: {loss.item():.4f}')
```

Out[*]:

```
Epoch [1/5], Step[300/938], Loss: 0.4375
Epoch [1/5], Step[600/938], Loss: 0.4129
Epoch [1/5], Step[900/938], Loss: 0.3745
Epoch [2/5], Step[300/938], Loss: 0.2351
Epoch [2/5], Step[600/938], Loss: 0.4499
Epoch [2/5], Step[900/938], Loss: 0.1943
Epoch [3/5], Step[300/938], Loss: 0.2294
Epoch [3/5], Step[600/938], Loss: 0.2691
Epoch [3/5], Step[900/938], Loss: 0.3201
Epoch [4/5], Step[300/938], Loss: 0.3202
Epoch [4/5], Step[600/938], Loss: 0.2293
Epoch [4/5], Step[900/938], Loss: 0.1559
Epoch [5/5], Step[300/938], Loss: 0.2668
Epoch [5/5], Step[600/938], Loss: 0.2975
Epoch [5/5], Step[900/938], Loss: 0.1427
```

In[*]:

```
#构建适用于 PyTorch 模型测试的数据结构
test_tensor = TensorDataset (torch. tensor (X _test. astype (' float32 ')),
torch.tensor(y_test.values))

#构建适用于 PyTorch 模型测试的数据读取器
test_loader = DataLoader (dataset = test _tensor, batch _size = BATCH _SIZE,
shuffle=False)

#开启模型测试
model.eval()

n_correct=0
n_samples=0

for images, labels in test_loader:
    images=images.reshape([-1, TIME_STEPS, INPUT_UNITS])
    outputs=model(images)
    _, predictions=torch.max(outputs.data, 1)
```

```
        n_samples += labels.size(0)
        n_correct += (predictions == labels).sum().item()

    acc = 100.0 * n_correct / n_samples
    print('循环神经网络(PyTorch 版本)在 fashion_mnist 测试集上的准确率为%.2f%%。'
    %acc)
```

Out[*]: 循环神经网络(PyTorch 版本)在 fashion_mnist 测试集上的准确率为 89.56%

6.4.2 循环神经网络的 TensorFlow 实践

代码 6.8 展示了如何使用 TensorFlow 搭建循环神经网络，以及如何在 fashion_mnist 数据集上，完成 TensorFlow 版本的循环神经网络的模型训练和测试工作。

代码 6.8 使用 TensorFlow 搭建、训练和测试循环神经网络

In[*]:

```
import os
#解决 macOS 的一些系统问题

os.environ['TF_CPP_MIN_LOG_LEVEL'] = '2'
os.environ['KMP_DUPLICATE_LIB_OK'] = 'True'
```

In[*]:

```
'''
循环神经网络的 TensorFlow 实践代码
'''
from tensorflow.keras import models, layers, losses, optimizers


#设置超参数
INPUT_UNITS = 56
TIME_STEPS = 14
HIDDEN_SIZE = 256
NUM_CLASSES = 10
EPOCHS = 5
BATCH_SIZE = 64
LEARNING_RATE = 1e-3

#初始化循环神经网络模型
model = models.Sequential()
```

```
model.add(layers.LSTM(HIDDEN_SIZE))

model.add(layers.Dense(NUM_CLASSES))

#设定神经网络的损失函数、优化方式,以及评估方法
model.compile(optimizer=optimizers.Adam(LEARNING_RATE),
              loss=losses.SparseCategoricalCrossentropy(from_logits=
             True), metrics=['accuracy'])
```

```
In[*]: import pandas as pd


#使用 pandas 读取 fashion_mnist 的训练和测试数据文件
train_data=pd.read_csv('../datasets/fashion_mnist/fashion_mnist_train.
csv')
test_data=pd.read_csv('../datasets/fashion_mnist/fashion_mnist_test.
csv')

#从训练数据中拆解出训练特征和类别标签
X_train=train_data[train_data.columns[1:]]
y_train=train_data['label']

#从测试数据中拆解出测试特征和类别标签
X_test=test_data[train_data.columns[1:]]
y_test=test_data['label']
```

```
In[*]: from sklearn.preprocessing import StandardScaler


#初始化数据标准化处理器
ss=StandardScaler()

#标准化训练数据特征
X_train=ss.fit_transform(X_train)

#标准化测试数据特征
X_test=ss.transform(X_test)
```

```
In[*]:  X_train=X_train.reshape([-1, TIME_STEPS, INPUT_UNITS])

        #使用fashion_mnist的训练集数据训练网络模型
        model.fit(X_train, y_train.values, batch_size=BATCH_SIZE, epochs=
        EPOCHS, verbose=1)
```

```
Out[*]: Epoch 1/5
        938/938 [==============================] -197s 208ms/step -loss: 0.6278
        -accuracy: 0.7710
        Epoch 2/5
        938/938 [==============================] -118s 126ms/step -loss: 0.3487
        -accuracy: 0.8734
        Epoch 3/5
        938/938 [==============================] -700s 747ms/step -loss: 0.2970
        -accuracy: 0.8901
        Epoch 4/5
        938/938 [==============================] -89s 95ms/step -loss: 0.2624
        -accuracy: 0.9026
        Epoch 5/5
        938/938 [==============================] -109s 117ms/step -loss: 0.2346
        -accuracy: 0.9141
```

```
In[*]:  X_test=X_test.reshape([-1, TIME_STEPS, INPUT_UNITS])

        #使用fashion_mnist的测试集数据评估网络模型的效果
        result=model.evaluate(X_test, y_test.values, verbose=0)

        print('循环神经网络(TensorFlow版本)在fashion_mnist测试集上的准确率为
        %.2f%%。' %(result[1] * 100))
```

```
Out[*]: 循环神经网络(TensorFlow版本)在fashion_mnist测试集上的准确率为 90.05%
```

6.4.3 循环神经网络的PaddlePaddle实践

代码6.9展示了如何使用PaddlePaddle搭建循环神经网络，以及如何在fashion_mnist数据集上，完成PaddlePaddle版本的循环神经网络的模型训练和测试工作。

代码6.9 使用PaddlePaddle搭建、训练和测试循环神经网络

```
In[*]:  '''
        循环神经网络的PaddlePaddle实践代码
```

```
'''
import paddle
from paddle import nn, optimizer, metric


#设定超参数
INPUT_UNITS=56
TIME_STEPS=14
HIDDEN_SIZE=256
NUM_CLASSES=10
EPOCHS=5
BATCH_SIZE=64
LEARNING_RATE=1e-3


class RNN(paddle.nn.LSTM):
    '''
    自定义的循环神经网络
    '''
    def __init__(self, *args, **kwargs):
        super().__init__(*args, **kwargs)

    def forward(self, inputs):
        output, _=super().forward(inputs)
        return output[:, -1, :]


#搭建循环神经网络
paddle_model=nn.Sequential(
    RNN(input_size=INPUT_UNITS, hidden_size=HIDDEN_SIZE),
    nn.Linear(in_features=HIDDEN_SIZE, out_features=NUM_CLASSES),
)

#初始化循环神经网络
model=paddle.Model(paddle_model)

#为模型训练做准备,设置优化器,损失函数和评估指标
```

```
model.prepare(optimizer=optimizer.Adam(learning_rate=LEARNING_RATE, parameters=model.parameters()),
              loss=nn.CrossEntropyLoss(),
              metrics=metric.Accuracy())
```

In[*]:
```
import pandas as pd


#使用 pandas 读取 fashion_mnist 的训练和测试数据文件
train_data=pd.read_csv('../datasets/fashion_mnist/fashion_mnist_train.csv')
test_data=pd.read_csv('../datasets/fashion_mnist/fashion_mnist_test.csv')

#从训练数据中,拆解出训练特征和类别标签
X_train=train_data[train_data.columns[1:]]
y_train=train_data['label']

#从测试数据中,拆解出测试特征和类别标签
X_test=test_data[train_data.columns[1:]]
y_test=test_data['label']
```

In[*]:
```
from sklearn.preprocessing import StandardScaler


#初始化数据标准化处理器
ss=StandardScaler()

#标准化训练数据特征
X_train=ss.fit_transform(X_train)

#标准化测试数据特征
X_test=ss.transform(X_test)
```

In[*]:
```
from paddle.io import TensorDataset

X_train=X_train.reshape([-1, TIME_STEPS, INPUT_UNITS])

X_train=paddle.to_tensor(X_train.astype('float32'))
```

```
y_train=y_train.values

#构建适用于 PaddlePaddle 模型训练的数据集
train_dataset=TensorDataset([X_train, y_train])

#启动模型训练,指定训练数据集,设置训练轮次,设置每次数据集计算的批次大小
model.fit(train_dataset, epochs=EPOCHS, batch_size=BATCH_SIZE, verbose
=1)
```

Out[*]:

```
The loss value printed in the log is the current step, and the metric is the
average value of previous steps.
Epoch 1/5
step 938/938 [==============================] -loss: 0.3714 -acc: 0.8143
-59ms/step
Epoch 2/5
step 938/938 [==============================] -loss: 0.1957 -acc: 0.8753
-60ms/step
Epoch 3/5
step 938/938 [==============================] -loss: 0.3474 -acc: 0.8904
-65ms/step
Epoch 4/5
step 938/938 [==============================] -loss: 0.2418 -acc: 0.9009
-64ms/step
Epoch 5/5
step 938/938 [==============================] -loss: 0.1906 -acc: 0.9107
-62ms/step
```

In[*]:

```
X_test=X_test.reshape([-1, TIME_STEPS, INPUT_UNITS])

X_test=paddle.to_tensor(X_test.astype('float32'))

y_test=y_test.values

#构建适用于 PaddlePaddle 模型测试的数据集
test_dataset=TensorDataset([X_test, y_test])

#启动模型测试,指定测试数据集
result=model.evaluate(test_dataset, verbose=0)
```

```
print('循环神经网络(PaddlePaddle 版本)在 fashion_mnist 测试集上的准确率为
%.2f%%。' %(result['acc'] * 100))
```

```
Out[ * ]: 循环神经网络(PaddlePaddle 版本)在 fashion_mnist 测试集上的准确率为 90.14%
```

6.5 自动编码器

自动编码器是一种无监督学习技术，利用深度神经网络进行特征降维和表示学习。如图 6.18 所示，我们在网络中设计施加一个约束，迫使原始的特征输入被压缩到更加低维度的神经网络结构，然后再用这种被压缩的信息对原始特征进行重建，并期待能够完美复现输入的特征。如果输入的特征彼此独立，那么这种压缩和随后的重构将是非常困难的。但是，现实数据中往往存在输入特征之间的相关性，使得这种做法具备其必要性。

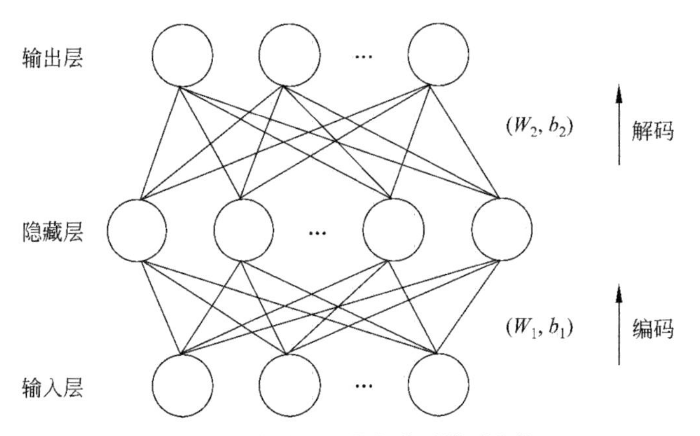

图 6.18　自动编码器的典型模型结构

与 PCA 等降维算法不同的是，降维的特征不需要人工参与或者使用明确的数学运算规则进行提取，而是放到网络里面进行自学习，最终浓缩为更精练、数量更少的特征。

综上，搭建一个自动编码器，需要重点留意如下几项要点：

- 输入神经元的个数；
- 隐藏层神经元的个数和激活函数；
- 输出神经元的个数；
- 根据机器学习任务，决定模型的损失函数；
- 选择合适的梯度更新算法。

6.5.1 自动编码器的 PyTorch 实践

代码 6.10 展示了如何使用 PyTorch 搭建自动编码器，以及如何在 fashion_mnist 数据集上，完成 PyTorch 版本的自动编码器的模型训练和测试工作。

在编写基于 PyTorch 的深度神经网络时，需要注意同 6.2.1 节的几项要点，此处不再赘述。

代码 6.10 使用 PyTorch 搭建、训练和测试自动编码器

```
In[*]: '''
       自动编码器的 PyTorch 实践代码
       '''
       from torch import nn, optim


       #设定超参数
       INPUT_SIZE=784
       HIDDEN_SIZE=256
       EPOCHS=5
       BATCH_SIZE=64
       LEARNING_RATE=1e-3


       class AutoEncoder(nn.Module):
           '''
           自定义自动编码器类,继承自 nn.Module
           '''
           def __init__(self, input_size, hidden_size):

               super(AutoEncoder, self).__init__()

               self.l1=nn.Linear(input_size, hidden_size)

               self.relu=nn.ReLU()

               self.l2=nn.Linear(hidden_size, input_size)
```

```
    def forward(self, x):

        out=self.l1(x)

        out=self.relu(out)

        out=self.l2(out)

        return out


#初始化自动编码器模型
model=AutoEncoder(INPUT_SIZE, HIDDEN_SIZE)

#设定神经网络的损失函数
criterion=nn.MSELoss()

#设定神经网络的优化方法
optimizer=optim.Adam(model.parameters(), lr=LEARNING_RATE)
```

In[*]:

```
import pandas as pd


#使用 pandas 读取 fashion_mnist 的训练和测试数据文件
train_data=pd.read_csv('../datasets/fashion_mnist/fashion_mnist_train.
csv')
test_data=pd.read_csv('../datasets/fashion_mnist/fashion_mnist_test.
csv')

#从训练数据中拆解出训练特征和类别标签
X_train=train_data[train_data.columns[1:]]

#从测试数据中拆解出测试特征和类别标签
X_test=test_data[train_data.columns[1:]]
```

In[*]:

```
from sklearn.preprocessing import StandardScaler


#初始化数据标准化处理器
```

```
ss=StandardScaler()

#标准化训练数据特征
X_train=ss.fit_transform(X_train)

#标准化测试数据特征
X_test=ss.transform(X_test)
```

In[*]:

```
import torch
from torch.utils.data import TensorDataset, DataLoader


#构建适用于 PyTorch 模型训练的数据结构
train_tensor=TensorDataset(torch.tensor(X_train.astype('float32')))

#构建适用于 PyTorch 模型训练的数据读取器
train_loader=DataLoader(dataset=train_tensor, batch_size=BATCH_SIZE,
shuffle=True)

n_total_steps=len(train_loader)

#开启模型训练
model.train()

for epoch in range(EPOCHS):
    for i, items in enumerate(train_loader):
        outputs=model(items[0])
        loss=criterion(outputs, items[0])

        optimizer.zero_grad()
        loss.backward()
        optimizer.step()

        if (i+ 1) %300 ==0:
            print(f'Epoch [{epoch+ 1}/{EPOCHS}], Step[{i+ 1}/{n_total_
steps}], Loss: {loss.item():.4f}')
```

Out[*]:

```
Epoch [1/5], Step[300/938], Loss: 0.1845
Epoch [1/5], Step[600/938], Loss: 0.1149
```

```
Epoch [1/5], Step[900/938], Loss: 0.1423
Epoch [2/5], Step[300/938], Loss: 0.0852
Epoch [2/5], Step[600/938], Loss: 0.1022
Epoch [2/5], Step[900/938], Loss: 0.0864
Epoch [3/5], Step[300/938], Loss: 0.0893
Epoch [3/5], Step[600/938], Loss: 0.0716
Epoch [3/5], Step[900/938], Loss: 0.0637
Epoch [4/5], Step[300/938], Loss: 0.0676
Epoch [4/5], Step[600/938], Loss: 0.0671
Epoch [4/5], Step[900/938], Loss: 0.0791
Epoch [5/5], Step[300/938], Loss: 0.0608
Epoch [5/5], Step[600/938], Loss: 0.0805
Epoch [5/5], Step[900/938], Loss: 0.0714
```

In[*]:

```
import matplotlib.pyplot as plt
plt.rcParams['figure.dpi']=100


#展示原始的图片
test_sample=X_test[:1].reshape((28, 28))

plt.imshow(test_sample)

plt.show()
```

Out[*]:

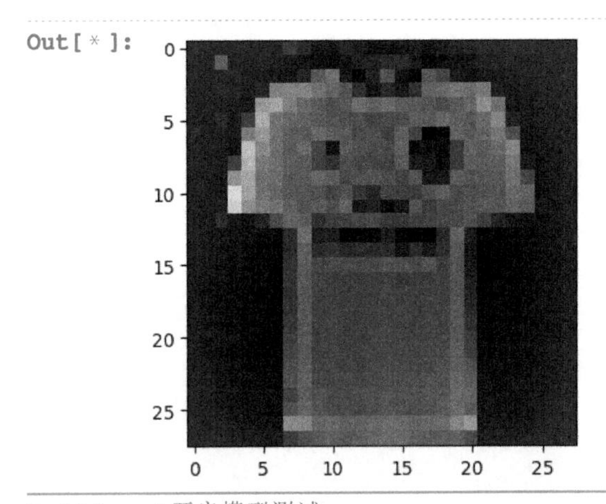

In[*]:

```
#开启模型测试
model.eval()
```

```
reconstructed_features=model(torch.Tensor(X_test[:1]
.astype('float32')))

reconstructed_sample=reconstructed_features[0].detach().numpy()
.reshape((28,28))

#展示自编码重建的图片
plt.imshow(reconstructed_sample)

plt.show()
```

Out[*]:

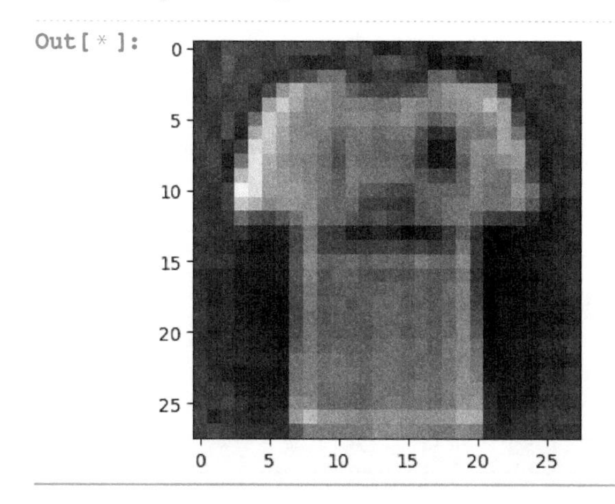

6.5.2　自动编码器的 TensorFlow 实践

代码 6.11 展示了如何使用 TensorFlow 搭建自动编码器，以及如何在 fashion_mnist 数据集上完成 TensorFlow 版本的自动编码器的模型训练和测试工作。

代码 6.11　使用 TensorFlow 搭建、训练和测试自动编码器

In[*]:
```
import os


#解决 macOS 的一些系统问题
os.environ['TF_CPP_MIN_LOG_LEVEL'] ='2'
os.environ['KMP_DUPLICATE_LIB_OK']='True'
```

In[*]:
```
'''
自动编码器的 TensorFlow 实践代码
'''
from tensorflow.keras import models, layers, losses, optimizers


#设定超参数
INPUT_SIZE=784
HIDDEN_SIZE=256
EPOCHS=5
BATCH_SIZE=64
LEARNING_RATE=1e-3

#初始化自动编码器模型
model=models.Sequential()

model.add(layers.Dense(HIDDEN_SIZE, activation='relu'))

model.add(layers.Dense(INPUT_SIZE, activation=None))

#设定神经网络的损失函数、优化方式及评估方法
model.compile(optimizer=optimizers.Adam(LEARNING_RATE), loss=losses
.MeanSquaredError())
```

In[*]:
```
import pandas as pd


#使用 pandas 读取 fashion_mnist 的训练和测试数据文件
train_data=pd.read_csv('../datasets/fashion_mnist/fashion_mnist_train.
csv')
test_data=pd.read_csv('../datasets/fashion_mnist/fashion_mnist_test.
csv')

#从训练数据中拆解出训练特征和类别标签
X_train=train_data[train_data.columns[1:]]

#从测试数据中拆解出测试特征和类别标签
X_test=test_data[train_data.columns[1:]]
```

In[*]:
```
from sklearn.preprocessing import StandardScaler


#初始化数据标准化处理器
ss=StandardScaler()

#标准化训练数据特征
X_train=ss.fit_transform(X_train)

#标准化测试数据特征
X_test=ss.transform(X_test)
```

In[*]:
```
#使用 fashion_mnist 的训练集数据训练网络模型
model.fit(X_train, X_train, batch_size=64, epochs=5, verbose=1)
```

Out[*]:
```
Epoch 1/5
938/938 [==============================] -11s 11ms/step -loss: 0.3518
Epoch 2/5
938/938 [==============================] -11s 12ms/step -loss: 0.1229
Epoch 3/5
938/938 [==============================] -13s 14ms/step -loss: 0.0996
Epoch 4/5
938/938 [==============================] -15s 16ms/step -loss: 0.0892
Epoch 5/5
938/938 [==============================] -17s 18ms/step -loss: 0.0798
```

In[*]:
```
test_sample=X_test[:1].reshape((28, 28))

reconstructed_features=model.predict(X_test[:1])

reconstructed_sample=reconstructed_features.reshape((28, 28))
```

In[*]:
```
import matplotlib.pyplot as plt


plt.rcParams['figure.dpi']=100

#展示原始的图片
plt.imshow(test_sample)

plt.show()
```

Out[*]:

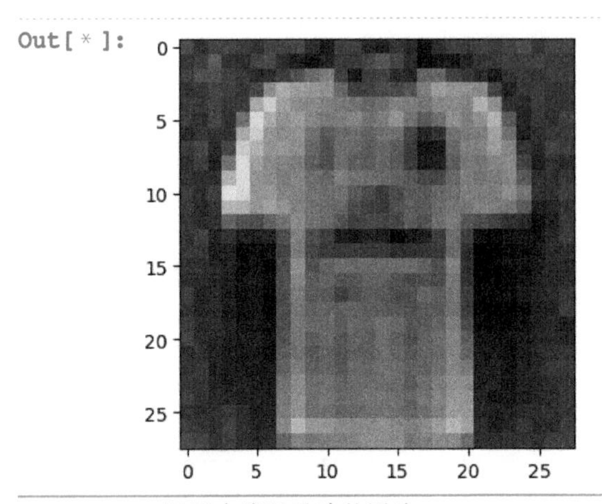


```
In[ * ]:  #展示自编码重建的图片
          plt.imshow(reconstructed_sample)

          plt.show()
```

Out[*]:

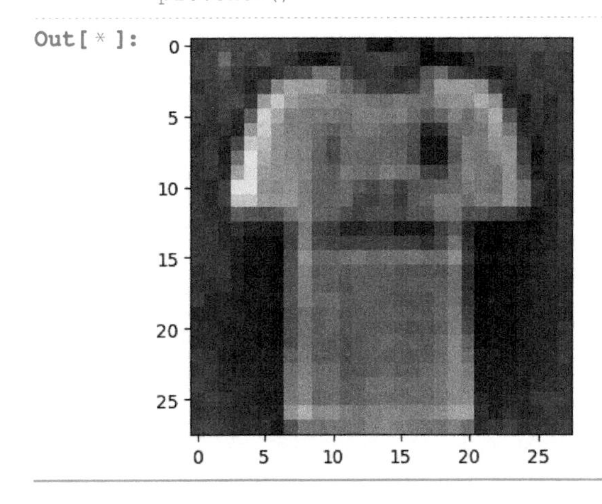

6.5.3 自动编码器的 PaddlePaddle 实践

代码 6.12 展示了如何使用 PaddlePaddle 搭建自动编码器，以及如何在 fashion_mnist 数据集上完成 PaddlePaddle 版本的自动编码器的模型训练和测试工作。

代码 6.12　使用 PaddlePaddle 搭建、训练和测试自动编码器

```
In[ * ]:  '''
          自动编码器的 PaddlePaddle 实践代码
          '''
```

```
import paddle
from paddle import nn, optimizer


#设置超参数
INPUT_SIZE=784
HIDDEN_SIZE=256
EPOCHS=5
BATCH_SIZE=64
LEARNING_RATE=1e-3


paddle_model=nn.Sequential(
    nn.Linear(INPUT_SIZE, HIDDEN_SIZE),
    nn.ReLU(),
    nn.Linear(HIDDEN_SIZE, INPUT_SIZE)
)

model=paddle.Model(paddle_model)

model.prepare(optimizer=optimizer.Adam(learning_rate=LEARNING_RATE,
parameters=model.parameters()), loss=nn.MSELoss())
```

```
In[*]:  import pandas as pd


#使用 pandas 读取 fashion_mnist 的训练和测试数据文件
train_data=pd.read_csv('../datasets/fashion_mnist/fashion_mnist_train.
csv')
test_data=pd.read_csv('../datasets/fashion_mnist/fashion_mnist_test.
csv')

#从训练数据中拆解出训练特征和类别标签
X_train=train_data[train_data.columns[1:]]

#从测试数据中拆解出测试特征和类别标签
X_test=test_data[train_data.columns[1:]]
```

In[*]:
```
from sklearn.preprocessing import StandardScaler


#初始化数据标准化处理器
ss=StandardScaler()

#标准化训练数据特征
X_train=ss.fit_transform(X_train)

#标准化测试数据特征
X_test=ss.transform(X_test)
```

In[*]:
```
from paddle.io import TensorDataset

X_train=paddle.to_tensor(X_train.astype('float32'))

#构建适用于 PaddlePaddle 模型训练的数据集
train_dataset=TensorDataset([X_train, X_train])

#启动模型训练，指定训练数据集，设置训练轮次，设置每次数据集计算的批次大小
model.fit(train_dataset, batch_size=BATCH_SIZE, epochs=EPOCHS, verbose
=1)
```

Out[*]:
```
The loss value printed in the log is the current step, and the metric is the
average value of previous steps.
Epoch 1/5
step 938/938 [==============================] -loss: 0.0993 -7ms/step
Epoch 2/5
step 938/938 [==============================] -loss: 0.0796 -7ms/step
Epoch 3/5
step 938/938 [==============================] -loss: 0.2454 -7ms/step
Epoch 4/5
step 938/938 [==============================] -loss: 0.0721 -7ms/step
Epoch 5/5
step 938/938 [==============================] -loss: 0.0609 -7ms/step
```

In[*]:
```
import numpy as np


test_sample=X_test[:1].reshape((28, 28))
```

```
reconstructed_features=model.predict(X_test[:1].astype('float32'))

reconstructed_sample=np.array(reconstructed_features[0]).reshape((28,
28))
```

Out[*]:
```
Predict begin...
step 1/1 [==============================] -1ms/step
Predict samples: 784
```

In[*]:
```
import matplotlib.pyplot as plt


plt.rcParams['figure.dpi']=100

#展示原始的图片
plt.imshow(test_sample)

plt.show()
```

Out[*]:

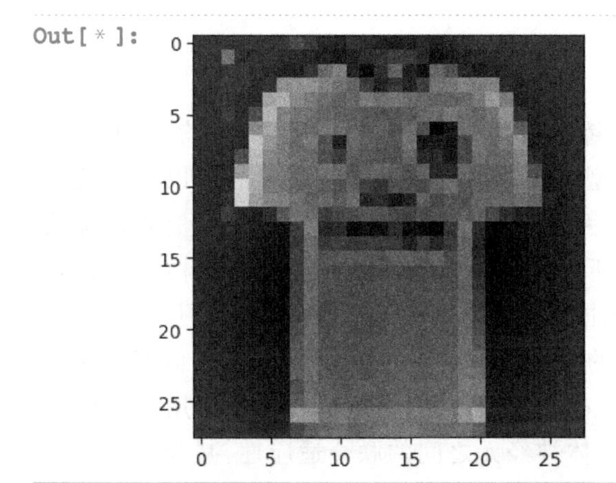

In[*]:
```
#展示自编码重建的图片
plt.imshow(reconstructed_sample)

plt.show()
```

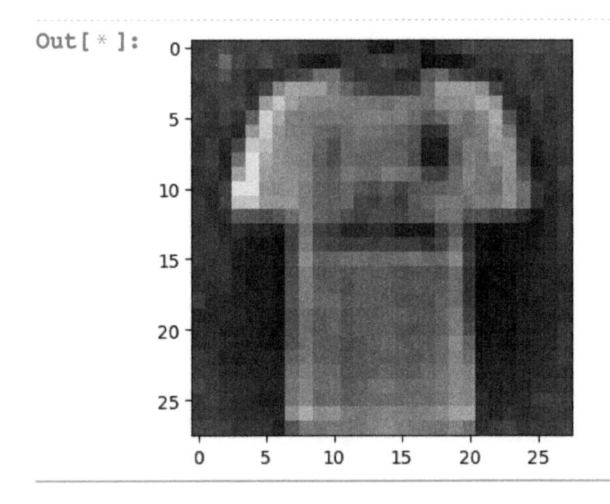

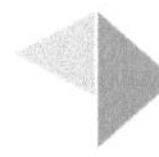

6.6 神经网络模型的常用优化技巧

本节我们将介绍两种神经网络模型的常用优化技巧：随机失活和批量标准化。

6.6.1 随机失活

随机失活（Dropout）在深度神经网络训练过程中是十分常用的技巧，能够显著降低网络过拟合的风险，并在一定程度上提升模型的预测能力。这种技巧指的是以一定的概率随机丢弃一部分神经元节点。由于这个“丢弃”只是每次临时性针对小批量的训练数据，并且是随机丢弃部分神经元（如图 6.19 所示），所以每一次的神经网络结构都会稍有不同。这种做法相当于每次迭代都在训练不同结构的神经网络，类似集成学习方法。

具体而言，随机失活会应用在神经网络的某一层的训练过程中，以一定的概率将这一层的部分神经元置零。如果是一层包含 n 个神经元的网络，在随机失活的作用下可以看作生成 2^n 个模型的集合。这个过程会减弱全体神经元之间的联合适应性，减少过拟合的风险，增强泛化能力。

1. 随机失活的 PyTorch 实践

代码 6.13 展示了如何使用 PyTorch 搭建带有随机失活功能的前馈神经网络，以及如何在 fashion_mnist 数据集上完成 PyTorch 版本的带有随机失活功能的前馈神经网络的模型训练和测试工作。

在编写基于 PyTorch 的深度神经网络时，需要读者注意同 6.2.1 节的几项要点，此处

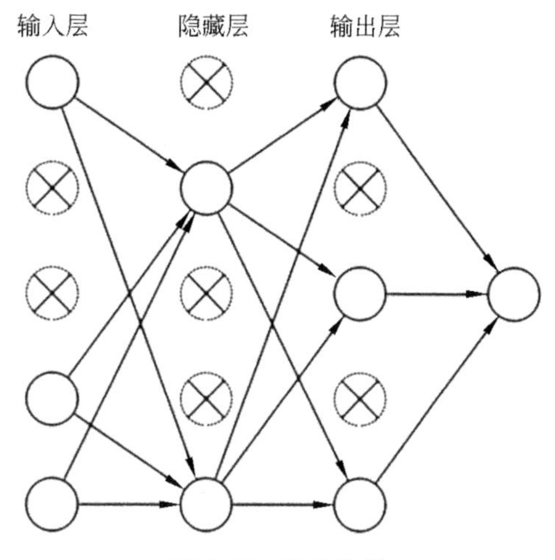

图 6.19 随机失活

不再赘述。

代码 6.13 使用 PyTorch 搭建、训练和测试带有随机失活功能的前馈神经网络

```
In[ * ]: '''
         带有随机失活功能的前馈神经网络的 PyTorch 实践代码
         '''
         from torch import nn, optim


         #设定超参数
         INPUT_SIZE=784
         HIDDEN_SIZE=256
         NUM_CLASSES=10
         EPOCHS=5
         BATCH_SIZE=64
         LEARNING_RATE=1e-3
         DROPOUT_RATE=0.2


         class FFN(nn.Module):
             '''
             自定义带有随机失活功能的前馈神经网络类,继承自 nn.Module
             '''
```

```
    def __init__(self, input_size, hidden_size, num_classes, dropout_rate):
        super(FFN, self).__init__()
        self.l1=nn.Linear(input_size, hidden_size)
        self.relu=nn.ReLU()
        self.dropout=nn.Dropout(dropout_rate)
        self.l2=nn.Linear(hidden_size, num_classes)

    def forward(self, x):
        #添加有 256 个神经元的隐藏层
        out=self.l1(x)
        #设定激活函数为 ReLU
        out=self.relu(out)
        #添加随机失活层
        out=self.dropout(out)
        #添加有 10 个神经元的输出层
        out=self.l2(out)
        return out

#初始化带有随机失活功能的前馈神经网络模型
model=FFN(INPUT_SIZE, HIDDEN_SIZE, NUM_CLASSES, DROPOUT_RATE)
#设定神经网络的损失函数
criterion=nn.CrossEntropyLoss()
#设定神经网络的优化方法
optimizer=optim.Adam(model.parameters(), lr=LEARNING_RATE)
```

In[*]:
```
import pandas as pd


#使用 pandas 读取 fashion_mnist 的训练和测试数据文件
train_data=pd.read_csv('../datasets/fashion_mnist/fashion_mnist_train.
csv')
test_data=pd.read_csv('../datasets/fashion_mnist/fashion_mnist_test.
csv')

#从训练数据中拆解出训练特征和类别标签
X_train=train_data[train_data.columns[1:]]
y_train=train_data['label']

#从测试数据中拆解出测试特征和类别标签
X_test=test_data[train_data.columns[1:]]
y_test=test_data['label']
```

In[*]:
```
from sklearn.preprocessing import StandardScaler


#初始化数据标准化处理器
ss=StandardScaler()

#标准化训练数据特征
X_train=ss.fit_transform(X_train)

#标准化测试数据特征
X_test=ss.transform(X_test)
```

In[*]:
```
import torch
from torch.utils.data import TensorDataset, DataLoader


#构建适用于 PyTorch 模型训练的数据结构
train_tensor=TensorDataset(torch.tensor(X_train.astype('float32')),
torch.tensor(y_train.values))

#构建适用于 PyTorch 模型训练的数据读取器
train_loader=DataLoader(dataset=train_tensor, batch_size=BATCH_SIZE,
```

```
shuffle=True)

n_total_steps=len(train_loader)

#开启模型训练
model.train()

for epoch in range(EPOCHS):
    for i, (features, labels) in enumerate(train_loader):
        outputs=model(features)
        loss=criterion(outputs, labels)

        optimizer.zero_grad()
        loss.backward()
        optimizer.step()

        if (i+1) %300==0:
            print(f'Epoch [{epoch+1}/{EPOCHS}], Step[{i+1}/{n_total_
steps}], Loss: {loss.item():.4f}')
```

```
Out[ * ]: Epoch [1/5], Step[300/938], Loss: 0.4571
Epoch [1/5], Step[600/938], Loss: 0.2976
Epoch [1/5], Step[900/938], Loss: 0.2877
Epoch [2/5], Step[300/938], Loss: 0.2236
Epoch [2/5], Step[600/938], Loss: 0.3070
Epoch [2/5], Step[900/938], Loss: 0.4363
Epoch [3/5], Step[300/938], Loss: 0.1963
Epoch [3/5], Step[600/938], Loss: 0.2806
Epoch [3/5], Step[900/938], Loss: 0.2079
Epoch [4/5], Step[300/938], Loss: 0.3738
Epoch [4/5], Step[600/938], Loss: 0.3831
Epoch [4/5], Step[900/938], Loss: 0.2217
Epoch [5/5], Step[300/938], Loss: 0.1129
Epoch [5/5], Step[600/938], Loss: 0.3477
Epoch [5/5], Step[900/938], Loss: 0.3539
```

```
In[ * ]: #构建适用于 PyTorch 模型测试的数据结构
test_tensor=TensorDataset(torch.tensor(X_test.astype('float32')),
torch.tensor(y_test.values))
```

```
#构建适用于 PyTorch 模型测试的数据读取器
test_loader=DataLoader(dataset=test_tensor, batch_size=BATCH_SIZE,
shuffle=False)

#开启模型测试
model.eval()

n_correct=0
n_samples=0

for features, labels in test_loader:
    outputs=model(features)
    _, predictions=torch.max(outputs.data, 1)

    n_samples+=labels.size(0)
    n_correct+=(predictions==labels).sum().item()

acc=100.0 * n_correct / n_samples

print('带有随机失活的前馈神经网络(PyTorch 版本)在 fashion_mnist 测试集上的准确率为 %.2f%%。' %acc)
```

Out[*]: 带有随机失活的前馈神经网络(PyTorch 版本)在 fashion_mnist 测试集上的准确率为 89.06%

2. 随机失活的 TensorFlow 实践

代码 6.14 展示了如何使用 TensorFlow 搭建带有随机失活功能的前馈神经网络,以及如何在 fashion_mnist 数据集上完成 TensorFlow 版本的带有随机失活功能的前馈神经网络的模型训练和测试工作。

代码 6.14　使用 TensorFlow 搭建、训练和测试带有随机失活功能的前馈神经网络

In[*]:
```
import os


#解决 macOS 的一些系统问题
os.environ['TF_CPP_MIN_LOG_LEVEL']='2'
os.environ['KMP_DUPLICATE_LIB_OK']='True'
```

In[*]:
```
'''
带有随机失活功能的前馈神经网络的 TensorFlow 实践代码
'''
from tensorflow.keras import models, layers, losses, optimizers


#设定超参数
HIDDEN_SIZE=256
NUM_CLASSES=10
EPOCHS=5
BATCH_SIZE=64
LEARNING_RATE=1e-3
DROPOUT_RATE=0.2

#初始化带有随机失活功能的前馈神经网络模型
model=models.Sequential()

model.add(layers.Dense(HIDDEN_SIZE, activation='relu'))

model.add(layers.Dropout(DROPOUT_RATE))

model.add(layers.Dense(NUM_CLASSES))

#设定神经网络的损失函数、优化方式，以及评估方法
model.compile(optimizer=optimizers.Adam(LEARNING_RATE),
              loss=losses.SparseCategoricalCrossentropy(from_logits=
              True), metrics=['accuracy'])
```

In[*]:
```
import pandas as pd


#使用 pandas 读取 fashion_mnist 的训练和测试数据文件
train_data=pd.read_csv('../datasets/fashion_mnist/fashion_mnist_train.
csv')
test_data=pd.read_csv('../datasets/fashion_mnist/fashion_mnist_test.
csv')
```

```
    #从训练数据中拆解出训练特征和类别标签
    X_train=train_data[train_data.columns[1:]]
    y_train=train_data['label']

    #从测试数据中拆解出测试特征和类别标签
    X_test=test_data[train_data.columns[1:]]
    y_test=test_data['label']
```

```
In[ * ]: from sklearn.preprocessing import StandardScaler


    #初始化数据标准化处理器
    ss=StandardScaler()

    #标准化训练数据特征
    X_train=ss.fit_transform(X_train)

    #标准化测试数据特征
    X_test=ss.transform(X_test)
```

```
In[ * ]: #使用 fashion_mnist 的训练集数据训练网络模型
    model.fit(X_train, y_train.values, batch_size=BATCH_SIZE, epochs=
    EPOCHS, verbose=1)
```

```
Out[ * ]: Epoch 1/5
    938/938 [==============================] - 4s 4ms/step - loss: 0.5993
    - accuracy: 0.7937
    Epoch 2/5
    938/938 [==============================] - 4s 4ms/step - loss: 0.3608
    - accuracy: 0.8681
    Epoch 3/5
    938/938 [==============================] - 4s 4ms/step - loss: 0.3227
    - accuracy: 0.8814
    Epoch 4/5
    938/938 [==============================] - 5s 5ms/step - loss: 0.2983
    - accuracy: 0.8911
    Epoch 5/5
    938/938 [==============================] - 5s 5ms/step - loss: 0.2816
    - accuracy: 0.8983
```

```
In[*]:  #使用 fashion_mnist 的测试集数据评估网络模型的效果
        result=model.evaluate(X_test, y_test.values, verbose=0)

        print('带有随机失活功能的前馈神经网络(TensorFlow 版本)在 fashion_mnist 测试集上的准确率为 %.2f%%。' %(result[1] * 100))
```

```
Out[*]: 带有随机失活功能的前馈神经网络(TensorFlow 版本)在 fashion_mnist 测试集上的准确率为 89.08%
```

3. 随机失活的 PaddlePaddle 实践

代码 6.15 展示了如何使用 PaddlePaddle 搭建带有随机失活功能的前馈神经网络，以及如何在 fashion_mnist 数据集上完成 PaddlePaddle 版本的带有随机失活功能的前馈神经网络的模型训练和测试工作。

代码 6.15 使用 PaddlePaddle 搭建、训练和测试带有随机失活功能的前馈神经网络

```
In[*]:  '''
        带有随机失活功能的前馈神经网络的 PaddlePaddle 实践代码
        '''
        import paddle
        from paddle import nn, optimizer, metric


        #设定超参数
        INPUT_SIZE=784
        HIDDEN_SIZE=256
        NUM_CLASSES=10
        EPOCHS=5
        BATCH_SIZE=64
        LEARNING_RATE=1e-3
        DROPOUT_RATE=0.2

        #搭建前馈神经网络
        paddle_model=nn.Sequential(

            #添加有 256 个神经元的隐藏层
            nn.Linear(INPUT_SIZE, HIDDEN_SIZE),
```

```
    #设定激活函数为 ReLU
    nn.ReLU(),

    #添加随机失活层
    nn.Dropout(DROPOUT_RATE),

    #添加有 10 个神经元的输出层
    nn.Linear(HIDDEN_SIZE, NUM_CLASSES)
)

#初始化前馈神经网络模型
model=paddle.Model(paddle_model)

#为模型训练做准备,设置优化器,损失函数和评估指标
model.prepare(optimizer=optimizer.Adam(learning_rate=LEARNING_RATE,
parameters=model.parameters()),
              loss=nn.CrossEntropyLoss(),
              metrics=metric.Accuracy())
```

```
In[ * ]: import pandas as pd


#使用 pandas 读取 fashion_mnist 的训练和测试数据文件
train_data=pd.read_csv('../datasets/fashion_mnist/fashion_mnist_train.
csv')
test_data=pd.read_csv('../datasets/fashion_mnist/fashion_mnist_test.
csv')

#从训练数据中拆解出训练特征和类别标签
X_train=train_data[train_data.columns[1:]]
y_train=train_data['label']

#从测试数据中拆解出测试特征和类别标签
X_test=test_data[train_data.columns[1:]]
y_test=test_data['label']
```

```
In[ * ]: from sklearn.preprocessing import StandardScaler
```

```
#初始化数据标准化处理器
ss=StandardScaler()

#标准化训练数据特征
X_train=ss.fit_transform(X_train)

#标准化测试数据特征
X_test=ss.transform(X_test)
```

In[*]:

```
from paddle.io import TensorDataset


X_train=paddle.to_tensor(X_train.astype('float32'))
y_train=y_train.values

#构建适用于 PaddlePaddle 模型训练的数据集
train_dataset=TensorDataset([X_train, y_train])

#启动模型训练，指定训练数据集，设置训练轮次，设置每次数据集计算的批次大小
model.fit(train_dataset, epochs=EPOCHS, batch_size=BATCH_SIZE, verbose
=1)
```

Out[*]:

```
The loss value printed in the log is the current step, and the metric is the
average value of previous steps.
Epoch 1/5
step 938/938 [==============================] -loss: 0.3881 -acc: 0.8282
-5ms/step
Epoch 2/5
step 938/938 [==============================] -loss: 0.3205 -acc: 0.8697
-5ms/step
Epoch 3/5
step 938/938 [==============================] -loss: 0.1736 -acc: 0.8822
-5ms/step
Epoch 4/5
step 938/938 [==============================] -loss: 0.1645 -acc: 0.8892
-5ms/step
Epoch 5/5
step 938/938 [==============================] -loss: 0.1823 -acc: 0.8960
-5ms/step
```

```
In[*]:  X_test=paddle.to_tensor(X_test.astype('float32'))
        y_test=y_test.values

        #构建适用于 PaddlePaddle 模型测试的数据集
        test_dataset=TensorDataset([X_test, y_test])

        #启动模型测试,指定测试数据集
        result=model.evaluate(test_dataset, verbose=0)

        print('带有随机失活功能的前馈神经网络(PaddlePaddle 版本)在 fashion_mnist 测
        试集上的准确率为 %.2f%%。' %(result['acc'] * 100))
Out[*]: 带有随机失活功能的前馈神经网络(PaddlePaddle 版本)在 fashion_mnist 测试集上的
        准确率为 88.92%
```

6.6.2 批量标准化

神经网络一旦训练起来,参数就要发生更新。除了输入层的数据以外(因为输入层的特征已经过特征标准化处理),后面的每一层网络的输入数据分布都是一直在发生变化的。这是因为在训练的时候,前一层的参数更新将导致后一层的输入数据分布发生变化。批量标准化(Batch Normalization,BN)的提出,就是为了解决在训练过程中,中间层数据分布发生改变的问题。

如图 6.20 所示,批量标准化的本质就是对每一批用于训练的数据变更方差大小和均值位置,使得新的分布更切合数据的真实分布,同时保证模型的非线性表达能力。对于每个隐藏层的神经元,批量标准化能够把逐渐向非线性函数映射后向取值区间极限饱和区

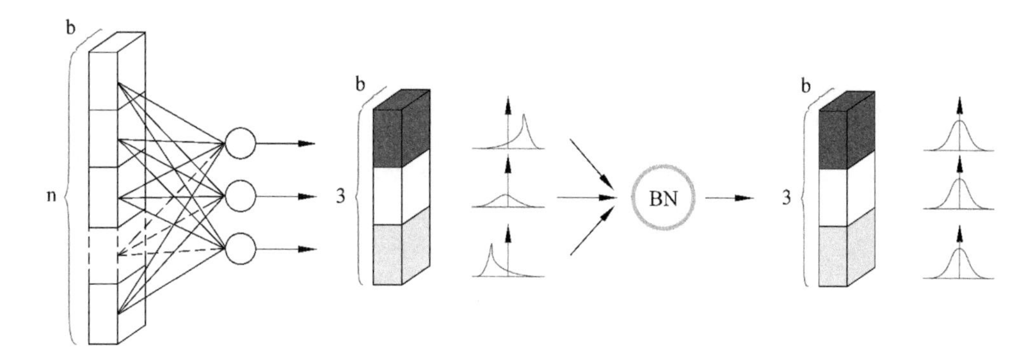

图 6.20 批量标准化

靠拢的输入分布强制拉回均值为 0、方差为 1 的正态分布，使得非线性变换函数的输入值落入对输入比较敏感的区域，以此避免梯度消失问题。这样一来，梯度一直都能保持在比较大的状态，因此可以明显提高神经网络的参数调整效率。

1. 批量标准化的 PyTorch 实践

代码 6.16 展示了如何使用 PyTorch 搭建带有批量标准化功能的前馈神经网络，以及如何在 fashion_mnist 数据集上，完成 PyTorch 版本的带有批量标准化功能的前馈神经网络的模型训练和测试工作。

因此，在编写基于 PyTorch 的深度神经网络时，需要注意 6.2.1 节中的几项要点，此处不再赘述。

代码 6.16 使用 PyTorch 搭建、训练和测试带有批量标准化功能的前馈神经网络

```
In[*]:  '''
        带有批量标准化功能的前馈神经网络的 PyTorch 实践代码
        '''
        from torch import nn, optim


        #设定超参数
        INPUT_SIZE=784
        HIDDEN_SIZE=256
        NUM_CLASSES=10
        EPOCHS=5
        BATCH_SIZE=64
        LEARNING_RATE=1e-3


        class FFN(nn.Module):
            '''
            自定义带有批量标准化功能的前馈神经网络类，继承自 nn.Module
            '''
            def __init__(self, input_size, hidden_size, num_classes):

                super(FFN, self).__init__()

                self.l1=nn.Linear(input_size, hidden_size)
```

```
        self.relu=nn.ReLU()

        self.bn=nn.BatchNorm1d(hidden_size)

        self.l2=nn.Linear(hidden_size, num_classes)


    def forward(self, x):

        #添加有 256 个神经元的隐藏层
        out=self.l1(x)

        #设定激活函数为 ReLU
        out=self.relu(out)

        #添加批量标准化层
        out=self.bn(out)

        #添加有 10 个神经元的输出层
        out=self.l2(out)

        return out

#初始化带有批量标准化功能的前馈神经网络模型
model=FFN(INPUT_SIZE, HIDDEN_SIZE, NUM_CLASSES)

#设定神经网络的损失函数
criterion=nn.CrossEntropyLoss()

#设定神经网络的优化方法
optimizer=optim.Adam(model.parameters(), lr=LEARNING_RATE)
```

In[*]:

```
import pandas as pd


#使用 pandas 读取 fashion_mnist 的训练和测试数据文件
train_data=pd.read_csv('../datasets/fashion_mnist/fashion_mnist_train.
csv')
```

```
test_data=pd.read_csv('../datasets/fashion_mnist/fashion_mnist_test.
csv')

#从训练数据中拆解出训练特征和类别标签
X_train=train_data[train_data.columns[1:]]
y_train=train_data['label']

#从测试数据中拆解出测试特征和类别标签
X_test=test_data[train_data.columns[1:]]
y_test=test_data['label']
```

In[*]:
```
from sklearn.preprocessing import StandardScaler


#初始化数据标准化处理器
ss=StandardScaler()

#标准化训练数据特征
X_train=ss.fit_transform(X_train)

#标准化测试数据特征
X_test=ss.transform(X_test)
```

In[*]:
```
import torch
from torch.utils.data import TensorDataset, DataLoader


#构建适用于 PyTorch 模型训练的数据结构
train_tensor=TensorDataset(torch.tensor(X_train.astype('float32')),
torch.tensor(y_train.values))

#构建适用于 PyTorch 模型训练的数据读取器
train_loader=DataLoader(dataset=train_tensor, batch_size=BATCH_SIZE,
shuffle=True)

n_total_steps=len(train_loader)

#开启模型训练
model.train()
```

```
for epoch in range(EPOCHS):
    for i, (features, labels) in enumerate(train_loader):
        outputs=model(features)
        loss=criterion(outputs, labels)

        optimizer.zero_grad()
        loss.backward()
        optimizer.step()

        if (i+1) %300==0:
            print(f'Epoch [{epoch+1}/{EPOCHS}], Step[{i+1}/{n_total_
steps}], Loss: {loss.item():.4f}')
```

Out[*]:

```
Epoch [1/5], Step[300/938], Loss: 0.5920
Epoch [1/5], Step[600/938], Loss: 0.2856
Epoch [1/5], Step[900/938], Loss: 0.4943
Epoch [2/5], Step[300/938], Loss: 0.4191
Epoch [2/5], Step[600/938], Loss: 0.3393
Epoch [2/5], Step[900/938], Loss: 0.2987
Epoch [3/5], Step[300/938], Loss: 0.3189
Epoch [3/5], Step[600/938], Loss: 0.4105
Epoch [3/5], Step[900/938], Loss: 0.1873
Epoch [4/5], Step[300/938], Loss: 0.3616
Epoch [4/5], Step[600/938], Loss: 0.2884
Epoch [4/5], Step[900/938], Loss: 0.3254
Epoch [5/5], Step[300/938], Loss: 0.3182
Epoch [5/5], Step[600/938], Loss: 0.3105
Epoch [5/5], Step[900/938], Loss: 0.2661
```

In[*]:

```
#构建适用于 PyTorch 模型测试的数据结构
test_tensor=TensorDataset(torch.tensor(X_test.astype('float32')),
torch.tensor(y_test.values))

#构建适用于 PyTorch 模型测试的数据读取器
test_loader=DataLoader(dataset=test_tensor, batch_size=BATCH_SIZE,
shuffle=False)

#开启模型测试
```

```
model.eval()

n_correct=0
n_samples=0

for features, labels in test_loader:
    outputs=model(features)
    _, predictions=torch.max(outputs.data, 1)

    n_samples+=labels.size(0)
    n_correct+=(predictions==labels).sum().item()

acc=100.0 * n_correct / n_samples

print('带有批量标准化功能的前馈神经网络(PyTorch 版本)在 fashion_mnist 测试集上的准确率为 %.2f%%。' %acc)
```

Out[*]: 带有批量标准化功能的前馈神经网络(PyTorch 版本)在 fashion_mnist 测试集上的准确率为 89.12%

2. 批量标准化的 TensorFlow 实践

代码 6.17 展示了如何使用 TensorFlow 搭建带有批量标准化功能的前馈神经网络，以及如何在 fashion_mnist 数据集上完成 TensorFlow 版本的带有批量标准化功能的前馈神经网络的模型训练和测试工作。

代码 6.17　使用 TensorFlow 搭建、训练和测试带有批量标准化功能的前馈神经网络

In[*]:

```
import os


#解决 macOS 的一些系统问题
os.environ['TF_CPP_MIN_LOG_LEVEL']='2'
os.environ['KMP_DUPLICATE_LIB_OK']='True'
```

In[*]:

```
'''
带有批量标准化功能的前馈神经网络的 TensorFlow 实践代码
'''
from tensorflow.keras import models, layers, losses, optimizers
```

```
#设定超参数
HIDDEN_SIZE=256
NUM_CLASSES=10
EPOCHS=5
BATCH_SIZE=64
LEARNING_RATE=1e-3

#初始化带有随机失活功能的前馈神经网络模型
model=models.Sequential()

model.add(layers.Dense(HIDDEN_SIZE, activation='relu'))

model.add(layers.BatchNormalization())

model.add(layers.Dense(NUM_CLASSES))

#设定神经网络的损失函数、优化方式,以及评估方法
model.compile(optimizer=optimizers.Adam(LEARNING_RATE),
              loss=losses.SparseCategoricalCrossentropy(from_logits=
True), metrics=['accuracy'])
```

```
In[*]: import pandas as pd


#使用pandas读取fashion_mnist的训练和测试数据文件
train_data=pd.read_csv('../datasets/fashion_mnist/fashion_mnist_train.
csv')
test_data=pd.read_csv('../datasets/fashion_mnist/fashion_mnist_test.
csv')

#从训练数据中拆解出训练特征和类别标签
X_train=train_data[train_data.columns[1:]]
y_train=train_data['label']

#从测试数据中拆解出测试特征和类别标签
X_test=test_data[train_data.columns[1:]]
y_test=test_data['label']
```

```
In[*]:  from sklearn.preprocessing import StandardScaler


        #初始化数据标准化处理器
        ss=StandardScaler()

        #标准化训练数据特征
        X_train=ss.fit_transform(X_train)

        #标准化测试数据特征
        X_test=ss.transform(X_test)
```

```
In[*]:  #使用 fashion_mnist 的训练集数据训练网络模型
        model.fit (X_train, y_train.values, batch_size = BATCH_SIZE, epochs =
        EPOCHS, verbose=1)
```

```
Out[*]: Epoch 1/5
        938/938 [==============================] -4s 4ms/step -loss: 0.5503
        -accuracy: 0.8067
        Epoch 2/5
        938/938 [==============================] -3s 4ms/step -loss: 0.3487
        -accuracy: 0.8747
        Epoch 3/5
        938/938 [==============================] -3s 4ms/step -loss: 0.3016
        -accuracy: 0.8903
        Epoch 4/5
        938/938 [==============================] -3s 3ms/step -loss: 0.2744
        -accuracy: 0.8979
        Epoch 5/5
        938/938 [==============================] -3s 3ms/step -loss: 0.2545
        -accuracy: 0.9051
```

```
In[*]:  #使用 fashion_mnist 的测试集数据评估网络模型的效果
        result=model.evaluate(X_test, y_test.values, verbose=0)

        print('带有批量标准化功能的前馈神经网络(TensorFlow 版本)在 fashion_mnist 测
        试集上的准确率为 %.2f%%。' %(result[1] * 100))
```

```
Out[*]: 带有批量标准化功能的前馈神经网络(TensorFlow 版本)在 fashion_mnist 测试集上的
        准确率为 89.21%
```

3. 批量标准化的 PaddlePaddle 实践

代码 6.18 展示了如何使用 PaddlePaddle 搭建带有批量标准化功能的前馈神经网络，以及如何在 fashion_mnist 数据集上，完成 PaddlePaddle 版本的带有批量标准化功能的前馈神经网络的模型训练和测试工作。

代码 6.18 使用 PaddlePaddle 搭建、训练和测试带有批量标准化功能的前馈神经网络

```
In[*]: '''
带有批量标准化功能的前馈神经网络的 PaddlePaddle 实践代码
'''
import paddle
from paddle import nn, optimizer, metric


#设定超参数
INPUT_SIZE=784
HIDDEN_SIZE=256
NUM_CLASSES=10
EPOCHS=5
BATCH_SIZE=64
LEARNING_RATE=1e-3

#搭建前馈神经网络
paddle_model=nn.Sequential(

    #添加有 256 个神经元的隐藏层
    nn.Linear(INPUT_SIZE, HIDDEN_SIZE),

    #设定激活函数为 ReLU
    nn.ReLU(),

    #添加批量标准化层
    nn.BatchNorm(HIDDEN_SIZE),

    #添加有 10 个神经元的输出层
    nn.Linear(HIDDEN_SIZE, NUM_CLASSES)
)
```

```
#初始化前馈神经网络模型
model=paddle.Model(paddle_model)

#为模型训练做准备,设置优化器,损失函数和评估指标
model.prepare(optimizer=optimizer.Adam(learning_rate=LEARNING_RATE,
parameters=model.parameters()),
              loss=nn.CrossEntropyLoss(),
              metrics=metric.Accuracy())
```

In[*]:
```
import pandas as pd


#使用pandas读取fashion_mnist的训练和测试数据文件
train_data=pd.read_csv('../datasets/fashion_mnist/fashion_mnist_train.
csv')
test_data=pd.read_csv('../datasets/fashion_mnist/fashion_mnist_test.
csv')

#从训练数据中拆解出训练特征和类别标签
X_train=train_data[train_data.columns[1:]]
y_train=train_data['label']

#从测试数据中拆解出测试特征和类别标签
X_test=test_data[train_data.columns[1:]]
y_test=test_data['label']
```

In[*]:
```
from sklearn.preprocessing import StandardScaler


#初始化数据标准化处理器
ss=StandardScaler()

#标准化训练数据特征
X_train=ss.fit_transform(X_train)

#标准化测试数据特征
X_test=ss.transform(X_test)
```

In[*]:
```
from paddle.io import TensorDataset


X_train=paddle.to_tensor(X_train.astype('float32'))
y_train=y_train.values

#构建适用于 PaddlePaddle 模型训练的数据集
train_dataset=TensorDataset([X_train, y_train])

#启动模型训练,指定训练数据集,设置训练轮次,设置每次数据集计算的批次大小
model.fit(train_dataset, epochs=EPOCHS, batch_size=BATCH_SIZE, verbose
=1)
```

Out[*]:
```
The loss value printed in the log is the current step, and the metric is the
average value of previous steps.
Epoch 1/5
step 938/938 [==============================] - loss: 0.4374 - acc: 0.8392
- 5ms/step
Epoch 2/5
step 938/938 [==============================] - loss: 0.2579 - acc: 0.8769
- 5ms/step
Epoch 3/5
step 938/938 [==============================] - loss: 0.1121 - acc: 0.8888
- 5ms/step
Epoch 4/5
step 938/938 [==============================] - loss: 0.1886 - acc: 0.8972
- 5ms/step
Epoch 5/5
step 938/938 [==============================] - loss: 0.1390 - acc: 0.9062
- 5ms/step
```

In[*]:
```
X_test=paddle.to_tensor(X_test.astype('float32'))
y_test=y_test.values

#构建适用于 PaddlePaddle 模型测试的数据集
test_dataset=TensorDataset([X_test, y_test])
```

```
#启动模型测试,指定测试数据集
result=model.evaluate(test_dataset, verbose=0)

print('带有批量标准化功能的前馈神经网络(PaddlePaddle 版本)在 fashion_mnist 测试集上的准确率为 %.2f%%。' %(result['acc'] * 100))
```

```
Out[*]: 带有批量标准化功能的前馈神经网络(PaddlePaddle 版本)在 fashion_mnist 测试集上的准确率为 89.21%
```

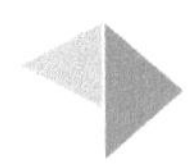

6.7 章末小结

本章以 3 种流行的深度学习平台 PyTorch、TensorFlow，以及 PaddlePaddle 为例，分别介绍和实践了多种经典的深度神经网络框架，包括前馈神经网络、卷积神经网络、循环神经网络，以及自动编码器。除了上述的深度神经网络框架之外，本章还进一步介绍了两种神经网络的模型优化技巧：随机失活与批量标准化。

与评测 Scikit-learn 分类预测模型的方式一样，我们继续使用 fashion_mnist 数据集对上述深度神经网络的分类能力进行测试。此外，我们使用 PyTorch、TensorFlow 以及 PaddlePaddle 实现多种深度神经网络，并在相同的超参数配置下对比评估各个深度神经网络模型在 fashion_mnist 测试集上的准确率。由表 6.1 所示，卷积神经网络在图像分类上始终能够取得最佳的结果。另外，前馈神经网络在添加了随机失活与批量标准化功能之后，都在不同程度上取得了分类能力的提升。

表 6.1　使用 PyTorch、TensorFlow 和 PaddlePaddle 实现的多种深度神经网络在 fashion_mnist 测试集上的准确率

深度神经网络框架	PyTorch/%	TensorFlow/%	PaddlePaddle/%
前馈神经网络	88.43	88.14	88.54
前馈神经网络(有随机失活功能)	89.06	89.08	88.92
前馈神经网络(有批量标准化功能)	89.12	89.21	89.21
卷积神经网络	91.60	90.28	91.09
循环神经网络	89.56	90.05	90.14

此外，在使用 PyTorch、TensorFlow 和 PaddlePaddle 实现多种深度神经网络的过程

中，我们发现 TensorFlow 和 PaddlePaddle 都拥有封装更好、更加便捷的 API 接口，用于模型的训练和评估；相比之下，PyTorch 在这方面稍显不足。PaddlePaddle 的许多接口设计都吸取了 PyTorch 的优点，同时又与 TensorFlow 类似，提供了大量封装更加完善的高级功能。因此，相比于 PyTorch 与 TensorFlow，建议初学者从 PaddlePaddle 入手，为国产深度学习平台贡献自己的力量。

第 7 章

PySpark-ML 分布式机器学习

Spark 是一种快速、通用、可扩展的大数据分析引擎，于 2009 年诞生在加州大学伯克利分校，并在 2014 年 2 月成为 Apache 顶级项目。Spark 采用了基于内存的大数据并行计算框架，包含多个内置子项目。

如图 7.1 所示，具有代表性的 Spark 内置子项目包括 Spark Core(Spark 核心)、Spark SQL 结构化数据、Spark Streaming 实时流处理、ML 机器学习、GraphX 图计算等。

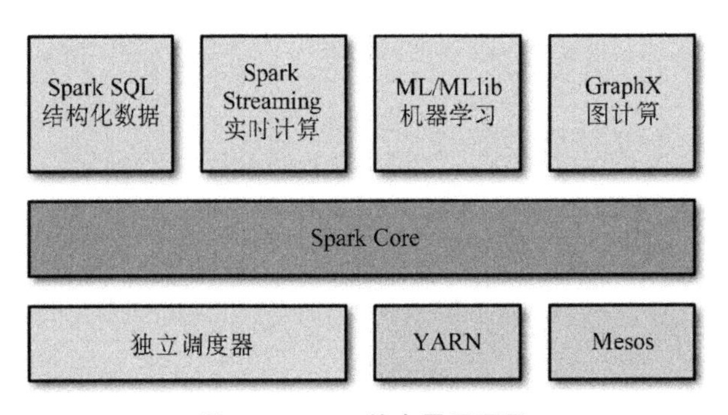

图 7.1　Spark 的内置子项目

- Spark Core 实现了 Spark 的基本功能，包含任务调度、内存管理、错误恢复、存储系统交互等模块。Spark Core 中还包含了对弹性分布式数据集(Resilient Distributed Dataset，RDD)的接口定义。
- Spark SQL 是 Spark 用来操作结构化数据的程序库。通过 Spark SQL，可以使用 SQL 或者 Apache Hive 版本的 SQL 来查询数据。Spark SQL 支持多种数据源，如 Hive 表、Parquet 以及 JSON 等。
- Spark Streaming 是 Spark 为实时数据提供的流式计算组件，包含了用来操作数据流的接口，并且与 Spark Core 中的 RDD 接口高度对应。

- Spark ML 提供了常见的分布式机器学习功能的程序库，包括分类、回归、聚类、协同过滤等，还提供了模型评估、数据导入等额外的支持功能。
- Spark 可以在一至数千个计算节点之间高效地伸缩计算，同时支持在多种集群管理器上运行，包括 Hadoop YARN、Apache Mesos，以及 Spark 自带的独立调度器（Standalone）。

Spark 通过统一的框架支持这些不同的子项目，使我们可以简单而低耗地把各种处理流程整合在一起。统一的软件栈设计使得各个组件的关系更加密切，并且可以相互调用。同时，这种设计有如下几项优点。

（1）软件栈中所有的程序库和高级组件都可以从下层的改进中获益。

（2）运行整个软件栈的代价变小了。过去需要运行多套独立的软件系统，现在只要运行一套即可。系统的部署、维护、测试、支持等开支被大大地缩减。

（3）能够无缝整合并且构建出不同处理模型和应用。

综上，Spark 的特点总结如下。

（1）快。与 Hadoop 的 MapReduce 相比，Spark 基于内存的运算要快 100 倍以上，即便是基于硬盘的运算也要快 10 倍以上。Spark 实现了高效的 DAG 执行引擎，可以通过内存来高效处理数据流。

（2）易用。Spark 不仅支持多种高级语言，如 Java、Python 和 Scala 等，还支持超过 80 种高级算法，使用户可以快速构建不同的应用。

（3）通用。Spark 提供了统一的解决方案，可以用于批处理、交互式查询（Spark SQL）、实时流处理（Spark Streaming）、机器学习（Spark ML/MLlib）和图计算（GraphX）。这些不同类型的处理都可以在同一个应用中无缝使用。Spark 统一的解决方案非常具有吸引力，毕竟任何公司都想用统一的平台去处理遇到的问题，减少开发和维护的人力成本和部署平台的物力成本。

（4）兼容性。Spark 可以非常方便地与其他开源产品进行融合。Spark 可以使用 Hadoop 的 YARN 和 Apache Mesos 作为资源管理和调度器；并且，Spark 可以处理所有 Hadoop 支持的数据，包括 HDFS、HBase 和 Cassandra 等，这对于已经部署 Hadoop 集群的用户特别重要，因为不需要做任何数据迁移就可以利用 Spark 的强大处理能力。Spark 也可以不依赖第三方的资源管理和调度器，它实现了 Standalone 作为其内置的资源管理和调度框架，进一步降低了使用门槛，使得所有人都可以非常容易地部署和使用 Spark。

因此，Spark 得到了众多知名大数据和互联网公司的支持和推广应用，这些公司包括 IBM、Intel、百度、阿里、腾讯、京东等。目前，百度的 Spark 已应用于搜索、大数据分析等业务；阿里利用 GraphX 构建了大规模的图计算和图挖掘系统，实现了很多工业级的推荐算法；腾讯则构建了世界上最大的 Spark 集群，据说部署超过 8000 个节点。

PySpark 是 Spark 的 Python 编程接口。它不仅允许用户使用 Python 语言编写 Spark 应用程序，而且还提供了 PySpark 定制终端，用于在分布式环境中交互式地分析数据。如图 7.2 所示，PySpark 支持 Spark 的大部分功能，例如 Spark SQL、DataFrame、Streaming、ML/MLlib 和 Spark Core。

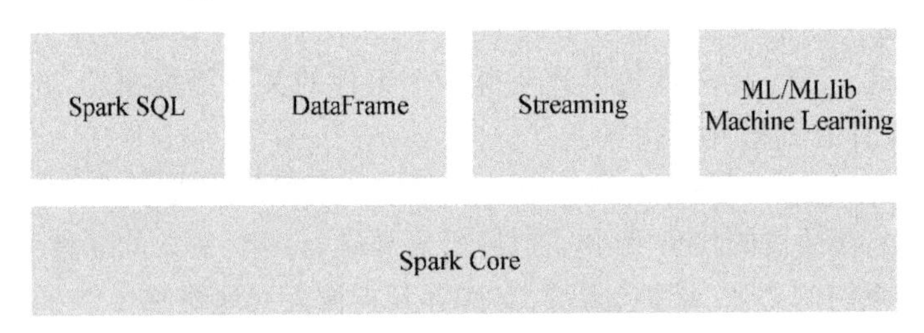

图 7.2　PySpark 接口支持的 Spark 功能

7.1　PySpark 环境配置

我们为本章的分布式机器学习实践创建一个新的虚拟环境，命名为 python_dml（Python Distributed Machine Learning 的缩写），同时，在这个虚拟环境中搭建和配置 PySpark 作为分布式机器学习的平台。

在 Windows、macOS，以及 Ubuntu 中，都可以通过在命令行/终端中输入命令 conda create -n python_dml python=3.8，创建新的虚拟环境。

也可以如图 7.3 所示，使用 Windows 或者 macOS 的 Anaconda Navigator 可视化地创建虚拟环境，命名为 python_dml。

虚拟环境 python_dml 创建好之后，可以在命令行/终端中使用命令 conda activate python_dml，切换到新的虚拟环境。并且，如图 7.4 所示，尝试在新虚拟环境的 Python 3.8 解释器中导入 PySpark 程序库，运行的结果证明，作为一个新建的虚拟环境，其 Python 3.8 解释器并不会预装 PySpark 程序库。

因此，接下来我们将分别演示如何使用 Anaconda Navigator 和 conda 命令在 Python 3.8 解释器中安装 PySpark 程序库。

7.1.1　使用 Anaconda Navigator 搭建和配置环境

首先，在 Anaconda Navigator 中切换到名称为 python_dml 的虚拟环境。然后，如

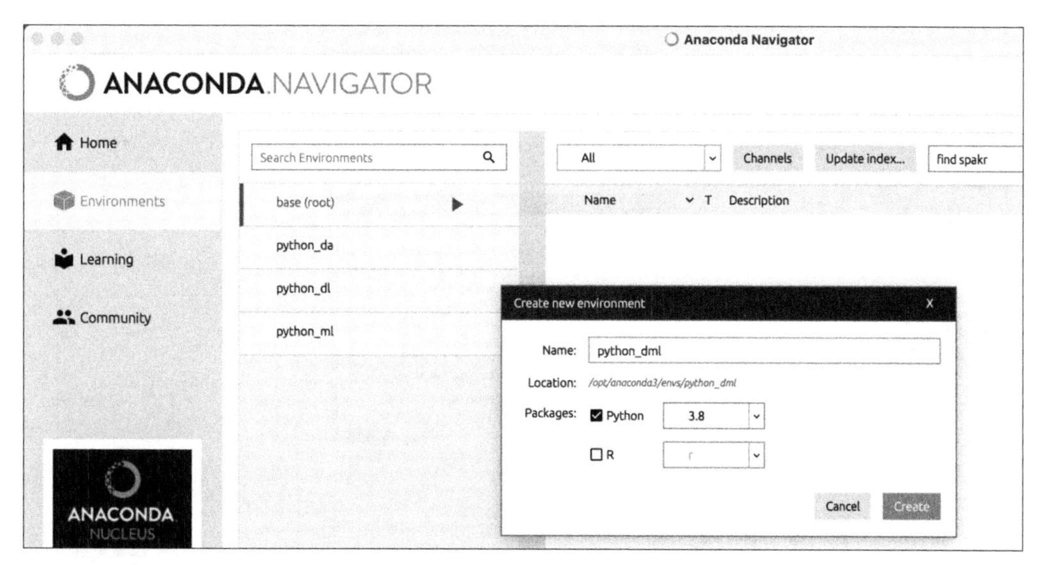

图 7.3　使用 Anaconda Navigator 创建新的虚拟环境，命名为 python_dml

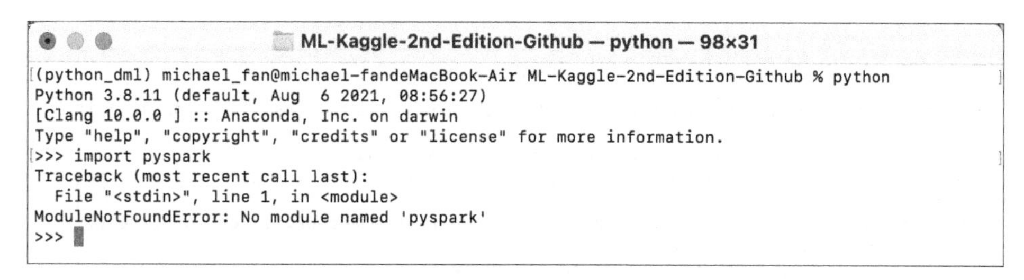

图 7.4　虚拟环境 python_dml 的 Python 3.8 解释器没有预装 PySpark

图 7.5 所示，在右侧的程序库中搜索和选择 pyspark，并且直接按照后续提示进行安装，即可配置好最新版本的 PySpark 程序库。

7.1.2　使用 conda 命令搭建和配置环境

如图 7.6 所示，也可以在 Windows 的命令行或者 macOS/Ubuntu 的终端中，使用 conda 命令 conda install pyspark==3.1.2，自动安装和配置好版本号为 3.1.2 的 PySpark 程序库。

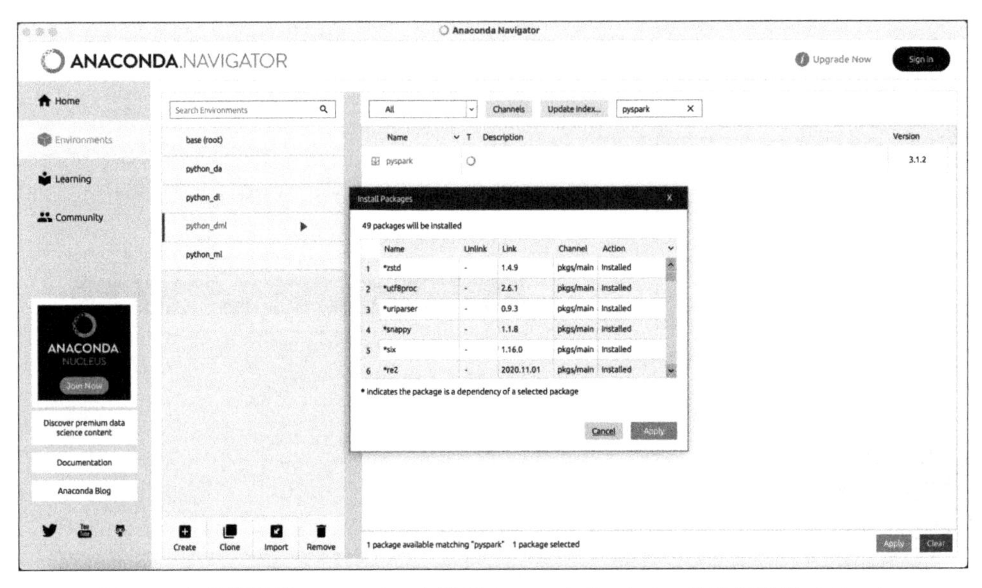

图 7.5　在虚拟环境 python_dml 中使用 Anaconda Navigator 搭建和配置 PySpark

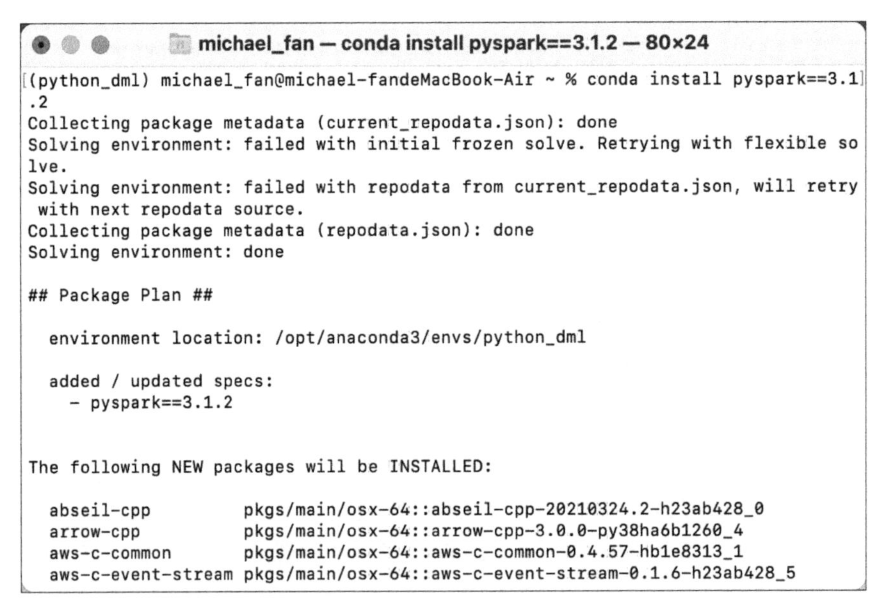

图 7.6　在虚拟环境 python_dml 中使用 conda 命令搭建和配置 PySpark

7.1.3　安装 JRE

如图 7.7 所示，在虚拟环境 python_dml 中，我们试图运行 PySpark，发现其依赖 Java Runtime Environment（简称 JRE）。因此，在运行 PySpark 之前，需要根据自己的操作系统版本，安装对应的 JRE，如图 7.8 所示。

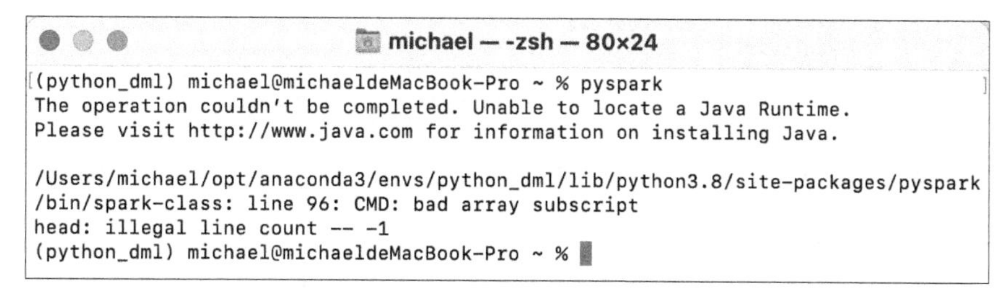

图 7.7　在虚拟环境 python_dml 中，因缺少 Java Runtime Environment（JRE）而无法运行 pyspark 命令

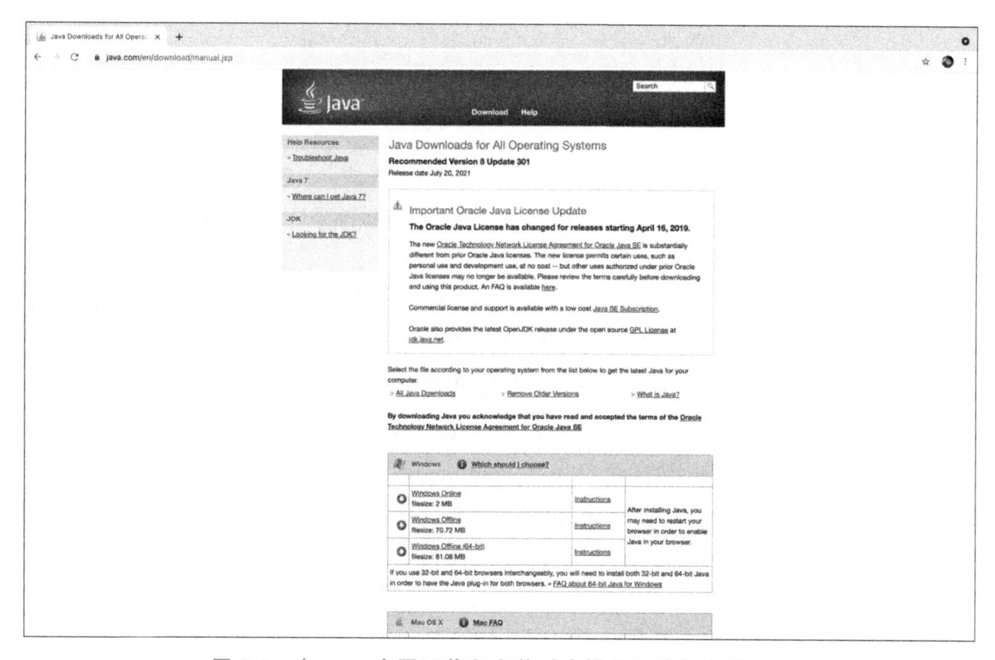

图 7.8　在 Java 官网下载和安装对应操作系统版本的 JRE

为了校验我们是否成功在虚拟环境 python_dml 的 Python 3.8 解释器中安装和配置好 PySpark 程序库，我们可以在 Python 解释器中分别输入代码 from pyspark import

SparkContext 和 sc = SparkContext()，尝试导入 PySpark 并初始化其 SparkContext。结果如图 7.9 所示，表示我们已经成功安装和配置了 PySpark 程序库。

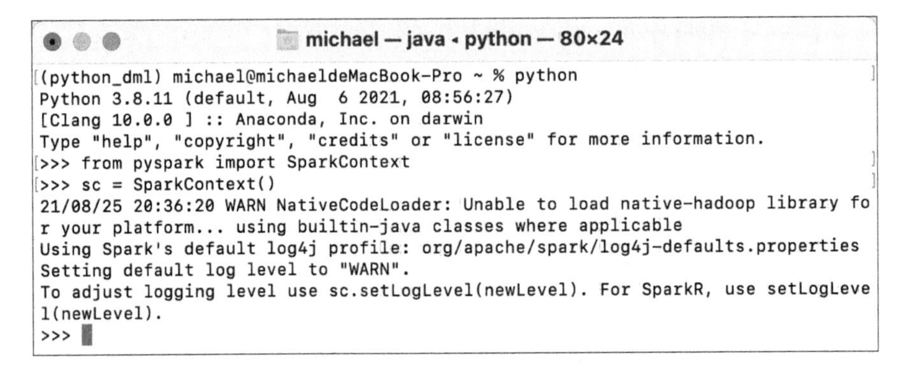

图 7.9　在虚拟环境 python_dml 的 Python 3.8 解释器中尝试导入 PySpark 并初始化其 SparkContext，验证环境搭建是否成功

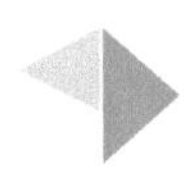

7.2　PySpark 分布式数据结构

本节首先介绍 Spark 中两种经典的分布式数据结构：RDD（Resilient Distributed Datasets）和 DataFrame，用于存储大规模数据，作为后续的分布式特征工程和机器学习的基础。

其中，RDD 是 Spark 创建早期的经典分布式弹性数据集，具有惰性机制（即进行创建、转换等一些操作时不会立即执行），并且可以根据 Spark 的内存情况自动缓存运算，不用担心内存溢出。但是，从面向对象编程的角度思考，以图 7.10 为例，RDD 无法了解 Person 类的内部结构，也无法采取更加细粒度的数据操作。

因此，Spark 从 1.3 版本开始，就借鉴了 pandas 的 DataFrame 数据结构，Spark 也引入了分布式的 DataFrame 作为新一种分布式弹性数据集。如图 7.10 所示，比起 RDD，DataFrame 的优点在于提供了详细的结构信息，使得 Spark SQL 可以清楚地知道该数据集中包含哪些列。对开发者来说，易用性有了很大的提升。因此，目前许多公司都使用 DataFrame 作为核心的分布式数据结构。

在接下来的内容中，我们使用一份新闻文本情感（正面、中性、负面）判别的数据，从分布式数据结构、特征工程以及机器学习模型实践的角度，对 PySpark 的 ML 程序库进行全面介绍。

RDD[Person]
Person
Person
Person
Person
Person
Person

Name	Age	Height
String	Int	Double
String	Int	Double
String	Int	Double
String	Int	Double
String	Int	Double
String	Int	Double

DataFrame

图 7.10 Spark 的 RDD 与 DataFrame 两种数据结构的区别

7.2.1 RDD

尽管目前 DataFrame 逐渐成为了 Spark 分布式计算的主流数据结构，但是 RDD 的灵活性很大，而且并不是所有 RDD 都能转换为 DataFrame。因此，我们仍然需要从基础的 RDD 开始，充分理解经典的 MapReduce 分布式计算范式的精髓。本节将使用 PySpark 的 RDD 数据结构，以统计文档词频任务为例，在代码 7.1 中实践分布式地存储、统计和分析文本文件中的数据。

如图 7.11 所示，分布式统计文档词频主要经历 Mapping 和 Reducing 两个主要阶段。在 Mapping 阶段，RDD 结构能够将每一行文本同时发送到不同的计算节点，每一个节点单独统计其负责部分数据中的词频。在 Reducing 阶段，相同的词汇被归类到一起，并且将各个节点统计到的词频进行加和处理。

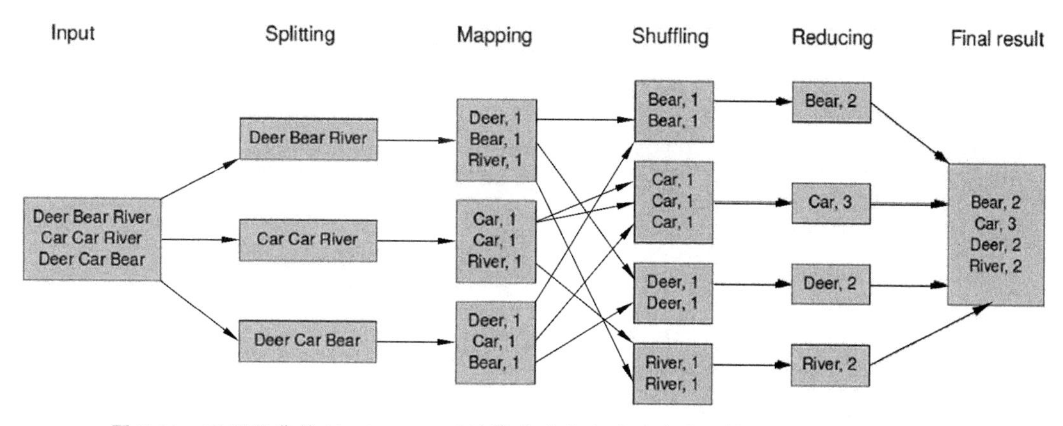

图 7.11 采用经典的 MapReduce 对计算范式分布式地完成文档中的词频统计流程图

代码 7.1 使用 PySpark 的 RDD 数据结构，分布式地存储、统计和分析文件数据

```
In[ * ]: from pyspark import SparkContext


         #创建 SparkContext
         sc=SparkContext()
```

```
In[ * ]: #读取文件并存储到 RDD 中
         rdd=sc.textFile('../Datasets/news/news_sentiment.csv')
```

```
In[ * ]: #分布式统计文件的行数
         rdd.count()
Out[ * ]: 4846
```

```
In[ * ]: #查看前 2 行原始文件内容
         rdd.take(2)
Out[ * ]: [' neutral," According to Gran , the company has no plans to move all
          production to Russia , although that is where the company is growing ."',
          'neutral,"Technopolis plans to develop in stages an area of no less than
          100, 000 square meters in order to host companies working in computer
          technologies and telecommunications , the statement said ."']
```

```
In[ * ]: #用 map 构建标签的键-值对
         labels=rdd.map(lambda line: (line.split(',')[0], 1))

         #用 reduce 对相同键的值进行求和
         label_counts=labels.reduceByKey(lambda a, b: a+b)

         #查看标签的分布
         label_counts.take(5)
Out[ * ]: [('negative', 604), ('positive', 1363), ('neutral', 2879)]
```

```
In[ * ]: def extract_words(line):
             items=list()
             line=line.lower()
             words=line.split(',')[1]
             for word in words.split(' '):
                 items.append((word, 1))
             return items

         words=rdd.flatMap(extract_words)
```

```
word_counts=words.reduceByKey(lambda a, b: a+b)

#查看词频最高的 10 个单词
word_counts.sortBy(lambda pair: pair[1], False).collect()[:10]
```

```
Out[*]: [('the', 3459),
         ('', 2590),
         ('.', 2068),
         ('of', 1908),
         ('in', 1596),
         ('to', 1561),
         ('and', 1144),
         ('a', 938),
         ('is', 688),
         ('for', 686)]
```

7.2.2 DataFrame

DataFrame 逐渐成为 Spark 分布式弹性数据集的核心，书写更简单，并且执行效率高。但是，DataFrame 需要每个读取的元素具有一定相似格式时才可以使用。因此，RDD 可以适用于无结构化的文本文档，而 DataFrame 则更加适合于结构明确的数据，如图像、表格等。

代码 7.2 展示了如何使用 PySpark 的 DataFrame 数据结构分布式地存储、统计和分析 news_sentiment 数据集的情感标签类型的分布情况。

代码 7.2　使用 PySpark 的 DataFrame 数据结构分布式地存储、统计和分析文件数据

```
In[*]:  from pyspark.sql import SparkSession


        #创建 SparkSession
        spark=SparkSession.builder.getOrCreate()
```

```
In[*]:  #读取文件并存储到 DataFrame 中
        df=spark.read.csv('../Datasets/news/news_sentiment.csv', header=False)

        #显示文件前 5 行
```

```
df.show(5)
```

Out[*]:

```
+--------+--------------------+
|     _c0|                 _c1|
+--------+--------------------+
| neutral|According to Gran...|
| neutral|Technopolis plans...|
|negative|The international...|
|positive|With the new prod...|
|positive|According to the...|
+--------+--------------------+
only showing top 5 rows
```

In[*]:

```
#选择某一列,并展示该列的前 10 行
df.select('_c1').show(10)
```

Out[*]:

```
+--------------------+
|                 _c1|
+--------------------+
|According to Gran...|
|Technopolis plans...|
|The international...|
|With the new prod...|
|According to the...|
|FINANCING OF ASPO...|
|For the last quar...|
|In the third quar...|
|Operating profit...|
|Operating profit...|
+--------------------+
only showing top 10 rows
```

In[*]:

```
#统计某一列的数据分布
df.groupBy('_c0').count().show()
```

Out[*]:

```
+--------+-----+
|     _c0|count|
+--------+-----+
|positive| 1363|
| neutral| 2879|
|negative|  604|
+--------+-----+
```

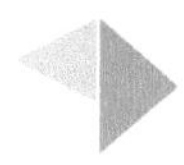

7.3 PySpark分布式特征工程

本节重点介绍如何使用PySpark的ML程序库处理文本型数据的特征抽取和特征转换任务，主要应用了ML程序库的feature子模块，实现分布式机器学习模型训练前的一系列的特征预处理工作。

7.3.1 特征抽取

特征抽取的目的在于从文本型的数据中抽取到可以量化表示的数值或者向量特征。本节重点以new_sentiment数据集为例，介绍如何使用PySpark的ML程序库，依次抽取到词频特征、TF-IDF特征，以及词向量特征。

1. 词频特征

词频特征，顾名思义，就是统计得到文本当中的词汇频率的分布，并将这个分布向量作为词频特征，用于后续的计算过程。代码7.3展示了如何使用PySpark的ML程序库，从news_sentiment数据集的文本数据中抽取词频特征。

代码7.3 使用PySpark的ML程序库从文本数据中抽取词频特征

In[*]:
```
from pyspark.sql import SparkSession


#创建 SparkSession
spark=SparkSession.builder.getOrCreate()

#读取文件并存储到 DataFrame 中
df=spark.read.csv('../Datasets/news/news_sentiment.csv', header=False)

#选取名称为_c1的列,并展示该列的前5行
df.select(df._c1).show(5)
```

Out[*]:

```
+--------------------+
|         _c1        |
+--------------------+
|According to Gran...|
```

```
|Technopolis plans...|
|The international...|
|With the new prod...|
|According to the...|
+--------------------+
only showing top 5 rows
```

In[*]:

```
import pyspark.sql.functions as func


#选取名称为_c1 的列,将该列的数据文本进行分词,并修改该列的名称为 words
df=df.select(func.split(df._c1, ' ').alias('words'))

df.show(5)
```

Out[*]:

```
+--------------------+
|               words|
+--------------------+
|[According, to, G...|
|[Technopolis, pla...|
|[The, internation...|
|[With, the, new, ...|
|[According, to, t...|
+--------------------+
only showing top 5 rows
```

In[*]:

```
from pyspark.ml.feature import CountVectorizer


#初始化文本词频特征的抽取模型
cv=CountVectorizer(inputCol="words", outputCol="word_counts", 
vocabSize=100)

model=cv.fit(df)

result_df=model.transform(df)

#将分布式数据集中存储到内存变量 results 中
results=result_df.collect()
```

```
#展示前 3 行文本的词频特征
for items in results[:3]:
    print (items)
```

```
Out[*]: Row(words=['According', 'to', 'Gran', ',', 'the', 'company', 'has', 'no',
'plans', 'to', 'move', 'all', 'production', 'to', 'Russia', ',', 'although
', 'that', 'is', 'where', 'the', 'company', 'is', 'growing', '.'], word_
counts=SparseVector(100, {0: 1.0, 1: 2.0, 2: 2.0, 6: 3.0, 11: 2.0, 14: 2.0,
18: 1.0, 31: 1.0, 85: 1.0}))
Row(words=['Technopolis', 'plans', 'to', 'develop', 'in', 'stages', 'an',
'area', 'of', 'no', 'less', 'than', '100,000', 'square', 'meters', 'in',
'order', 'to', 'host', 'companies', 'working', 'in', 'computer',
'technologies', 'and', 'telecommunications', ',', 'the', 'statement',
'said', '.'], word_counts=SparseVector(100, {0: 1.0, 1: 1.0, 2: 1.0, 3: 1.0,
4: 3.0, 5: 1.0, 6: 2.0, 21: 1.0, 39: 1.0, 90: 1.0, 96: 1.0}))
Row(words=['The', 'international', 'electronic', 'industry', 'company',
'Elcoteq', 'has', 'laid', 'off', 'tens', 'of', 'employees', 'from', 'its',
'Tallinn', 'facility', ';', 'contrary', 'to', 'earlier', 'layoffs', 'the',
'company', 'contracted', 'the', 'ranks', 'of', 'its', 'office', 'workers',
',', 'the', 'daily', 'Postimees', 'reported', '.'], word_counts =
SparseVector(100, {0: 1.0, 1: 3.0, 2: 1.0, 3: 2.0, 6: 1.0, 8: 1.0, 14: 2.0, 15:
1.0, 17: 2.0, 18: 1.0}))
```

2. TF-IDF 特征

TF 是 Term Frequency 的缩写，与词频特征含义一致。与词频特征不同的是，TF-IDF 在词频特征的基础上，增加了对逆文档频率（IDF）的因素考量。与词频特征相比，TF-IDF 能够避免一些高频出现的无实际含义的词汇（停用词）对特征重要性的影响。例如，一些停用词（如英文中的 the、a，中文中的“的、地、得”等）在文档中的词频一般显著高于有实际含义的词汇。IDF 能够打压这些在多篇文档中高频出现的词汇，因此最终 TF-IDF 特征值较高的多为有实际含义的词汇特征。代码 7.4 展示了如何使用 PySpark 的 ML 程序库，从 news_sentiment 数据集的文本数据中抽取 TF-IDF 特征。

代码 7.4　使用 PySpark 的 ML 程序库从文本数据中抽取 TF-IDF 特征

In[*]:
```
from pyspark.sql import SparkSession


#创建 SparkSession
spark=SparkSession.builder.getOrCreate()

#读取文件并存储到 DataFrame 中
df=spark.read.csv('../Datasets/news/news_sentiment.csv', header=False)

#选取名称为_c1 的列，将该列的数据文本进行分词，并修改该列的名称为 texts
df=df.select(df._c0.alias('labels'), df._c1.alias('texts'))

df.show(5)
```

Out[*]:
```
+--------+--------------------+
|  labels|               texts|
+--------+--------------------+
| neutral|According to Gran...|
| neutral|Technopolis plans...|
|negative|The international...|
|positive|With the new prod...|
|positive|According to the...|
+--------+--------------------+
only showing top 5 rows
```

In[*]:
```
from pyspark.ml.feature import CountVectorizer, IDF, Tokenizer


#将文本中的句子分割为词汇
tokenizer=Tokenizer(inputCol='texts', outputCol='words')

wordsData=tokenizer.transform(df)

#初始化词频(tf)特征抽取模型
countVec= CountVectorizer(inputCol='words', outputCol='tf_features',
vocabSize=100)

tf_model=countVec.fit(wordsData)
```

```
featurizedData=tf_model.transform(wordsData)

#初始化 idf 特征抽取模型
idf=IDF(inputCol='tf_features', outputCol='tfidf_features')

idfModel=idf.fit(featurizedData)

result_df=idfModel.transform(featurizedData)

#将分布式数据的部分列,集中存储到内存变量 results 中
results=result_df.select('texts','tf_features', 'tfidf_features')
.collect()

#展示前 3 行文本的 tf 与 tfidf 特征
for items in results[:3]:
    print(items)
```

Out[*]:

```
Row(texts='According to Gran , the company has no plans to move all
production to Russia , although that is where the company is growing .', tf_
features=SparseVector(100, {0: 2.0, 1: 1.0, 2: 2.0, 6: 3.0, 11: 2.0, 13: 2.0,
17: 1.0, 32: 1.0, 83: 1.0, 88: 1.0}), tfidf_features=SparseVector(100, {0:
0.6811, 1: 0.0137, 2: 1.248, 6: 2.6302, 11: 3.4011, 13: 3.6055, 17: 2.1564, 32:
2.4822, 83: 3.6903, 88: 3.6821}))
Row(texts='Technopolis plans to develop in stages an area of no less than
100,000 square meters in order to host companies working in computer
technologies and telecommunications , the statement said .', tf_features=
SparseVector(100, {0: 1.0, 1: 1.0, 2: 1.0, 3: 1.0, 4: 3.0, 5: 1.0, 6: 2.0, 20:
1.0, 38: 1.0, 91: 1.0}), tfidf_features=SparseVector(100, {0: 0.3406, 1: 0.
0137, 2: 0.624, 3: 0.7476, 4: 2.3765, 5: 0.9008, 6: 1.7535, 20: 2.1872, 38: 2.
7335, 91: 3.6986}))
Row(texts='The international electronic industry company Elcoteq has laid
off tens of employees from its Tallinn facility ; contrary to earlier
layoffs the company contracted the ranks of its office workers , the daily
Postimees reported .', tf_features=SparseVector(100, {0: 4.0, 1: 1.0, 2: 1.
0, 3: 2.0, 6: 1.0, 13: 2.0, 14: 1.0, 16: 2.0, 17: 1.0}), tfidf_features=
SparseVector(100, {0: 1.3623, 1: 0.0137, 2: 0.624, 3: 1.4953, 6: 0.8767, 13:
3.6055, 14: 1.9166, 16: 4.229, 17: 2.1564}))
```

3. 词向量特征

词频和 TF-IDF 特征都是将一个词语对应一个标量的数值，而词向量特征是将每一个词语赋予一个带有语义色彩的向量，使得词汇之间的相似度计算成为可能。一般的词向量都是依赖词汇在文档中的上下文关联计算得到的，在 PySpark 中，每一段文本最终都通过汇总所有词向量得到最终的特征向量表示。代码 7.5 展示了如何使用 PySpark 的 ML 程序库从文本数据中抽取词向量特征。

代码 7.5 使用 PySpark 的 ML 程序库从文本数据中抽取词向量特征

```
In[*]: from pyspark.sql import SparkSession


       #创建 SparkSession
       spark=SparkSession.builder.getOrCreate()

       #读取文件并存储到 DataFrame 中
       df=spark.read.csv('../Datasets/news/news_sentiment.csv', header=False)

       #选取名称为_c1 的列，并展示该列的前 5 行
       df.select(df._c1).show(5)
```

```
Out[*]: +--------------------+
        |                 _c1|
        +--------------------+
        |According to Gran...|
        |Technopolis plans...|
        |The international...|
        |With the new prod...|
        |According to the...|
        +--------------------+
        only showing top 5 rows
```

```
In[*]: import pyspark.sql.functions as func


       #选取名称为_c1 的列，将该列的数据文本进行分词，并修改该列的名称为 words
       df=df.select(func.split(df._c1, ' ').alias('words'))
```

```
        df.show(5)
Out[*]: +--------------------+
        |               words|
        +--------------------+
        |[According, to, G...|
        |[Technopolis, pla...|
        |[The, internation...|
        |[With, the, new, ...|
        |[According, to, t...|
        +--------------------+
        only showing top 5 rows
```

```
In[*]:  from pyspark.ml.feature import Word2Vec


        #初始化词向量特征的抽取模型
        word2Vec=Word2Vec(vectorSize=2, minCount=0, inputCol="words", outputCol
        ="embedding")

        model=word2Vec.fit(df)

        result=model.transform(df)

        #展示前 5 行文本的词向量特征
        for item in result.collect()[:5]:
            print(item['embedding'])
Out[*]: [-0.07501442807260901,0.07553011640906335]
        [-0.18367651878901187,0.050383288112859574]
        [-0.13576698649881613,0.08573484850219554]
        [-0.05365251659443884,0.052940222519365226]
        [-0.3452067395740348,-0.13657354725888227]
```

7.3.2　特征转换

特征转换主要包括特征标准化和类别型特征向量化。

1. 特征标准化

代码 7.6 展示了使用 PySpark 的 ML 程序库对数值型特征进行标准化转换的示例。这样做的目的在于将特征分布在一个标准的圆形空间，无论初始参数随机在什么位置，通过梯度下降迭代的效率和效果都是差不多的。许多依赖随机下降算法作为参数更新方式的分布式机器学习模型都需要对特征进行标准化处理。

代码 7.6 使用 PySpark 的 ML 程序库对数值型特征进行标准化转换

In[*]:
```
from pyspark.sql import SparkSession


#创建 SparkSession
spark=SparkSession.builder.getOrCreate()

#读取文件并存储到 DataFrame 中
df=spark.read.csv('../Datasets/news/news_sentiment.csv', header=False)

#选取名称为_c1 的列，并展示该列的前 5 行
df.select(df._c1).show(5)
```

Out[*]:
```
+--------------------+
|                 _c1|
+--------------------+
|According to Gran...|
|Technopolis plans...|
|The international...|
|With the new prod...|
|According to the...|
+--------------------+
only showing top 5 rows
```

In[*]:
```
import pyspark.sql.functions as func


#选取名称为_c1 的列，将该列的数据文本进行分词，并修改该列的名称为 words
df=df.select(func.split(df._c1, ' ').alias('words'))

df.show(5)
```

Out[*]:
```
+--------------------+
|               words|
+--------------------+
|[According, to, G...|
|[Technopolis, pla...|
|[The, internation...|
|[With, the, new, ...|
|[According, to, t...|
+--------------------+
only showing top 5 rows
```

In[*]:
```
from pyspark.ml.feature import Word2Vec


#初始化词向量特征的抽取模型
word2Vec=Word2Vec(vectorSize=3, minCount=0, inputCol="words", outputCol
="features")

model=word2Vec.fit(df)

word2vec_df=model.transform(df)

word2vec_df.show(5)
```

Out[*]:
```
+--------------------+--------------------+
|               words|            features|
+--------------------+--------------------+
|[According, to, G...|[-0.0177427710080...|
|[Technopolis, pla...|[-0.0224827738899...|
|[The, internation...|[-0.0251569747043...|
|[With, the, new, ...|[-0.1424257911628...|
|[According, to, t...|[0.03129597339869...|
+--------------------+--------------------+
only showing top 5 rows
```

In[*]:
```
from pyspark.ml.feature import StandardScaler


#初始化特征标准化模型
scaler=StandardScaler(inputCol="features", outputCol="scaledFeatures",
```

```
        withStd=True, withMean=False)

scalerModel=scaler.fit(word2vec_df)

scaled_df=scalerModel.transform(word2vec_df)

scaled_df.show(5)
```

Out[*]:
```
+--------------------+--------------------+--------------------+
|               words|            features|      scaledFeatures|
+--------------------+--------------------+--------------------+
|[According, to, G...|[-0.0177427710080...|[-0.1282418935499...|
|[Technopolis, pla...|[-0.0224827738899...|[-0.1625018715843...|
|[The, internation...|[-0.0251569747043...|[-0.1818305647191...|
|[With, the, new, ...|[-0.1424257911628...|[-1.0294306983274...|
|[According, to, t...|[0.03129597339869...|[0.22620225934933...|
+--------------------+--------------------+--------------------+
only showing top 5 rows
```

2. 特征向量化

代码 7.7 展示了使用 PySpark 的 ML 程序库对类别型特征进行向量化转换的示例。这个转换过程主要经历了两个阶段：首先，将每一种类别型特征映射一个索引标量的编码（即一种类别型特征对应一个具体的数值）；然后，将这些标量数值进行独热编码，映射到只有 0 和 1 的二值向量空间进行表示。

代码 7.7 使用 PySpark 的 ML 程序库对类别型特征进行向量化转换

In[*]:
```
from pyspark.sql import SparkSession


#创建 SparkSession
spark=SparkSession.builder.getOrCreate()

#读取文件并存储到 DataFrame 中
df=spark.read.csv('../Datasets/news/news_sentiment.csv', header=False)

#选取名称为_c0 的列，并展示该列的前 5 行
```

```
df=df.select(df._c0)

df.show(5)
```

Out[*]:
```
+--------+
|     _c0|
+--------+
| neutral|
| neutral|
|negative|
|positive|
|positive|
+--------+
only showing top 5 rows
```

In[*]:
```
from pyspark.ml.feature import StringIndexer


#初始化类别到数值编码的特征转换模型
si=StringIndexer(inputCol='_c0', outputCol='label_idx')

si_model=si.fit(df)

df=si_model.transform(df)

df.show(5)
```

Out[*]:
```
+--------+---------+
|     _c0|label_idx|
+--------+---------+
| neutral|      0.0|
| neutral|      0.0|
|negative|      2.0|
|positive|      1.0|
|positive|      1.0|
+--------+---------+
only showing top 5 rows
```

In[*]:
```
from pyspark.ml.feature import OneHotEncoder
```

```
#初始化数值编码到独热向量表示的特征转换模型
ohe=OneHotEncoder(inputCol="label_idx", outputCol="labels")

ohe_model=ohe.fit(df)

result=ohe_model.transform(df)

result.show(5)
```

```
Out[*]: +--------+---------+-------------+
        |     _c0|label_idx|       labels|
        +--------+---------+-------------+
        | neutral|      0.0|(2,[0],[1.0])|
        | neutral|      0.0|(2,[0],[1.0])|
        |negative|      2.0|    (2,[],[])|
        |positive|      1.0|(2,[1],[1.0])|
        |positive|      1.0|(2,[1],[1.0])|
        +--------+---------+-------------+
        only showing top 5 rows
```

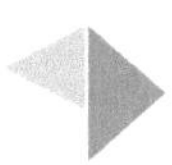

7.4 PySpark-ML 分布式机器学习模型

PySpark 中支持两个分布式机器学习库：MLlib 和 ML，分别对应底层的两种分布式数据结构：RDD 与 DataFrame。RDD 支撑的 MLlib 是较早出现在 Spark 内的分布式机器学习程序库，而 DataFrame 和对应的 ML 则是在最近的 Spark 版本才引入的。相比于 MLlib，ML 在 DataFrame 上的抽象级别更高，数据和操作耦合度也更低。因此，目前 ML 正在成为主流的 Spark 分布式机器学习库。

PySpark 的 ML 机器学习程序库主要有 3 个关键的抽象类，分别是 Transformer、Estimator 和 Pipeline。

(1) Transformer 主要对应 feature 子模块，实现了算法训练前的一系列的特征预处理工作。

(2) Estimator 对应各种机器学习算法，主要为分类、回归、聚类和推荐算法 4 大类，具体可选算法大多与 Scikit-learn 有所对应，接口设计也十分类似。

(3) Pipeline 可将一系列转换和训练过程串联形成流水线。

如图 7.12 所示，在分布式机器学习模型的训练过程中，用于训练模型的工作负载会在多个微型处理器之间进行拆分和共享，这些处理器称为工作器节点。这些工作器节点并行工作，以加速模型训练，按行对数据进行分区，达成对数百万甚至数十亿个数据实例进行分布式训练。以其核心的梯度下降算法为例，关键步骤如下。

(1) 将数据划分至各个计算节点。

(2) 把当前的模型参数广播到各个计算节点。

(3) 对各计算节点进行数据抽样，各自得到一个小批量(mini batch)数据，分别计算梯度，再通过 treeAggregate 操作汇总梯度，得到最终梯度 gradientSum。

(4) 利用 gradientSum 更新模型权重。这里采用阻断式的梯度下降方式，即当各节点有数据倾斜时，每轮的时间取决于最慢的节点。这是 Spark 并行训练效率较低的主要原因。

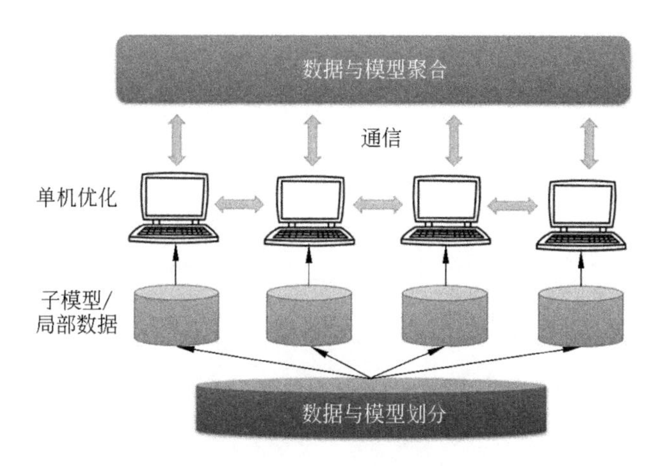

图7.12　分布式机器学习的基本框架

下面介绍分布式分类模型。

满足数据或者模型划分原则的分布式分类模型有很多，我们从 PySpark-ML 中选取部分介绍，包括分布式逻辑斯蒂回归分类模型、分布式朴素贝叶斯分类模型、分布式决策树分类模型、分布式随机森林分类模型。这些分布式分类模型的总体特点是：特征之间的关系相对独立、互不干扰，并且可以通过分布式计算的方式并行获取更新梯度，加速训练过程。

1. 分布式逻辑斯蒂回归分类模型

代码7.8展示了如何使用 Spark 的 Pipeline 依次执行 Spark-ML 程序库中的标签数字化编码器、词频特征抽取器、特征标准化转换器，以及分布式逻辑斯蒂回归分类器。首先从 news_sentiment 训练集上获得一个新闻文本的情感分类模型，再在 news_sentiment 测试集上使用准确率来评估最终的分类预测效果。结果显示，Spark-ML 的逻辑斯蒂回归分类器在 news_sentiment 测试集上的准确率为 70.32%。

代码 7.8 使用 PySpark 的 ML 程序库搭建、训练和测试分布式逻辑斯蒂回归分类模型

```
In[*]: from pyspark.sql import SparkSession
       import pyspark.sql.functions as func


       #创建 SparkSession
       spark=SparkSession.builder.getOrCreate()

       #读取文件并存储到 DataFrame 中
       df=spark.read.csv('../Datasets/news/news_sentiment.csv', header=False)

       #指定标签列，并对文本特征列的数据进行分词处理
       df=df.select(df._c0.alias('label'), func.split(df._c1, ' ')
       .alias('words'))

       #分割出训练和测试集
       (train_df, test_df)=df.randomSplit([0.8, 0.2], seed=2021)
```

```
In[*]: from pyspark.ml.feature import CountVectorizer, StringIndexer,
       StandardScaler
       from pyspark.ml.classification import LogisticRegression
       from pyspark.ml import Pipeline


       #对标签数据进行数字化编码
       labelIndexer=StringIndexer(inputCol="label", outputCol="idx_label")

       #对文本数据进行词频特征抽取
       cv=CountVectorizer(inputCol="words", outputCol="features", vocabSize=
       500)

       #对词频特征进行标准化转换
```

```
        scaler=StandardScaler(inputCol='features', outputCol='scaled_features')

        #使用逻辑斯蒂回归分类器
        classifier=LogisticRegression(labelCol="idx_label", featuresCol=
        "scaled_features")

        #使用 Pipeline,构建标签编码、特征抽取、特征转换,以及模型分类的执行流程
        pipeline=Pipeline(stages=[labelIndexer, cv, scaler, classifier])

        model=pipeline.fit(train_df)

        predictions=model.transform(test_df)
```

```
In[*]:  from pyspark.ml.evaluation import MulticlassClassificationEvaluator


        evaluator=MulticlassClassificationEvaluator(labelCol="idx_label",
        predictionCol="prediction", metricName="accuracy")

        accuracy=evaluator.evaluate(predictions)

        #评估分类器的准确率
        print('Spark-ML 的逻辑斯蒂回归分类器在 news_sentiment 测试集上的准确率为
        %.2f%%。' %(accuracy * 100))
```

```
Out[*]: Spark-ML 的逻辑斯蒂回归分类器在 news_sentiment 测试集上的准确率为 70.32%
```

2. 分布式朴素贝叶斯分类模型

代码 7.9 展示了如何使用 Spark 的 Pipeline 依次执行 Spark-ML 程序库中的标签数字化编码器、词频特征抽取器,以及分布式朴素贝叶斯分类器。首先从 news_sentiment 训练集上获得一个新闻文本的情感分类模型,再在 news_sentiment 测试集上使用准确率来评估最终的分类预测效果。结果显示,Spark-ML 的朴素贝叶斯分类器在 news_sentiment 测试集上的准确率为 67.92%。

代码 7.9 使用 PySpark 的 ML 程序库搭建、训练和测试分布式朴素贝叶斯分类模型

```
In[*]:  from pyspark.sql import SparkSession
        import pyspark.sql.functions as func
```

```
#创建 SparkSession
spark=SparkSession.builder.getOrCreate()

#读取文件并存储到 DataFrame 中
df=spark.read.csv('../Datasets/news/news_sentiment.csv', header=False)

#指定标签列,并对文本特征列的数据进行分词处理
df=df.select(df._c0.alias('label'), func.split(df._c1, ' ')
.alias('words'))

#分割出训练和测试集
(train_df, test_df)=df.randomSplit([0.8, 0.2], seed=2021)
```

```
In[*]: from pyspark.ml.feature import CountVectorizer, StringIndexer,
StandardScaler
from pyspark.ml.classification import NaiveBayes
from pyspark.ml import Pipeline


#对标签数据进行数字化编码
labelIndexer=StringIndexer(inputCol="label", outputCol="idx_label")

#对文本数据进行词频特征抽取
cv=CountVectorizer(inputCol="words", outputCol="features", vocabSize=
500)

#使用朴素贝叶斯分类器
classifier=NaiveBayes(labelCol="idx_label", featuresCol="features")

#使用 Pipeline,构建标签编码、特征抽取,以及模型分类的执行流程
pipeline=Pipeline(stages=[labelIndexer, cv, classifier])

model=pipeline.fit(train_df)

predictions=model.transform(test_df)
```

```
In[*]:  from pyspark.ml.evaluation import MulticlassClassificationEvaluator


        evaluator=MulticlassClassificationEvaluator(labelCol="idx_label",
        predictionCol="prediction", metricName="accuracy")

        accuracy=evaluator.evaluate(predictions)

        #评估分类器的准确率
        print('Spark-ML 的朴素贝叶斯分类器在 news_sentiment 测试集上的准确率为
        %.2f%%。' %(accuracy * 100))
Out[*]: Spark-ML 的朴素贝叶斯分类器在 news_sentiment 测试集上的准确率为 67.92%
```

3. 分布式决策树分类模型

代码 7.10 展示了如何使用 Spark 的 Pipeline 依次执行 Spark-ML 程序库中的标签数字化编码器、词频特征抽取器、特征标准化转换器，以及分布式决策树分类器。结果显示，Spark-ML 的决策树分类器在 news_sentiment 测试集上的准确率为 68.03%。

代码 7.10 使用 PySpark 的 ML 程序库，搭建、训练和测试分布式决策树分类模型

```
In[*]:  from pyspark.sql import SparkSession
        import pyspark.sql.functions as func


        #创建 SparkSession
        spark=SparkSession.builder.getOrCreate()

        #读取文件并存储到 DataFrame 中
        df=spark.read.csv('../Datasets/news/news_sentiment.csv', header=False)

        #指定标签列，并对文本特征列的数据进行分词处理
        df=df.select(df._c0.alias('label'), func.split(df._c1, ' ')
        .alias('words'))

        #分割出训练和测试集
        (train_df, test_df)=df.randomSplit([0.8, 0.2], seed=2021)
```

```
In[*]:  from pyspark.ml.feature import CountVectorizer, StringIndexer,
        StandardScaler
        from pyspark.ml.classification import DecisionTreeClassifier
        from pyspark.ml import Pipeline


        #对标签数据进行数字化编码
        labelIndexer=StringIndexer(inputCol="label", outputCol="idx_label")

        #对文本数据进行词频特征抽取
        cv=CountVectorizer(inputCol="words", outputCol="features", vocabSize=
        500)

        #对词频特征进行标准化转换
        scaler=StandardScaler(inputCol='features', outputCol='scaled_features')

        #使用决策树分类器
        classifier=DecisionTreeClassifier(labelCol="idx_label", featuresCol=
        "scaled_features")

        #使用 Pipeline,构建标签编码、特征抽取、特征转换,以及模型分类的执行流程
        pipeline=Pipeline(stages=[labelIndexer, cv, scaler, classifier])

        model=pipeline.fit(train_df)

        predictions=model.transform(test_df)
```

```
In[*]:  from pyspark.ml.evaluation import MulticlassClassificationEvaluator


        evaluator=MulticlassClassificationEvaluator(labelCol="idx_label",
        predictionCol="prediction", metricName="accuracy")

        accuracy=evaluator.evaluate(predictions)

        #评估分类器的准确率
        print('Spark-ML 的决策树分类器在 news_sentiment 测试集上的准确率为%.2f%%。'
        %(accuracy * 100))
```

```
Out[*]: Spark-ML的决策树分类器在news_sentiment测试集上的准确率为68.03%
```

4. 分布式随机森林分类模型

代码7.11展示了如何使用Spark的Pipeline依次执行Spark-ML程序库中的标签数字化编码器、词频特征抽取器、特征标准化转换器，以及分布式随机森林分类器。结果显示，Spark-ML的随机森林分类器在news_sentiment测试集上的准确率为66.04%。

代码7.11　使用PySpark的ML程序库搭建、训练和测试分布式随机森林分类模型

```
In[*]:  from pyspark.sql import SparkSession
        import pyspark.sql.functions as func


        #创建SparkSession
        spark=SparkSession.builder.getOrCreate()

        #读取文件并存储到DataFrame中
        df=spark.read.csv('../Datasets/news/news_sentiment.csv', header=False)

        #指定标签列,并对文本特征列的数据进行分词处理
        df=df.select(df._c0.alias('label'), func.split(df._c1, ' ')
        .alias ('words'))

        #分割出训练和测试集
        (train_df, test_df)=df.randomSplit([0.8, 0.2], seed=2021)
```

```
In[*]:  from pyspark.ml.feature import CountVectorizer, StringIndexer,
        StandardScaler
        from pyspark.ml.classification import RandomForestClassifier
        from pyspark.ml import Pipeline


        #对标签数据进行数字化编码
        labelIndexer=StringIndexer(inputCol="label", outputCol="idx_label")

        #对文本数据进行词频特征抽取
        cv=CountVectorizer(inputCol="words", outputCol="features", vocabSize=
        500)
```

```
#对词频特征进行标准化转换
scaler=StandardScaler(inputCol='features', outputCol='scaled_features')

#使用随机森林分类器
classifier=RandomForestClassifier(labelCol="idx_label", featuresCol=
"scaled_features")

#使用 Pipeline,构建标签编码、特征抽取、特征转换,以及模型分类的执行流程
pipeline=Pipeline(stages=[labelIndexer, cv, scaler, classifier])

model=pipeline.fit(train_df)

predictions=model.transform(test_df)
```

```
In[ * ]: from pyspark.ml.evaluation import MulticlassClassificationEvaluator


         evaluator=MulticlassClassificationEvaluator(labelCol="idx_label",
         predictionCol="prediction", metricName="accuracy")

         accuracy=evaluator.evaluate(predictions)

         #评估分类器的准确率
         print('Spark-ML 的随机森林分类器在 news_sentiment 测试集上的准确率为
         %.2f%%。' %(accuracy * 100))
```

```
Out[ * ]: Spark-ML 的随机森林分类器在 news_sentiment 测试集上的准确率为 66.04%
```

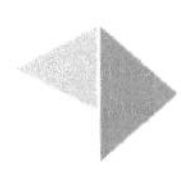

7.5 分布式机器学习模型的常用优化技巧

由于分布式机器学习的重大特点在于训练数据的规模，因此我们重点从如何充分利用现有数据的角度，介绍分布式机器学习模型的常用优化技巧。5.5.1 中已经介绍了留一验证和 K-折交叉验证，下面分别用两种验证方式完成超参数寻优的任务。

7.5.1　留一验证

代码 7.12 展示了如何使用 Spark 的留一验证技巧，对分布式逻辑斯蒂回归分类模型进行超参数寻优的示例代码。PySpark-ML 的逻辑斯蒂回归分类器经过留一验证的超参数寻优后，在 news_sentiment 测试集上的准确率上升为 75.55%。

由于对验证集合随机采样的不确定性，留一验证优化的模型性能可能不稳定。因此，留一验证被使用在计算能力较弱，而相对数据规模较大的分布式机器学习发展的早期。当我们拥有足够的计算资源之后，这一验证方法进化成为更加高级的版本——交叉验证。

代码 7.12　使用 PySpark 的留一验证技巧，对分布式逻辑斯蒂回归分类模型进行超参数寻优

```
In[*]:  from pyspark.sql import SparkSession
        import pyspark.sql.functions as func


        #创建 SparkSession
        spark=SparkSession.builder.getOrCreate()

        #读取文件并存储到 DataFrame 中
        df=spark.read.csv('../Datasets/news/news_sentiment.csv', header=
        False)

        #指定标签列,并对文本特征列的数据进行分词处理
        df=df.select(df._c0.alias('label'), func.split(df._c1, ' ')
        .alias('words'))

        #分割出训练集和测试集
        (train_df, test_df)=df.randomSplit([0.8, 0.2], seed=2021)
```

```
In[*]:  from pyspark.ml.feature import CountVectorizer, StringIndexer,
        StandardScaler
        from pyspark.ml.classification import LogisticRegression
        from pyspark.ml import Pipeline
        from pyspark.ml.tuning import ParamGridBuilder, TrainValidationSplit
        from pyspark.ml.evaluation import MulticlassClassificationEvaluator
```

```
#对标签数据进行数字化编码
labelIndexer=StringIndexer(inputCol="label", outputCol="idx_label")

#对文本数据进行词频特征抽取
cv=CountVectorizer(inputCol="words", outputCol="features", vocabSize=
500)

#对词频特征进行标准化转换
scaler=StandardScaler(inputCol='features', outputCol='scaled_features')

#使用逻辑斯蒂回归分类器
classifier=LogisticRegression(labelCol="idx_label", featuresCol=
"scaled_features")

#使用 Pipeline,构建标签编码、特征抽取、特征转换,以及模型分类的执行流程
pipeline=Pipeline(stages=[labelIndexer, cv, scaler, classifier])

#构建要尝试的超参数集合
paramGrid=ParamGridBuilder()\
    .addGrid(classifier.regParam, [1.0, 0.1, 0.01])\
    .addGrid(classifier.fitIntercept, [False, True])\
    .addGrid(classifier.elasticNetParam, [0.0, 0.2, 0.5, 0.8, 1.0])\
    .build()

#构建评估器
evaluator=MulticlassClassificationEvaluator(labelCol="idx_label",
predictionCol="prediction", metricName="accuracy")

#采用留一验证的方式进行超参数寻优
tvs=TrainValidationSplit(estimator=pipeline,
                         estimatorParamMaps=paramGrid,
                         evaluator=evaluator,
                         trainRatio=0.8)

model=tvs.fit(train_df)

predictions=model.transform(test_df)
```

```
In[ * ]:  accuracy=evaluator.evaluate(predictions)
```

```
#评估分类器的准确率
print('Spark-ML 的逻辑斯蒂回归分类器经过留一验证优化后,在 news_sentiment 测试集上的准确率为%.2f%%。' %(accuracy * 100))
```

Out[*]: Spark-ML 的逻辑斯蒂回归分类器经过留一验证优化后,在 news_sentiment 测试集上的准确率为 74.19%

7.5.2 *K*-折交叉验证

K-折交叉验证(K-fold cross-validation)可以理解为从事了多次留一验证的过程。下面以 5 折交叉验证(Five-fold cross-validation)为例,如图 7.13 所示,全部可用数据被随机分割为平均数量的 5 组,每次迭代都选取其中的 1 组数据作为验证集,其他 4 组作为训练集。

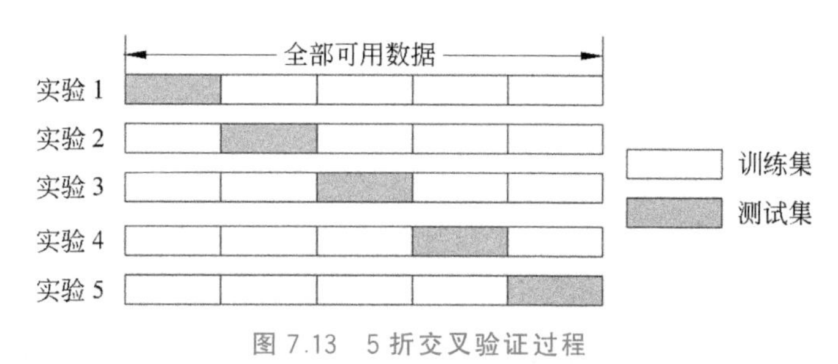

图 7.13　5 折交叉验证过程

代码 7.13 展示了如何使用 PySpark 的交叉验证技巧,对分布式逻辑斯蒂回归分类模型进行超参数寻优。PySpark-ML 的逻辑斯蒂回归分类器经过交叉验证的超参数寻优后,在 news_sentiment 测试集上的准确率进一步提升为 75.86%。交叉验证的好处在于,可以保证所有数据都有被训练和验证的机会,也尽最大可能让优化的模型性能表现得更加可信。

代码 7.13　使用 PySpark 的交叉验证技巧,对分布式逻辑斯蒂回归分类模型进行超参数寻优

In[*]:

```
from pyspark.sql import SparkSession
import pyspark.sql.functions as func


#创建 SparkSession
spark=SparkSession.builder.getOrCreate()
```

```
#读取文件并存储到 DataFrame 中
df=spark.read.csv('../Datasets/news/news_sentiment.csv', header=False)

#指定标签列,并对文本特征列的数据进行分词处理
df=df.select(df._c0.alias('label'), func.split(df._c1, ' ')
.alias('words'))

#分割出训练集和测试集
(train_df, test_df)=df.randomSplit([0.8, 0.2], seed=2021)
```

In[*]:

```
from pyspark.ml.feature import CountVectorizer, StringIndexer,
StandardScaler
from pyspark.ml.classification import LogisticRegression
from pyspark.ml import Pipeline
from pyspark.ml.tuning import ParamGridBuilder, CrossValidator
from pyspark.ml.evaluation import MulticlassClassificationEvaluator


#对标签数据进行数字化编码
labelIndexer=StringIndexer(inputCol="label", outputCol="idx_label")

#对文本数据进行词频特征抽取
cv=CountVectorizer(inputCol="words", outputCol="features", vocabSize=
500)

#对词频特征进行标准化转换
scaler=StandardScaler(inputCol='features', outputCol='scaled_
features')

#使用逻辑斯蒂回归分类器
classifier=LogisticRegression(labelCol="idx_label", featuresCol=
"scaled_features")

#使用 Pipeline,构建标签编码、特征抽取、特征转换,以及模型分类的执行流程
pipeline=Pipeline(stages=[labelIndexer, cv, scaler, classifier])
```

```
#采用留一验证方式进行超参数寻优
paramGrid=ParamGridBuilder()\
    .addGrid(classifier.regParam, [1.0, 0.1, 0.01]) \
    .addGrid(classifier.fitIntercept, [False, True])\
    .addGrid(classifier.elasticNetParam, [0.0, 0.2, 0.5, 0.8, 1.0])\
    .build()

#构建评估器
evaluator=MulticlassClassificationEvaluator(labelCol="idx_label",
predictionCol="prediction", metricName="accuracy")

#采用交叉验证的方式进行超参数寻优
cross_val=CrossValidator(estimator=pipeline, estimatorParamMaps=
                         paramGrid,evaluator=evaluator, numFolds=5)

model=cross_val.fit(train_df)

predictions=model.transform(test_df)
```

```
In[ * ]:  accuracy=evaluator.evaluate(predictions)

          #评估分类器的准确率
          print('Spark-ML 的逻辑斯蒂回归分类器经过交叉验证优化后,在 news_sentiment 测
          试集上的准确率为%.2f%%。' %(accuracy * 100))
```

```
Out[ * ]: Spark-ML 的逻辑斯蒂回归分类器经过交叉验证优化后,在 news_sentiment 测试集上的
          准确率为 75.86%
```

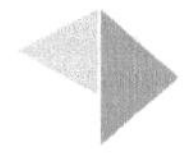

7.6 章末小结

本章首先介绍了 Spark 中最为常用的两种数据结构：RDD 与 DataFrame；然后，以 Spark 的分布式 DataFrame 为数据基础，介绍 PySpark-ML 中大量的特征工程方法；最后，重点讲述了 ML 程序库中部分常用的分布式机器学习模型，以及分布式机器学习中常见的超参数寻优技巧。

为了更加直观地说明如何使用 PySpark 实践上述的分布式数据结构、特征工程方法、机器学习模型，以及超参数寻优技巧，本章以 news_sentiment 数据集为例进行编程实

践。如表7.1所示，在不使用超参数寻优技巧的前提下，分布式逻辑斯蒂回归分类预测模型在news_sentiment测试集上的准确率最高，达到70.32%。在引入了两种不同的超参数寻优技巧（留一验证和交叉验证）之后，分布式逻辑斯蒂回归分类预测模型的准确率取得了大幅度的提升，其中以交叉验证的效果最佳，准确率为75.86%。

表7.1 PySpark-ML中多种分布式分类预测模型在news_sentiment测试集上的准确率

分布式分类预测模型	PySpark-ML中的调用包与接口	news_sentiment测试集上的准确率/%
分布式逻辑斯蒂回归分类器	classification.LogisticRegression()	70.32
分布式逻辑斯蒂回归分类器（留一验证）	classification.LogisticRegression()	74.19
分布式逻辑斯蒂回归分类器（交叉验证）	classification.LogisticRegression()	75.86
分布式朴素贝叶斯分类器	classification.NaiveBayes()	67.92
分布式决策树分类器	classification.DecisionTreeClassifier()	68.03
分布式随机森林分类器	classification.RandomForestClassifier()	66.04

第 4 部分

实　践　篇

第8章

Kaggle竞赛实践

Kaggle是一个为现实中的数据分析与建模任务提供国际化竞赛的平台。一方面，政府、企业或者高校都可以在Kaggle平台上公开数据、任务以及评价标准，甚至发布悬赏。另一方面，统计学者、数据挖掘和机器学习方向的专家可以在平台上提交分析结果，甚至可以直接提交可运行代码进行竞赛，进而角逐出最好的模型并取得悬赏奖励。这种通过众包来解决大量领域的专属问题并相应地提供不菲金钱奖励的方式，让数据科学应用成为了一项极具吸引力的事业。

然而，Kaggle的成功也道出了另外一个事实：即便众多的模型策略可以用于解决几乎所有预测建模的问题，但研究者仍然不可能在一开始就了解什么方法对于特定问题是最有效的。Kaggle以众包的形式解决了“最专业的领域问题”与“最合适的分析方法”之间的高效对接，显著加速了数据分析与挖掘、机器学习等领域的实践发展进程，实现了问题提出者与问题解决者之间的双赢。

一方面，许多科技公司、研究院所和高校拥有大量的数据分析任务和研发课题。如果仅仅依靠有限的内部研究人员对这些问题进行处理和分析，不但会耗费大量的时间，而且需要给这些拥有博士学位的研究人员支付极其高昂的薪资。这也是为什么只有少数实力雄厚的高新科技公司，如Google Research、Microsoft Research、百度深度学习研究院等拥有内部的研究院。如果仅拿出一小部分奖金便可以向全世界的聪明人征集最佳的解决方案，那何乐而不为呢？

另一方面，越来越多有从事数据挖掘和机器学习方面工作意愿的兴趣爱好者因为难以获得大量可供分析的数据，自己的才华也难以施展。造成这一问题的主要原因在于，科研机构和大型企业都非常看重数据的价值，特别是那些和自己主流业务相关的数据例如Google服务器上存储的全世界互联网用户的搜索日志。对于外部个体的兴趣爱好者，要想获得这些企业和科研机构的数据几乎是不可能的事。但是，如果有一个像Kaggle这样著名的大型平台，随着上面聚拢的兴趣爱好者甚至行业专家越来越多，大型企业和科研机构也会逐渐信赖这些参赛者，并且放心地提供一些重要的数据。

本章将使用前文介绍的全部数据分析和机器学习技能实践一些经典的 Kaggle 竞赛案例。这些经典案例主要有泰坦尼克号乘客是否罹难的预测、房产价值的自动评估、推特短文文本的自动分类，以及大规模图片类别的识别等。这些经典的案例不仅涵盖了对数值、文本，甚至图像类型数据的处理技巧，而且也涉及多种机器学习任务，如分类预测与数值回归。

8.1 泰坦尼克号罹难乘客预测

泰坦尼克号（英文名称 Titanic）是一艘英国皇家邮轮，也是白星航运公司旗下的三艘奥林匹克级邮轮之一。泰坦尼克号在其服役时间内是全世界最大的海上船舶，号称“永不沉没的梦幻之船”。然而，1912 年 4 月 10 日，泰坦尼克号展开首航，也成为了其唯一一次的载客出航——同年 4 月 15 日泰坦尼克号在航程中途擦撞冰山后沉没，船上 2224 名人员中有 1514 人罹难，成为近代史上最严重的和平时期船难。1997 年，著名导演詹姆斯·卡梅隆指导的同名史诗级浪漫灾难电影上映，该电影风靡全球，引起极大反响，并成为全世界第一部票房突破 10 亿美元大关的电影。

因此，泰坦尼克号的相关新闻和故事时至今日仍然是大众关注的焦点。大量曾经在这艘船上的乘客信息都尽可能地被还原和补充。Kaggle 上也由此诞生了一项十分经典的数据分析和机器学习问题：泰坦尼克号罹难乘客的预测。如图 8.1 所示，所有生还乘客和罹难乘客的数据被划分为训练集（train.csv）和测试集（test.csv）两个数据集，这项任务的目标是尽可能充分地利用训练集中所提供的部分乘客生还或者罹难的信息，对测试集中的乘客最终是否生还进行准确的预测。

援引卡内基梅隆大学著名教授 Tom Mitchell 对机器学习的经典定义，我们可以将“泰坦尼克号罹难乘客预测问题”中的三元素（即经验、任务、性能）拆解和映射如下。

- 经验：训练集中所提供的部分乘客特征与其生还或者罹难的标签。
- 任务：根据上述经验，建立一个分类（Classification）模型，用以预测某乘客最终是否生还。
- 性能：评估建立的模型对测试集中的乘客，预测是否生还的准确率。

接下来，我们把解决 Kaggle 平台中的“泰坦尼克号罹难乘客预测问题”分为 4 个关键步骤：数据分析、数据预处理、模型设计与寻优、提交测试。接下来，结合具体的实践代码对每一个步骤进行详细解读。

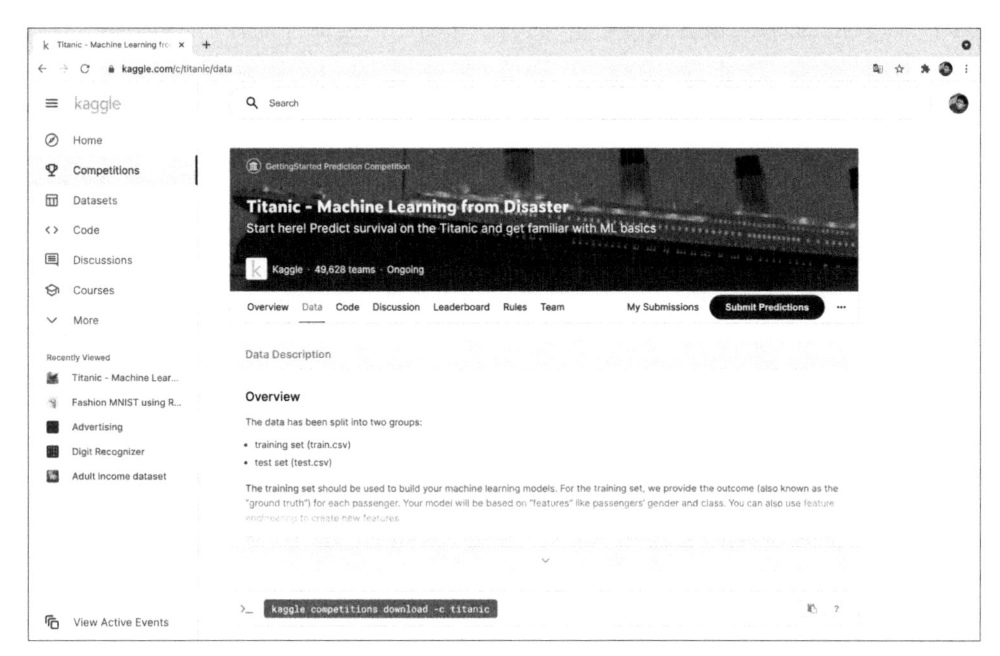

图 8.1　“泰坦尼克号罹难乘客预测问题”的 Kaggle 竞赛网站[①]

8.1.1　数据分析

如代码 8.1 所示，我们首先使用 pandas 读取训练和测试数据集，并采用 DataFrame 数据结构分别存储训练和测试数据。然后，通过 DataFrame 的内置函数 info()，分别对训练和测试数据进行全面检视。使用 info()函数的优势在于可以一次性了解训练和测试数据的规模、每一列特征的数据类型，以及每一列特征的缺失情况等。

由代码 8.1 的执行结果可以得知，训练和测试数据的样本（乘客）数量分别为 891 和 418，训练数据提供的标签对应列的名称为 Survived。原始特征有 PassengerId、Pclass、Name、Sex 等 11 种，其中数值型的特征有 Age、SibSp、Parch、Fare；类别型的特征有 Pclass、Sex、Embarked、Cabin，文本型的特征有 Name、Ticket 等。缺失的特征既包含数值型的 Age，也有类别型的 Embarked。

根据上述数据分析，我们初步确定了数据预处理的指导方向，即放弃对没有太多规律的文本特征（如 Name）的处理，并填充缺失量较少的特征（如 Age、Embarked）。

---

① https://www.kaggle.com/c/titanic/data

代码 8.1　对“Titanic 罹难乘客预测问题”的训练和测试数据进行分析

```
In[ * ]: import pandas as pd


         #读取训练和测试数据
         train_data=pd.read_csv('../datasets/titanic/train.csv')
         test_data=pd.read_csv('../datasets/titanic/test.csv')
```

```
In[ * ]: train_data.info()
```

```
Out[ * ]: <class 'pandas.core.frame.DataFrame'>
          RangeIndex: 891 entries, 0 to 890
          Data columns (total 12 columns):
          #   Column       Non-Null Count  Dtype
          ---  ------       --------------  -----
          0   PassengerId  891 non-null    int64
          1   Survived     891 non-null    int64
          2   Pclass       891 non-null    int64
          3   Name         891 non-null    object
          4   Sex          891 non-null    object
          5   Age          714 non-null    float64
          6   SibSp        891 non-null    int64
          7   Parch        891 non-null    int64
          8   Ticket       891 non-null    object
          9   Fare         891 non-null    float64
          10  Cabin        204 non-null    object
          11  Embarked     889 non-null    object
          dtypes: float64(2), int64(5), object(5)
          memory usage: 83.7+KB
```

```
In[ * ]: test_data.info()
```

```
Out[ * ]: <class 'pandas.core.frame.DataFrame'>
          RangeIndex: 418 entries, 0 to 417
          Data columns (total 11 columns):
          #   Column       Non-Null Count  Dtype
          ---  ------       --------------  -----
          0   PassengerId  418 non-null    int64
          1   Pclass       418 non-null    int64
          2   Name         418 non-null    object
```

```
3   Sex        418 non-null   object
4   Age        332 non-null   float64
5   SibSp      418 non-null   int64
6   Parch      418 non-null   int64
7   Ticket     418 non-null   object
8   Fare       417 non-null   float64
9   Cabin      91 non-null    object
10  Embarked   418 non-null   object
dtypes: float64(2), int64(4), object(5)
memory usage: 36.0+KB
```

8.1.2 数据预处理

根据数据分析给出的指导方向，如代码 8.2 所示，我们首先丢弃了缺失值较多的 Cabin 特征和特征共性较弱的文本特征（如 Name 和 Ticket）。然后，我们采用不同的填充策略，将 Age、Fare 和 Embarked 特征逐一进行补全：

（1）对于数值型特征（Age 和 Fare），一般使用已知数据的平均数或者中位数对缺失数据进行补全；

（2）对于类别型特征（Embarked），一般采用已知数据的众数（即最高频出现的类别）对缺失数据进行补全。

在丢弃了不必要的特征，并对剩余特征进行补全之后，我们需要进一步将类别型特征转换为独热编码，并最终与数值型特征共同组成模型训练和测试用的输入特征。

代码 8.2 对"泰坦尼克号罹难乘客预测问题"的训练和测试数据进行预处理

```
In[*]:  def data_preprocess(df):
            '''
            丢弃 Cabin、Ticket、Name 特征，同时填充 Age、Fare、Embarked 特征
            '''
            df=df.drop(['Cabin', 'Ticket', 'Name'], axis=1)
            df=df.fillna({'Age': df['Age'].median(), 'Fare': df['Fare'].mean(),
        'Embarked': df['Embarked'].value_counts().idxmax()})
            return df

        train_data=data_preprocess(train_data)
        test_data=data_preprocess(test_data)
```

```
In[*]:  X_train=train_data.drop(['Survived', 'PassengerId'], axis=1)
        y_train=train_data['Survived']
        X_test=test_data.drop(['PassengerId'], axis=1)
```

```
In[*]:  #获得训练和测试集中的数值型特征
        num_X_train=X_train[['Age', 'Fare', 'SibSp', 'Parch']].values
        num_X_test=X_test[['Age', 'Fare', 'SibSp', 'Parch']].values
```

```
In[*]:  from sklearn.preprocessing import OneHotEncoder


        ohe=OneHotEncoder()

        #获得训练和测试集中的类别型特征，并转换为独热编码
        cate_X_train
        =ohe.fit_transform(X_train[['Pclass', 'Sex', 'Embarked']]).todense()
        cate_X_test
        =ohe.transform(X_test[['Pclass', 'Sex', 'Embarked']]).todense()
```

```
In[*]:  import numpy as np


        #将数值特征与类别特征的独热编码进行拼接
        X_train=np.concatenate([num_X_train, cate_X_train], axis=1)
        X_test=np.concatenate([num_X_test, cate_X_test], axis=1)
```

8.1.3 模型设计与寻优

如代码 8.3 所示，我们选用 Scikit-learn 中的随机森林分类器作为解决“泰坦尼克号罹难乘客预测问题”的机器学习模型，并采用 5 折交叉验证的方式对超参数进行寻优。

代码 8.3 搭建、训练和寻优“泰坦尼克号罹难乘客预测问题”的机器学习模型

```
In[*]:  '''
        采用随机森林分类器，并且交叉验证、超参数寻优
        '''
        from sklearn.ensemble import RandomForestClassifier
        from sklearn.model_selection import GridSearchCV
```

```
parameters={'n_estimators':[10, 50, 100], 'criterion':['gini',
'entropy']}

rfc=RandomForestClassifier()

clf=GridSearchCV(rfc, parameters, scoring='accuracy', n_jobs=4)

clf.fit(X_train, y_train)

print('最优超参数设定为:%s' %clf.best_params_)
print('交叉验证得到的最佳准确率为:%f' %clf.best_score_)
```

```
Out[*]: 最优超参数设定为:{'criterion': 'gini', 'n_estimators': 50}
        交叉验证得到的最佳准确率为:0.815969
```

8.1.4 提交测试

如代码 8.4 所示,我们使用最优超参数下的随机森林分类器,对测试集的样本进行类别预测,并按照 Kaggle 平台上"泰坦尼克号罹难乘客预测问题"要求的文件格式将预测结果保存到提交文件中。

代码 8.4 采用最优模型给出"泰坦尼克号罹难乘客预测问题"测试集的预测结果,并保存到提交文件中

```
In[*]: '''
       使用最优的模型,依据测试数据的特征进行类别预测
       '''
       y_predict=clf.predict(X_test)

       submission=
       pd.DataFrame({'PassengerId': test_data['PassengerId'], 'Survived': y_
       predict})

       submission.to_csv('../Kaggle_submissions/titanic_submission.csv', index
       =False)
```

最终,如图 8.2 所示,我们向"泰坦尼克号罹难乘客预测问题"的 Kaggle 竞赛网站提交结果文件(titanic_submission.csv)。Kaggle 平台会当即根据所提交的结果文件评估模

型在测试集上的预测水平，并给出全网排名。

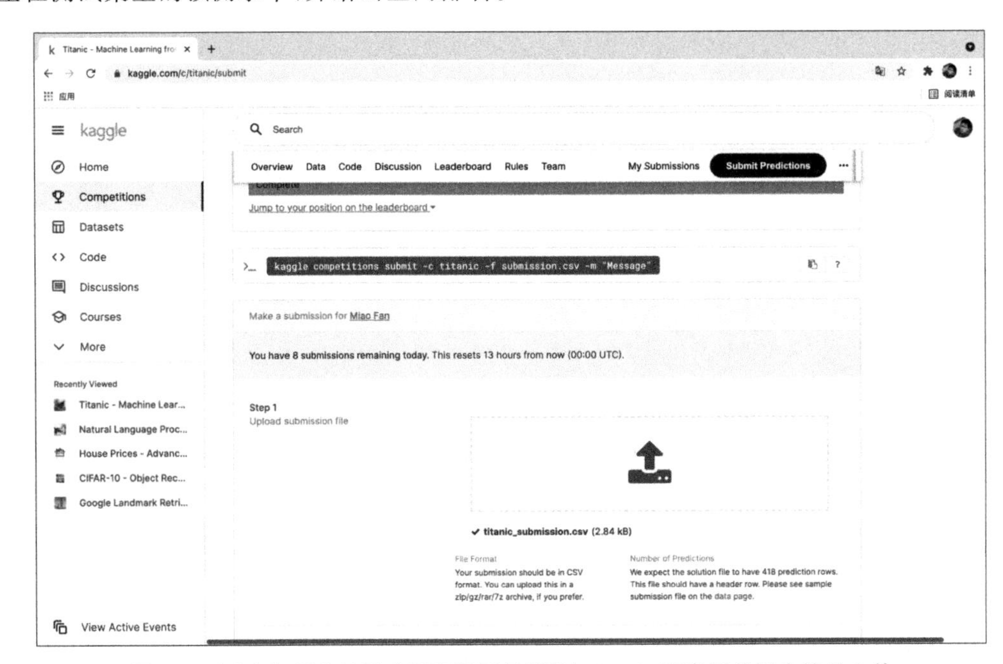

图 8.2 向“泰坦尼克号罹难乘客预测问题”的 Kaggle 竞赛网站提交结果文件

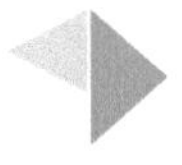

8.2 Ames 房产价值评估

固定资产买卖是人类社会经久不衰的话题。十几年来，国内房地产的持续升温、房地产买卖的管控、房产税的试点实施等新闻，让房产成为了影响国计民生的重要议题之一。大量有意愿买卖房产的人，在执行交易之前，都会无一例外地问一个相同的问题：“我买/卖的房子究竟值不值这个价钱?”

这样的问题同样出现在股票市场上，许多股民也会问：“我看好的股票到底值不值这个价钱?”其实，不管是固定资产还是有价证券，这些东西的价值都是由其本身的特征和大量市场交易行为决定的。以房产买卖为例，房屋本身的各项特点对于正在进行的房屋交易定价有一定的影响作用。

基于房产定价这样一个强烈的需求，Kaggle 推出了一项经典的数据分析和机器学习问题：Ames 房产价值评估。如图 8.3 所示，美国艾奥瓦州的埃姆斯(Ames)市提供了大量的房屋数据，这些数据被划分为训练集(train.csv)和测试集(test.csv)两个数据集。这项任务的目标是：尽可能充分利用训练集中所提供的部分房屋特征与成交价格信息，对测试集中的房屋市场价格进行准确的估计。

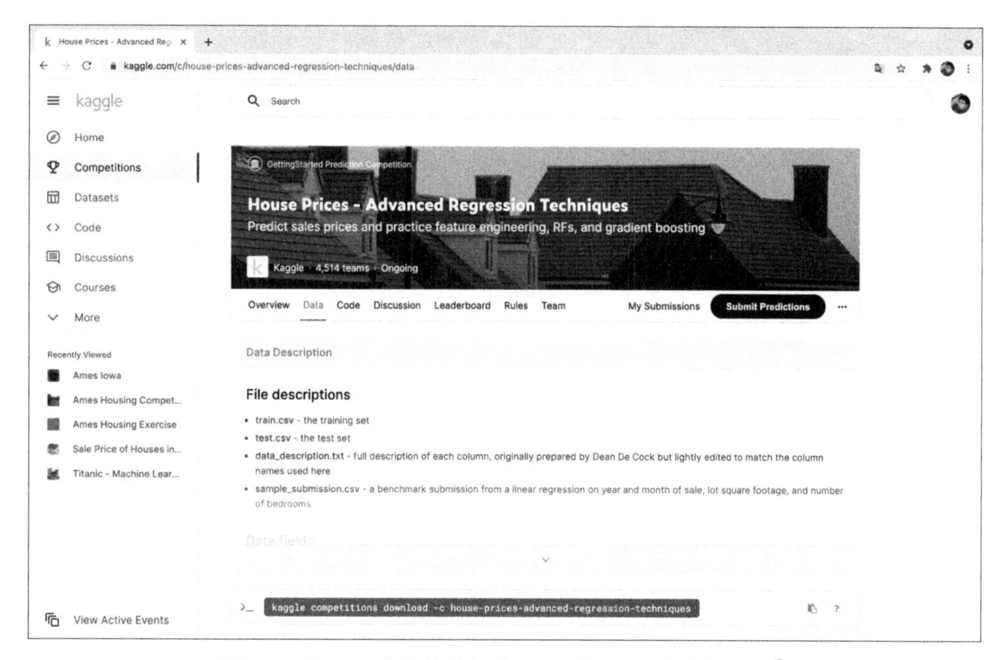

图 8.3 “Ames 房产价值评估问题”的 Kaggle 竞赛网站[1]

本节的“Ames 房产价值评估问题”中的经验、任务、性能三元素可以拆解和映射如下。

(1) 经验：训练集中所提供的部分房屋特征与其成交价格(Target value)。

(2) 任务：根据上述经验，建立一个数值回归模型，用以估计某房产的市场价值。

(3) 性能：评估建立的模型对测试集中的房产，回归市场价值的均方误差。

接下来，我们把解决“Ames 房产价值评估问题”分为 4 个关键步骤——数据分析、数据预处理、模型设计与寻优、提交测试，并结合具体的实践代码对每一个步骤进行详细解读。

8.2.1 数据分析

如代码 8.5 所示，我们首先使用 pandas 读取训练和测试数据集，并采用 DataFrame

① https://www.kaggle.com/c/house-prices-advanced-regression-techniques/data

数据结构分别存储训练和测试数据。然后，通过 DataFrame 的内置函数 info()，分别对训练和测试数据进行全面检视。

代码 8.5 对“Ames 房产价值评估问题”的训练和测试数据进行分析

In[*]:
```
import pandas as pd


#读取训练集和测试集数据
train_data=pd.read_csv('../Datasets/ames/train.csv')
test_data=pd.read_csv('../Datasets/ames/test.csv')
```

In[*]:
```
train_data.info()
```

Out[*]:
```
<class 'pandas.core.frame.DataFrame'>
RangeIndex: 1460 entries, 0 to 1459
Data columns (total 81 columns):
#   Column        Non-Null Count  Dtype
---  ------        --------------  -----
0   Id            1460 non-null   int64
1   MSSubClass    1460 non-null   int64
2   MSZoning      1460 non-null   object
3   LotFrontage   1201 non-null   float64
4   LotArea       1460 non-null   int64
5   Street        1460 non-null   object
6   Alley           91 non-null   object
7   LotShape      1460 non-null   object
8   LandContour   1460 non-null   object
9   Utilities     1460 non-null   object
10  LotConfig     1460 non-null   object
11  LandSlope     1460 non-null   object
12  Neighborhood  1460 non-null   object
13  Condition1    1460 non-null   object
14  Condition2    1460 non-null   object
15  BldgType      1460 non-null   object
16  HouseStyle    1460 non-null   object
17  OverallQual   1460 non-null   int64
18  OverallCond   1460 non-null   int64
19  YearBuilt     1460 non-null   int64
20  YearRemodAdd  1460 non-null   int64
```

```
21  RoofStyle      1460 non-null   object
22  RoofMatl       1460 non-null   object
23  Exterior1st    1460 non-null   object
24  Exterior2nd    1460 non-null   object
25  MasVnrType     1452 non-null   object
26  MasVnrArea     1452 non-null   float64
27  ExterQual      1460 non-null   object
28  ExterCond      1460 non-null   object
29  Foundation     1460 non-null   object
30  BsmtQual       1423 non-null   object
31  BsmtCond       1423 non-null   object
32  BsmtExposure   1422 non-null   object
33  BsmtFinType1   1423 non-null   object
34  BsmtFinSF1     1460 non-null   int64
35  BsmtFinType2   1422 non-null   object
36  BsmtFinSF2     1460 non-null   int64
37  BsmtUnfSF      1460 non-null   int64
38  TotalBsmtSF    1460 non-null   int64
39  Heating        1460 non-null   object
40  HeatingQC      1460 non-null   object
41  CentralAir     1460 non-null   object
42  Electrical     1459 non-null   object
43  1stFlrSF       1460 non-null   int64
44  2ndFlrSF       1460 non-null   int64
45  LowQualFinSF   1460 non-null   int64
46  GrLivArea      1460 non-null   int64
47  BsmtFullBath   1460 non-null   int64
48  BsmtHalfBath   1460 non-null   int64
49  FullBath       1460 non-null   int64
50  HalfBath       1460 non-null   int64
51  BedroomAbvGr   1460 non-null   int64
52  KitchenAbvGr   1460 non-null   int64
53  KitchenQual    1460 non-null   object
54  TotRmsAbvGrd   1460 non-null   int64
55  Functional     1460 non-null   object
56  Fireplaces     1460 non-null   int64
57  FireplaceQu     770 non-null   object
58  GarageType     1379 non-null   object
```

```
59  GarageYrBlt    1379 non-null   float64
60  GarageFinish   1379 non-null   object
61  GarageCars     1460 non-null   int64
62  GarageArea     1460 non-null   int64
63  GarageQual     1379 non-null   object
64  GarageCond     1379 non-null   object
65  PavedDrive     1460 non-null   object
66  WoodDeckSF     1460 non-null   int64
67  OpenPorchSF    1460 non-null   int64
68  EnclosedPorch  1460 non-null   int64
69  3SsnPorch      1460 non-null   int64
70  ScreenPorch    1460 non-null   int64
71  PoolArea       1460 non-null   int64
72  PoolQC            7 non-null   object
73  Fence           281 non-null   object
74  MiscFeature      54 non-null   object
75  MiscVal        1460 non-null   int64
76  MoSold         1460 non-null   int64
77  YrSold         1460 non-null   int64
78  SaleType       1460 non-null   object
79  SaleCondition  1460 non-null   object
80  SalePrice      1460 non-null   int64
dtypes: float64(3), int64(35), object(43)
memory usage: 924.0+KB
```

In[*]:
```
test_data.info()
```

Out[*]:
```
<class 'pandas.core.frame.DataFrame'>
RangeIndex: 1459 entries, 0 to 1458
Data columns (total 80 columns):
 #   Column          Non-Null Count  Dtype
---  ------          --------------  -----
 0   Id              1459 non-null   int64
 1   MSSubClass      1459 non-null   int64
 2   MSZoning        1455 non-null   object
 3   LotFrontage     1232 non-null   float64
 4   LotArea         1459 non-null   int64
 5   Street          1459 non-null   object
 6   Alley            107 non-null   object
```

```
 7   LotShape       1459 non-null   object
 8   LandContour    1459 non-null   object
 9   Utilities      1457 non-null   object
 10  LotConfig      1459 non-null   object
 11  LandSlope      1459 non-null   object
 12  Neighborhood   1459 non-null   object
 13  Condition1     1459 non-null   object
 14  Condition2     1459 non-null   object
 15  BldgType       1459 non-null   object
 16  HouseStyle     1459 non-null   object
 17  OverallQual    1459 non-null   int64
 18  OverallCond    1459 non-null   int64
 19  YearBuilt      1459 non-null   int64
 20  YearRemodAdd   1459 non-null   int64
 21  RoofStyle      1459 non-null   object
 22  RoofMatl       1459 non-null   object
 23  Exterior1st    1458 non-null   object
 24  Exterior2nd    1458 non-null   object
 25  MasVnrType     1443 non-null   object
 26  MasVnrArea     1444 non-null   float64
 27  ExterQual      1459 non-null   object
 28  ExterCond      1459 non-null   object
 29  Foundation     1459 non-null   object
 30  BsmtQual       1415 non-null   object
 31  BsmtCond       1414 non-null   object
 32  BsmtExposure   1415 non-null   object
 33  BsmtFinType1   1417 non-null   object
 34  BsmtFinSF1     1458 non-null   float64
 35  BsmtFinType2   1417 non-null   object
 36  BsmtFinSF2     1458 non-null   float64
 37  BsmtUnfSF      1458 non-null   float64
 38  TotalBsmtSF    1458 non-null   float64
 39  Heating        1459 non-null   object
 40  HeatingQC      1459 non-null   object
 41  CentralAir     1459 non-null   object
 42  Electrical     1459 non-null   object
 43  1stFlrSF       1459 non-null   int64
 44  2ndFlrSF       1459 non-null   int64
```

```
45  LowQualFinSF    1459 non-null   int64
46  GrLivArea       1459 non-null   int64
47  BsmtFullBath    1457 non-null   float64
48  BsmtHalfBath    1457 non-null   float64
49  FullBath        1459 non-null   int64
50  HalfBath        1459 non-null   int64
51  BedroomAbvGr    1459 non-null   int64
52  KitchenAbvGr    1459 non-null   int64
53  KitchenQual     1458 non-null   object
54  TotRmsAbvGrd    1459 non-null   int64
55  Functional      1457 non-null   object
56  Fireplaces      1459 non-null   int64
57  FireplaceQu      729 non-null   object
58  GarageType      1383 non-null   object
59  GarageYrBlt     1381 non-null   float64
60  GarageFinish    1381 non-null   object
61  GarageCars      1458 non-null   float64
62  GarageArea      1458 non-null   float64
63  GarageQual      1381 non-null   object
64  GarageCond      1381 non-null   object
65  PavedDrive      1459 non-null   object
66  WoodDeckSF      1459 non-null   int64
67  OpenPorchSF     1459 non-null   int64
68  EnclosedPorch   1459 non-null   int64
69  3SsnPorch       1459 non-null   int64
70  ScreenPorch     1459 non-null   int64
71  PoolArea        1459 non-null   int64
72  PoolQC             3 non-null   object
73  Fence            290 non-null   object
74  MiscFeature       51 non-null   object
75  MiscVal         1459 non-null   int64
76  MoSold          1459 non-null   int64
77  YrSold          1459 non-null   int64
78  SaleType        1458 non-null   object
79  SaleCondition   1459 non-null   object
dtypes: float64(11), int64(26), object(43)
memory usage: 912.0+ KB
```

由代码 8.5 的执行结果可以得知，训练和测试数据的样本（房屋）数量分别为 1460 和 1459；训练数据提供的标签对应列的名称为 SalePrice。原始特征有 80 种，其中，Dtype 为 int64 和 float64 的多数为数值型特征；Dtype 为 object 的多数为类别型特征。

根据上述数据分析，我们初步确定了数据预处理的指导方向：放弃缺失数量大于 20%的特征，并填充缺失数量较少的数值型和类别型特征。

8.2.2　数据预处理

根据数据分析给出的指导方向，如代码 8.6 所示，我们首先丢弃缺失值占比超过 20%的特征列，然后采用不同的填充策略，分别将数值型特征与类别型特征进行补全。

代码 8.6　对“Ames 房产价值评估问题”的训练和测试数据进行预处理

```
In[*]:  y_train=train_data['SalePrice']

        def data_preprocess(df):
            for column in df.columns:
                if df[column].isna().sum()<=df[column].size * 0.2:
                    if df[column].dtype=='object':
                        df=df.fillna({column: df[column].value_counts().idxmax()})
                    elif df[column].dtype=='int64':
                        df=df.fillna({column: df[column].median()})
                    elif df[column].dtype=='float64':
                        df=df.fillna({column: df[column].mean()})
                else:
                    df=df.drop([column], axis=1)
            return df

        train_data=data_preprocess(train_data)
        test_data=data_preprocess(test_data)
```

```
In[*]:  X_train=train_data.drop(['Id', 'SalePrice'], axis=1)
        X_test=test_data.drop(['Id'], axis=1)
```

```
In[*]:  cate_columns=[]
        num_columns=[]

        for column in X_train.columns:
            if X_train[column].dtype=='object':
                cate_columns.append(column)
```

```
        elif X_train[column].dtype=='int64' or X_train[column].dtype=='float64':
            num_columns.append(column)

    num_X_train=X_train[num_columns].values
    num_X_test=X_test[num_columns].values
```

```
In[*]:  from sklearn.preprocessing import OneHotEncoder


        ohe=OneHotEncoder()

        cate_X_train=ohe.fit_transform(X_train[cate_columns]).todense()
        cate_X_test=ohe.transform(X_test[cate_columns]).todense()
```

```
In[*]:  import numpy as np


        #将数值特征与类别特征的独热编码进行拼接
        X_train=np.concatenate([num_X_train, cate_X_train], axis=1)
        X_test=np.concatenate([num_X_test, cate_X_test], axis=1)
```

（1）对于数值型特征，我们使用已知数据的平均数或者中位数对缺失数据进行补全。这里，对于浮点型（float64）特征，我们使用平均数；对于整型（int64）特征，我们使用中位数。

（2）对于类别型特征，我们一般采用已知数据的众数（即最高频出现的类型）对缺失数据进行补全。

在丢弃了不必要的特征并对剩余特征进行补全之后，我们需要进一步将类别型特征转换为独热编码，并最终与数值型特征共同组成模型训练和测试用的输入特征。

8.2.3 模型设计与寻优

如代码 8.7 所示，我们选用 Scikit-learn 中的梯度提升树回归器作为解决“Ames 房产价值评估问题”的机器学习模型，并采用 5 折交叉验证的方式对超参数进行寻优。

代码 8.7 搭建、训练和寻优“Ames 房产价值评估问题”的机器学习模型

```
In[*]:  '''
        采用梯度提升树回归器，并且交叉验证、超参数寻优
        '''
```

```
from sklearn.ensemble import GradientBoostingRegressor
from sklearn.model_selection import GridSearchCV


parameters={'n_estimators':[50, 100, 200, 500, 1000]}

gbr=GradientBoostingRegressor()

reg=GridSearchCV(gbr, parameters, n_jobs=4, scoring='neg_root_mean_
squared_error')

reg.fit(X_train, y_train)

print('最优超参数设定为:%s' %reg.best_params_)

print('交叉验证得到的最佳 RMSE 为:%f' %-reg.best_score_)
```

```
Out[*]: 最优超参数设定为:{'n_estimators': 1000}
        交叉验证得到的最佳 RMSE 为:25422.454407
```

8.2.4 提交测试

如代码 8.8 所示,我们使用最优超参数下的梯度提升树回归器,对测试集的样本进行数值回归,并按照 Kaggle 平台上“Ames 房产价值评估问题”要求的文件格式,将预测结果保存到提交文件中。

代码 8.8 采用最优模型给出“Ames 房产价值评估问题”测试集的预测结果,并保存到提交文件中

```
In[*]: '''
        使用最优的模型,依据测试数据的特征进行数值回归
        '''
        y_predict=reg.predict(X_test)

        submission=pd.DataFrame({'Id': test_data['Id'], 'SalePrice': y_predict})

        submission.to_csv('../Kaggle_submissions/ames_submission.csv', index=
        False)
```

最终,如图8.4所示,我们向Kaggle竞赛网站提交结果文件ames_submission.csv。Kaggle平台会当即根据所提交的结果文件,评估模型在测试集上的估计水平,并给出全网排名。

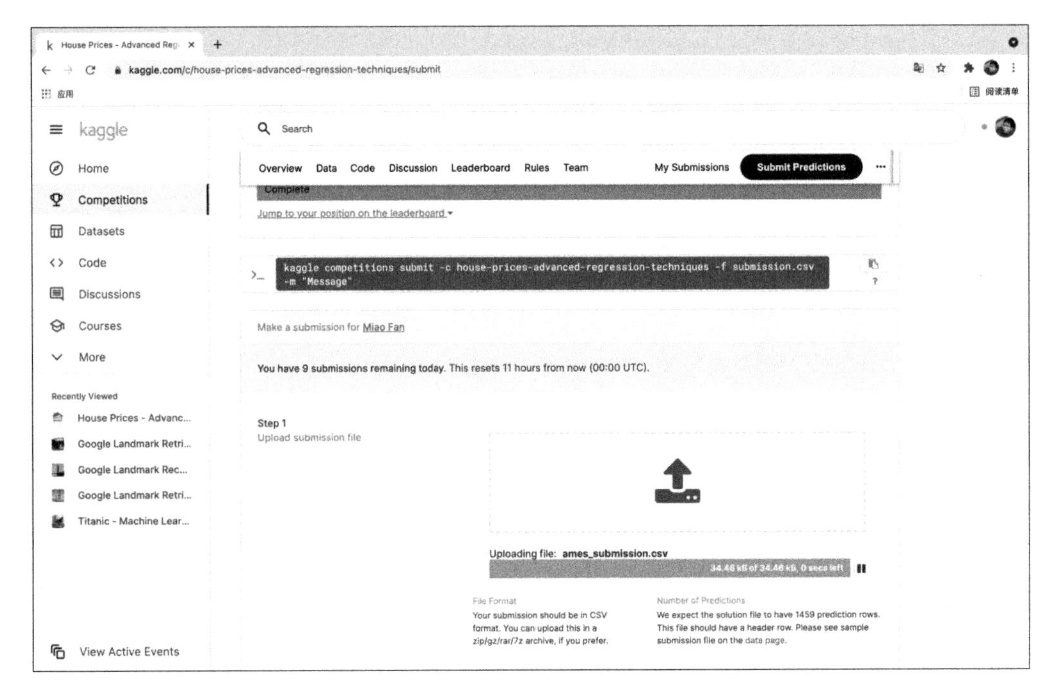

图8.4 向"Ames房产价值评估任务"的Kaggle竞赛网站提交结果文件

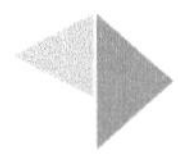

8.3 推特短文本分类

脸书(Facebook)、推特(Twitter)、微博等短文本社交媒体是移动互联网时代的宠儿,吸引了大量的网络用户。以推特为例,注册用户可以使用任何智能设备(如个人计算机、智能手机、智能平板等)在任何时间和地点发布一条短文本形式的推文(Tweet),一般不多于280个字符。全球的互联网用户都可以看到这位用户发出的推文,而关注这位用户的"粉丝"会被推送这条推文。

这种方便、快捷、即时的广播体验很快赢得了大量用户的喜爱,同时也使推特成为某些紧急情况下的重要发声渠道,人们可以实时地在推特上宣布他们正在观察的紧急情况。正因为如此,很多国家安全和舆情监控机构(如救灾组织和新闻机构)对使用机器全天候自动监控推特的方式产生了浓厚的兴趣。

一些推特用户发布的推文对于重大灾难的快速处置具有十分重要意义，但是，机器并不清楚一个人在社交平台上发布的短文本是否真的在宣布一场灾难。因此，基于这样一个强烈的需求，Kaggle 推出了一项经典的短文本分类问题：推特短文本分类。如图 8.5 所示，推特提供了大量的推文数据。这些数据被划分为训练集(train.csv)和测试集(test.csv)两个数据集，这项任务的目标是，尽可能充分地利用训练集中所提供的部分用户的推文特征与是否暗示灾难的标记，对测试集中的推文是否暗示灾难进行准确的判别。

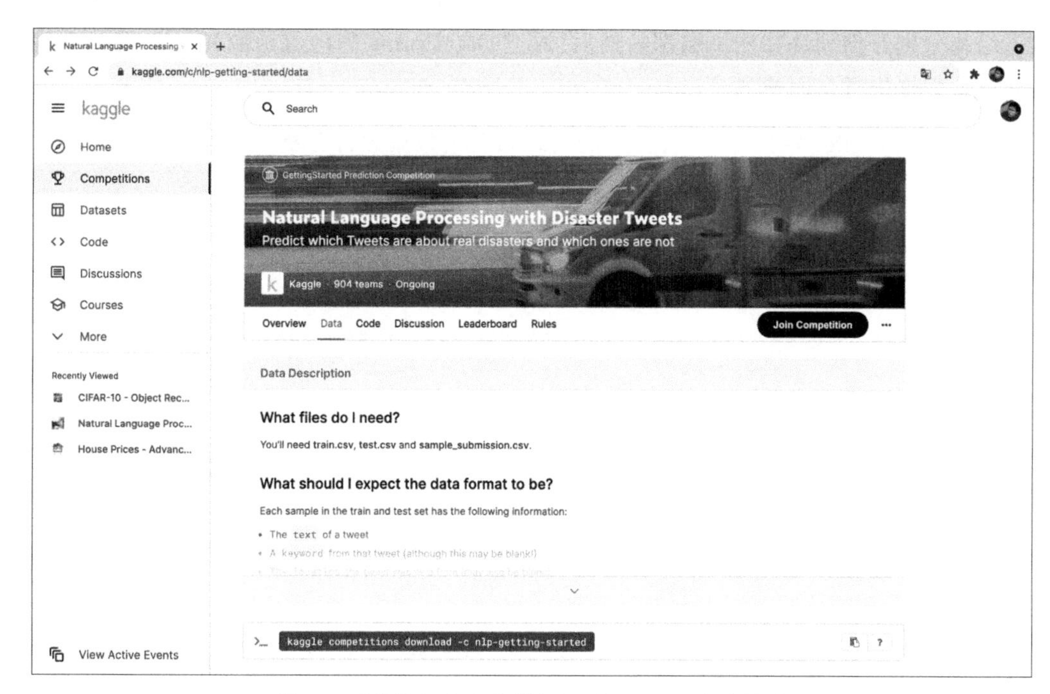

图 8.5　“推特短文本分类问题”的 Kaggle 竞赛网站

本节的“Twitter 短文本分类问题”中的经验、任务、性能三元素可以拆解和映射如下。

(1) 经验：训练集中所提供的部分短文本推文内容特征与其是否暗示重大灾难的标签。

(2) 任务：根据上述经验，建立一个分类模型，用以判别某一条短文本推文是否暗示了重大灾难。

(3) 性能：评估建立的模型对测试集上的短文本推文，判别是否暗示重大灾难的 F1 值。

接下来，我们把解决"推特短文本分类问题"分为 4 个关键步骤——数据分析、数据预处理、模型设计与寻优、提交测试，并结合具体的实践代码对每一个步骤进行详细解读。

8.3.1 数据分析

如代码 8.9 所示，我们首先使用 pandas 读取训练和测试数据集，并采用 DataFrame 数据结构分别存储训练和测试数据。然后，通过 DataFrame 的内置函数 info()，分别对训练和测试数据进行全面检视。

代码 8.9 对"Twitter 短文本分类问题"的训练和测试数据进行分析

```
In[*]:  import pandas as pd


        #读取训练和测试数据
        train_data=pd.read_csv('../Datasets/twitter/train.csv')
        test_data=pd.read_csv('../Datasets/twitter/test.csv')
```

```
In[*]:  train_data.info()
```

```
<class 'pandas.core.frame.DataFrame'>
RangeIndex: 7613 entries, 0 to 7612
Data columns (total 5 columns):
#   Column     Non-Null Count  Dtype
---  ------     --------------  -----
0   id         7613 non-null   int64
1   keyword    7552 non-null   object
2   location   5080 non-null   object
3   text       7613 non-null   object
4   target     7613 non-null   int64
dtypes: int64(2), object(3)
memory usage: 297.5+KB
```

```
In[*]:  test_data.info()
```

```
<class 'pandas.core.frame.DataFrame'>
RangeIndex: 3263 entries, 0 to 3262
Data columns (total 4 columns):
#   Column    Non-Null Count  Dtype
---  ------    --------------  -----
0   id         3263 non-null   int64
1   keyword    3237 non-null   object
2   location   2158 non-null   object
3   text       3263 non-null   object
dtypes: int64(1), object(3)
memory usage: 102.1+KB
```

由代码 8.9 的执行结果可以得知，训练和测试数据的样本（推文）数量分别为 7613 和 3263；训练数据提供的标签对应列的名称为 target。原始特征有 3 种，其中，keyword 和 text 为文本型特征，location 为类别型特征。

根据上述数据分析，我们初步确定了数据预处理的指导方向：使用统一的标识符 UNK 填充缺失的特征，并将文本和类别型特征进行数值编码。

8.3.2 数据预处理

根据数据分析给出的指导方向，如代码 8.10 所示，我们首先使用 UNK 填充缺失的特征值；然后采用不同的特征编码策略，分别将类别型特征与文本型特征进行编码。

代码 8.10　对“推特短文本分类任务”的训练和测试数据进行预处理

```
In[*]:  y_train=train_data['target']
```

```
In[*]:  #填充未知特征
        train_data=train_data.fillna('UNK')
        test_data=test_data.fillna('UNK')
```

```
In[*]:  from sklearn.preprocessing import OneHotEncoder


        #对类别型特征进行编码
        ohe=OneHotEncoder(handle_unknown='ignore')


        loc_X_train
        =ohe.fit_transform(train_data[['location']].values).todense()
        loc_X_test=ohe.transform(test_data[['location']].values).todense()
```

```
In[*]:  from sklearn.feature_extraction.text import CountVectorizer


        #对文本型特征进行编码
        vec=CountVectorizer(lowercase=True, stop_words='english')

        kw_X_train
        =vec.fit_transform(train_data['keyword'].values).todense()
        kw_X_test=vec.transform(test_data['keyword'].values).todense()

        text_X_train=vec.fit_transform(train_data['text'].values).todense()
        text_X_test=vec.transform(test_data['text'].values).todense()
```

```
In[*]:  import numpy as np


        #将文本特征与类别特征的编码进行拼接
        X_train=np.concatenate([loc_X_train, kw_X_train, text_X_train], axis=1)
        X_test=np.concatenate([loc_X_test, kw_X_test, text_X_test], axis=1)
```

（1）对于文本型特征，主要采用统计不同词汇的频率分布（CountVectorizer）作为特征。

（2）对于类别型特征，一般采用独热编码的方式进行特征转换。

8.3.3 模型设计与寻优

如代码 8.11 所示，我们选用 Scikit-learn 中的朴素贝叶斯分类器作为解决“推特短文本分类问题”的机器学习模型，并采用 5 折交叉验证的方式对超参数进行寻优。

代码 8.11 搭建、训练和寻优“推特短文本分类问题”的机器学习模型

```
In[*]:  '''
        采用朴素贝叶斯分类器，并且交叉验证、超参数寻优
        '''
        from sklearn.naive_bayes import MultinomialNB
        from sklearn.model_selection import GridSearchCV
```

```
parameters={'alpha': [0.5, 0.8, 1.0]}

mnb=MultinomialNB()

clf=GridSearchCV(mnb, parameters, scoring='f1', n_jobs=4)

clf.fit(X_train, y_train)
print('最优超参数设定为:%s' %clf.best_params_)
print('交叉验证得到的最佳准确率为:%f' %clf.best_score_)
```

```
Out[*]: 最优超参数设定为:{'alpha': 1.0}
        交叉验证得到的最佳准确率为:0.620542
```

8.3.4 提交测试

如代码 8.12 所示，我们使用最优超参数下的朴素贝叶斯分类器对测试集的样本进行类别判断，并按照 Kaggle 平台上“推特短文本分类问题”要求的文件格式将预测结果保存到提交文件中。

代码 8.12 采用最优模型给出“推特短文本分类问题”测试集的预测结果，并保存到提交文件中

```
In[*]: '''
       使用最优的模型,依据测试数据的特征进行类别预测
       '''
       y_predict=clf.predict(X_test)

       submission=pd.DataFrame({'id': test_data['id'], 'target': y_predict})

       submission.to_csv('../Kaggle_submissions/twitter_submission.csv', index
       =False)
```

最终，如图 8.6 所示，我们向 Kaggle 竞赛网站提交结果文件(twitter_submission.csv)。Kaggle 平台会当即根据所提交的结果文件评估模型在测试集上的判别水平，并给出全网排名。

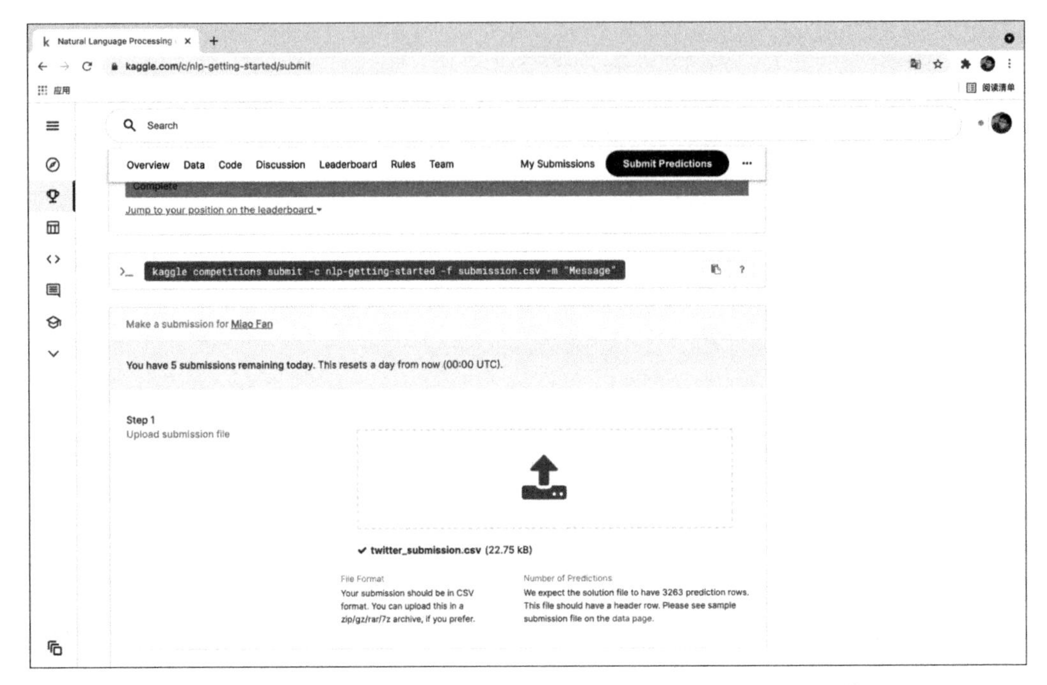

图8.6　向“推特短文本分类问题”的Kaggle竞赛网站提交结果文件

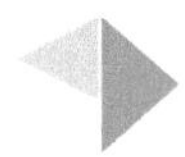

8.4　CIFAR-100图像识别

图像识别技术与语音识别、自然语言处理等技术一样，是人工智能的一个重要的分支领域。图像识别就是对图像做出各种处理、分析，最终识别我们所要研究的目标。图像识别的发展经历了若干阶段，主要包括文字识别、数字图像处理与识别、物体识别等。而本节所指的图像识别，并不仅是用人类的肉眼，而是借助计算机技术进行识别。

计算机的图像识别技术和人类的图像识别在原理上并没有十分本质的区别。人类的图像识别都是依靠图像所具有的本身特征分类，然后通过各个类别所具有的特征将图像识别出来的。当看到一张图片时，我们的大脑会迅速感应到是否见过此图片或与其相似的图片。在这个过程中，我们的大脑会根据存储记忆中已经分好的类别进行识别，查看是否有与该图像具有相同或类似特征的存储记忆，从而识别出是否见过该图像。

如同人类一样将图像进行分类是计算机视觉中最基础的一个任务。因此，Kaggle推出了一项经典的图像分类问题：CIFAR-100图像识别。如图8.7所示，CIFAR-100

从世界知名的小图片数据库中选择了 100 种类别，每一种类别包含了 600 张尺寸为 32×32 的图片。这些数据被划分为训练集（train.csv）和测试集（test.csv）两个数据集；其中，训练集的图片数量为 50000，测试集的图片数量为 10000。这项任务的目标是尽可能充分地利用训练集中所提供的图片和对应的类别标签信息，对测试集中图片的类别进行准确的判别。

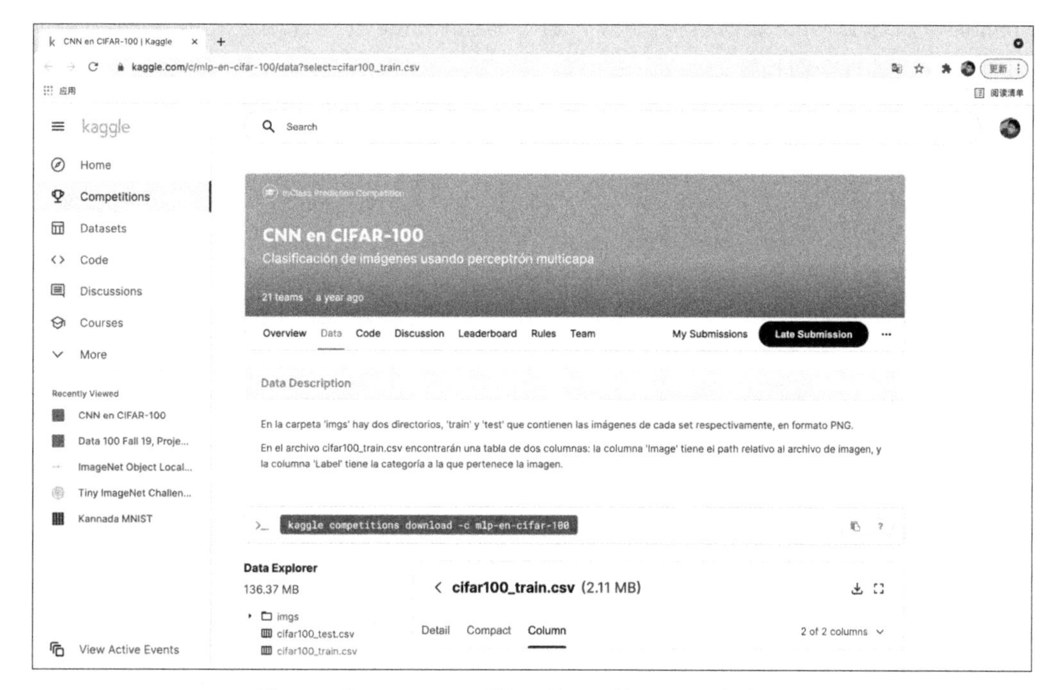

图 8.7　“CIFAR-100 图像识别问题”的 Kaggle 竞赛网站

本节将“CIFAR-100 图像识别问题”中的经验、任务、性能三元素拆解和映射如下。

（1）经验：训练集中所提供的部分图像特征与其对应的类别标签。

（2）任务：根据上述经验，建立一个分类模型，用以判别某张图像的类别。

（3）性能：评估建立的模型对测试集中的图像，判别其类别预测的准确率。

接下来，我们把解决“CIFAR-100 图像识别问题”分为 4 个关键步骤——数据分析、数据预处理、模型设计与寻优、提交测试，并结合具体的实践代码对每一个步骤进行详细解读。

8.4.1 数据分析

如代码 8.13 所示，考虑到需要处理的数据规模，首先使用 Spark 分布式地读取训练和测试的图像数据；并暂时将数据存储在 Spark 的 DataFrame 数据结构中。由于后续要统一在单机环境中进行模型训练和测试，所以需要将 Spark 的 DataFrame 数据结构转换为 pandas 的 DataFrame 数据结构。然后，通过 DataFrame 的内置函数 info()，分别对训练和测试数据进行全面检视。

代码 8.13 对“CIFAR-100 图像识别问题”的训练和测试数据进行分析

```
In[*]:  '''
        数据分析
        '''
        from pyspark.sql import SparkSession
        import pandas as pd


        spark=SparkSession.builder.getOrCreate()

        #分布式读取训练数据
        train_images_spark=spark.read.format("image").load("../Datasets/cifar_
        100/imgs/train/")
        train_images=train_images_spark.select('image.origin', 'image.data')
        .toPandas()
        train_images['Image']=train_images['origin'].map(lambda x: x[73:])
        train_images=train_images.set_index('Image')

        train_labels=pd.read_csv('../Datasets/cifar_100/cifar100_train.csv',
        index_col='Image')
        train_data=train_images.join(train_labels)[['data', 'Label']]

        #分布式读取测试数据
        test_images_spark=spark.read.format('image').load('../Datasets/cifar_
        100/imgs/test/')
        test_images=test_images_spark.select('image.origin', 'image.data')
        .toPandas()
        test_images['Image']=test_images['origin'].map(lambda x: x[73:])
        test_images=test_images.set_index('Image')
```

```
In[*]:  train_data.info()
Out[*]: <class 'pandas.core.frame.DataFrame'>
        Index: 50000 entries, imgs/train/computer_keyboard_s_000712.png to imgs/
        train/adriatic_s_001723.png
        Data columns (total 2 columns):
        #   Column  Non-Null Count  Dtype
        ---  ------  --------------  -----
        0   data    50000 non-null  object
        1   Label   50000 non-null  object
        dtypes: object(2)
        memory usage: 2.2+MB
```

```
In[*]:  test_images.info()
Out[*]: <class 'pandas.core.frame.DataFrame'>
        Index: 10000 entries, imgs/test/computer_keyboard_s_002225.png to imgs/
        test/beer_bottle_s_000236.png
        Data columns (total 2 columns):
        #   Column  Non-Null Count  Dtype
        ---  ------  --------------  -----
        0   origin  10000 non-null  object
        1   data    10000 non-null  object
        dtypes: object(2)
        memory usage: 234.4+KB
```

由代码 8.13 的执行结果可以得知，训练集和测试集的样本（图片）数量分别为 50000 和 10000，训练集提供的标签对应列的名称为 Label。原始特征是典型的 RGB 图像，大小为 32×32×3。

8.4.2　数据预处理

在数据预处理阶段，需要如代码 8.14 所示，完成以下 4 项工作。

（1）将 Spark 读取的用于训练和测试的图像分别统一转换为用训练和测试的数值表示的特征矩阵。

（2）标签特征均是类别文字，需要将其编码为对应的数字。

（3）将训练和测试的图像数值特征进行标准化处理。

（4）为了便于后续的模型寻优，需要从训练集中分割出 20%的数据作为验证集。

代码 8.14　对“CIFAR-100 图像识别问题”的训练和测试数据进行预处理

```
In[ * ]: '''
         数据预处理
         '''
         import numpy as np
         from sklearn.preprocessing import StandardScaler
         from sklearn.model_selection import train_test_split
         from sklearn.preprocessing import LabelEncoder

         #抽取训练和测试集中的图像特征
         X_train=np.array(np.vstack([np.array(feature).astype('float32') for
         feature in train_data['data'].values]))
         X_test=np.array(np.vstack([np.array(feature).astype('float32') for
         feature in test_images['data'].values]))

         #将图像的类别标签进行编码
         le=LabelEncoder()
         y_train=le.fit_transform(train_data['Label'])

         #将训练和测试集中的图像特征进行标准化处理
         ss=StandardScaler()
         X_train=ss.fit_transform(X_train)
         X_test=ss.transform(X_test)

         #将训练集拆分为训练和验证集
         X_train, X_val, y_train, y_val=train_test_split(X_train, y_train, train_
         size=0.8)
```

8.4.3　模型设计与寻优

如代码 8.15 所示，我们使用 PaddlePaddle 深度学习平台搭建卷积神经网络分类器作为解决“CIFAR-100 图像识别问题”的机器学习模型，并在验证集上寻优最佳的模型。

代码 8.15　搭建、训练和寻优“CIFAR-100 图像识别问题”的机器学习模型

```
In[ * ]: '''
         采用卷积神经网络，并且在验证集上进行模型寻优
         '''
```

```
import paddle
from paddle import nn, optimizer, metric


#设定超参数
NUM_CLASSES=100
EPOCHS=5
BATCH_SIZE=64
LEARNING_RATE=1e-3
DROPOUT_RATE=0.2

#搭建卷积神经网络
paddle_model=nn.Sequential(
    nn.Conv2D(in_channels=3, out_channels=32, kernel_size=3),
    nn.ReLU(),
    nn.MaxPool2D(kernel_size=2, stride=2),

    nn.Conv2D(in_channels=32, out_channels=64, kernel_size=3),
    nn.ReLU(),
    nn.MaxPool2D(kernel_size=2, stride=2),

    nn.Conv2D(in_channels=64, out_channels=64, kernel_size=3),

    nn.Flatten(),

    nn.Dropout(DROPOUT_RATE),

    nn.Linear(in_features=1024, out_features=NUM_CLASSES),
)

#初始化卷积神经网络模型
model=paddle.Model(paddle_model)

#为模型训练做准备,设置优化器,损失函数和评估指标
model.prepare(optimizer=optimizer.Adam(learning_rate=LEARNING_RATE,
parameters=model.parameters()),
              loss=nn.CrossEntropyLoss(),
              metrics=metric.Accuracy())
```

In[*]:
```
from paddle.io import TensorDataset



X_train=X_train.reshape([-1, 3, 32, 32])
X_train=paddle.to_tensor(X_train)
train_dataset=TensorDataset([X_train, y_train])

X_val=X_val.reshape([-1, 3, 32, 32])
X_val=paddle.to_tensor(X_val)
val_dataset=TensorDataset([X_val, y_val])

#模型训练与寻优
model.fit(train_dataset, val_dataset, epochs=EPOCHS, batch_size=BATCH_
SIZE, save_dir='../Checkpoints/cifar_100', verbose=1)

#保存在验证集上表现最优的模型
model.save('../Checkpoints/cifar_100/test')
```

Out[*]:
```
The loss value printed in the log is the current step, and the metric is the
average value of previous steps.
Epoch 1/5
step 625/625 [==============================] - loss: 3.8982 - acc: 0.0793
- 88ms/step
save checkpoint at /Users/michael_fan/ML-Kaggle-2nd-Edition-Gitee/
Checkpoints/cifar_100/0
Eval begin...
step 157/157 [==============================] - loss: 4.0221 - acc: 0.1086
- 28ms/step
Eval samples: 10000
Epoch 2/5
step 625/625 [==============================] - loss: 3.5791 - acc: 0.1594
- 89ms/step
save checkpoint at /Users/michael_fan/ML-Kaggle-2nd-Edition-Gitee/
Checkpoints/cifar_100/1
Eval begin...
step 157/157 [==============================] - loss: 3.6682 - acc: 0.1540
- 28ms/step
Eval samples: 10000
```

```
Epoch 3/5
step 625/625 [==============================] - loss: 3.3321 - acc: 0.1978
- 89ms/step
save checkpoint at /Users/michael_fan/ML-Kaggle-2nd-Edition-Gitee/
Checkpoints/cifar_100/2
Eval begin...
step 157/157 [==============================] - loss: 3.4163 - acc: 0.1734
- 28ms/step
Eval samples: 10000
Epoch 4/5
step 625/625 [==============================] - loss: 3.4375 - acc: 0.2296
- 89ms/step
save checkpoint at /Users/michael_fan/ML-Kaggle-2nd-Edition-Gitee/
Checkpoints/cifar_100/3
Eval begin...
step 157/157 [==============================] - loss: 3.3282 - acc: 0.1864
- 29ms/step
Eval samples: 10000
Epoch 5/5
step 625/625 [==============================] - loss: 3.0715 - acc: 0.2477
- 90ms/step
save checkpoint at /Users/michael_fan/ML-Kaggle-2nd-Edition-Gitee/
Checkpoints/cifar_100/4
Eval begin...
step 157/157 [==============================] - loss: 3.3313 - acc: 0.1896
- 29ms/step
Eval samples: 10000
save checkpoint at /Users/michael_fan/ML-Kaggle-2nd-Edition-Gitee/
Checkpoints/cifar_100/final
```

8.4.4 提交测试

如代码 8.16 所示，我们使用验证集上表现最优的卷积神经网络分类器对测试集的样本进行类别预测，并按照 Kaggle 平台上"CIFAR-100 图像识别问题"所要求的文件格式将预测结果保存到提交文件中。

代码 8.16 采用最优模型给出“CIFAR-100 图像识别问题”测试集的预测结果，并保存到提交文件中

```
In[ * ]: '''
         使用最优的模型,依据测试数据的特征进行类别预测
         '''
         X_test=X_test.reshape([-1, 3, 32, 32])
         X_test=paddle.to_tensor(X_test)
         test_dataset=TensorDataset([X_test])

         model.load('../Checkpoints/cifar_100/test')
         results=model.predict(test_dataset)

         predictions=le.inverse_transform([np.argmax(item[0]) for item in
         results[0]])
         test_images['Prediction']=predictions
```

```
Out[ * ]: Predict begin...
          step 10000/10000 [==============================] - 2ms/step
          Predict samples: 10000
```

```
In[ * ]: test_ids=pd.read_csv('../Datasets/cifar_100/cifar100_test.csv', index_
         col='Image')

         submission_df=test_images.join(test_ids)

         submission_df['Label']=submission_df['Prediction']

         submission_df['Label'].to_csv('../Kaggle_submissions/cifar100_
         submission.csv')
```

最终，如图 8.8 所示，我们向 Kaggle 竞赛网站提交结果文件（cifar100_submission.csv）。Kaggle 平台会当即根据所提交的结果文件评估模型在测试集上的判别水平，并给出全网排名。

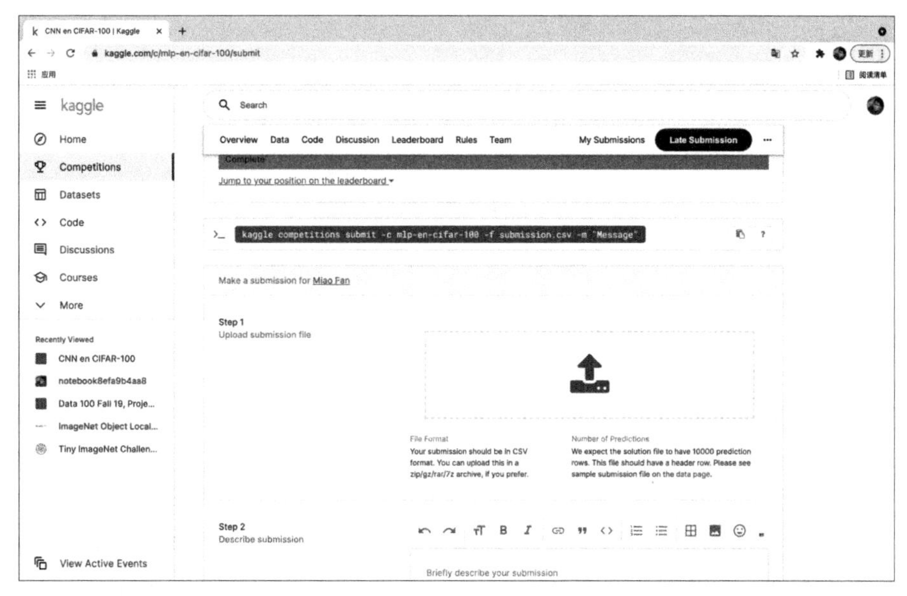

图 8.8　向“CIFAR-100 图像识别问题”的 Kaggle 竞赛网站提交结果文件

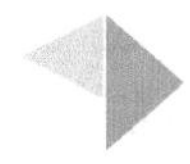

8.5　章末小结

本章介绍了如何灵活使用书中的数据分析和机器学习技能，实践一些经典的 Kaggle 竞赛案例。这些经典案例主要有泰坦尼克号罹难乘客预测、Ames 房产价值的评估、推特短文本的自动分类，以及大规模图片类别的识别等。这些经典的案例不仅涵盖了对数值类型数据、文本类型数据，甚至图像类型数据的处理技巧，而且也涉及多种机器学习任务，如分类预测与数值回归。

出于篇幅的考虑，我们所给出的实践代码也许无法帮助读者取得全部任务的冠军，但至少它们提供了相对完备的竞赛流程，也为读者后续在 Kaggle、天池等机器学习竞赛上取得优异成绩起到了抛砖引玉的作用。

第9章

Git代码管理

Git作为一种版本控制的工具，最早被用于Linux内核的开发和维护。与CVS、Subversion或者Perforce等集中式版本控制工具不同，Git采用了分布式的版本控制系统，不需要服务器端的软件就可以进行版本控制。

在Git中，绝大多数的操作都只需要访问本地的文件和资源，而不需要外连到服务器去获取版本的历史。如果想查看当前的代码版本与一周前的代码版本之间所引入的全部修改，Git会查找到一周前的文件做一次本地的差异计算；而不是由远程服务器处理或从远程服务器拉回旧的版本文件，再交给本地进行处理。这也意味着用户处在网络离线状态时，仍然可以进行几乎任何Git操作，直到有网络连接时再上传。相比之下，Perforce在没有连接服务器时几乎不能做任何事；而Subversion和CVS可以修改文件，但不能向数据库提交修改，因为本地数据库离线了。

另外，Git分布式版本控制系统的出现也彻底颠覆了原有代码管理的组织方式。一旦使用Git，我们便不再依赖唯一的、集中式的版本库。Git让每一位开发者在本地都拥有一份完整的本地版本库，这份本地的版本库“克隆”于GitHub或者Gitee托管的共享版本库。项目管理者以及核心开发团队与共享版本库之间不必一直保持连接状态，查看日志、提交、创建分支等操作都可以脱离网络在本地的版本库中完成。作为非核心成员的项目贡献者也可以修改其本地版本库，但是如果想要将自己的改进合入共享版本库，让更多同一个项目中的开发者受益，那么贡献者就需要将自己对项目的改进提交给核心开发团队，并且被接纳。

上述的特性使得Git对源代码的发布和交流变得极其方便，现在许多项目版本管理都开始使用Git。原本Git只适用于Linux/UNIX平台，现如今已经可以在Windows、macOS，以及Linux内核的多种操作系统中得以广泛使用。

本章将以Git作为代码管理工具，围绕全书公开的实践代码和数据，分别介绍以下内容。

（1）作为一个项目管理者（作者本人），如何在 Github 和 Gitee 等国内外流行的远程仓库托管平台上开源本书第 1 章～第 8 章的全部实践代码和数据。

（2）作为一个项目的核心开发者（作者团队成员），如何在 Github 和 Gitee 上继续开发和改进本书第 1 章～第 8 章的全部实践代码和数据。

（3）作为一个项目的外部贡献者（其他热心读者），如何对 Github 和 Gitee 上已经开源的本书第 1 章～第 8 章的全部实践代码和数据进行维护和勘误。

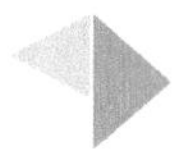

9.1 Git 本地环境搭建

本节将详细介绍如何在 Windows、macOS，以及 Ubuntu 三大主流操作系统上安装和配置本地 Git 工具。在各个操作系统上安装 Git 工具所需的安装包或终端指令均可以在网址 https://git-scm.com/downloads 上找到。不论是代码项目的管理者、开发者，还是其他贡献者，均需要安装 Git 本地环境。

9.1.1 Windows 下 Git 工具的安装与配置

我们可以使用 Git 适配 Windows 的可视化安装包完成 Git 工具的安装。需要特别注意的是，安装过程中有一些特定的选项，如图 9.1 所示，推荐使用默认的配置。

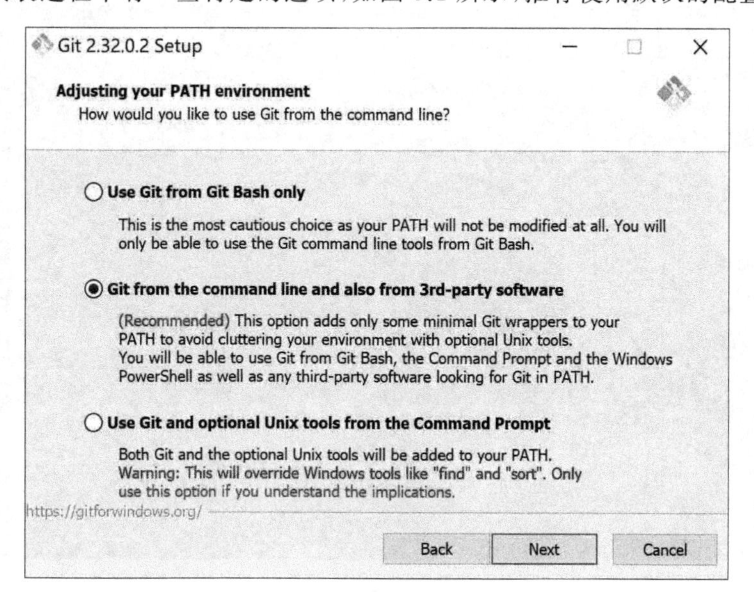

图 9.1 在 Windows 系统中，运行 Git 可视化安装包（按照默认推荐的配置安装即可）

9.1.2 macOS 下 Git 工具的安装与配置

我们在 macOS 的终端中尝试输入 git 指令。如果系统没有安装 Git，我们可以看到如图 9.2 所示的提示，单击“安装”按钮，即可完成 Git 工具在 macOS 上的安装和配置。

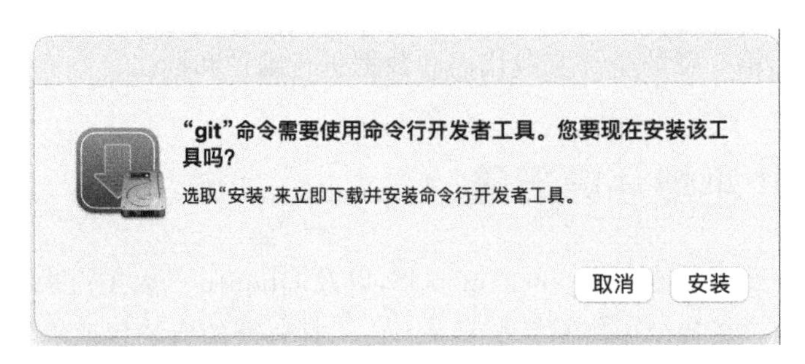

图 9.2 在 macOS 终端中输入命令 git，按照提示即可自动安装 Git 工具

9.1.3 Ubuntu 下 Git 工具的安装与配置

在 Ubuntu 中打开终端并尝试输入 git 指令。如果系统没有预装 Git，如图 9.3 所示，

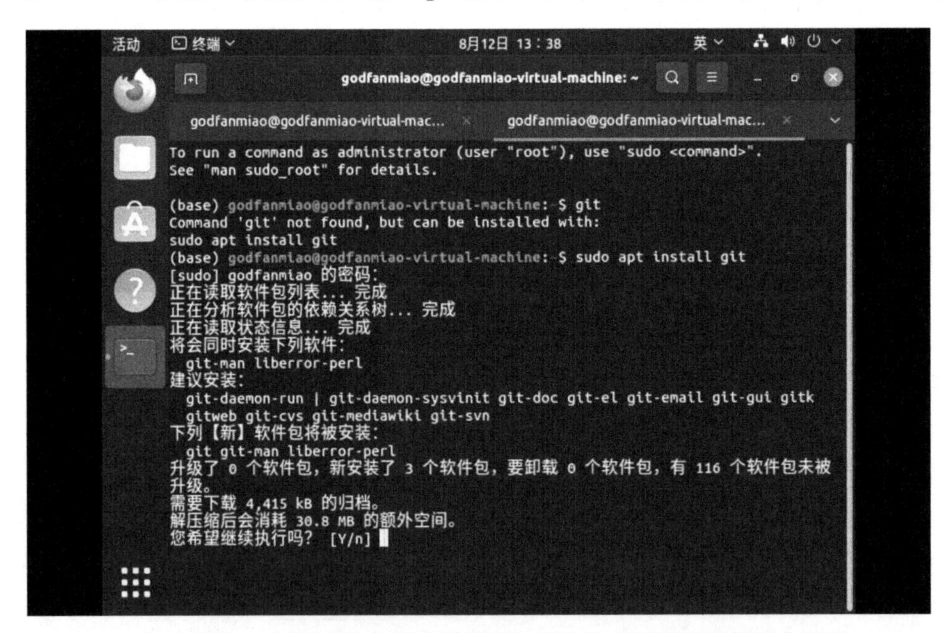

图 9.3 在 Ubuntu 终端中，使用 apt 命令自动安装 Git 工具

我们可以看到提示：输入 sudo apt install git。执行这个指令之后，按照提示进行安装，即可完成 Git 工具在 Ubuntu 上的安装和配置。

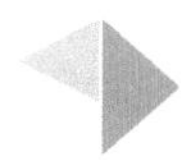

9.2 Git 远程仓库配置

Git 远程仓库是与本地代码相对的概念。我们将本地的代码同步备份到另外一个远程服务器上，不仅有冗余灾备的考虑，而且也有多人协同编程和代码版本同步的强烈诉求。

除了可以自行在私人服务器上搭建 Git 远程仓库以外，更加低成本和普遍的做法是使用大型公有的 Git 远程仓库。如图 9.4 所示，国际知名的 Git 远程仓库是 GitHub（https://github.com/）。但是，考虑到国内对 GitHub 可访问性，国内的 Git 远程仓库我们推荐使用 Gitee（https://gitee.com/）。

图 9.4　GitHub 与 Gitee 的品牌图标

本节后续将对 GitHub 和 Gitee 进行简要介绍，并且演示如何分别在 GitHub 和 Gitee 平台上创建和配置远程仓库，用于在云端存储和公开本书第 1 章至第 8 章的全部实践代码和数据。

9.2.1 GitHub 介绍

GitHub 是国际流行的基于 Git 的代码托管平台。自 2008 年 4 月正式上线至今，除了提供 Git 代码仓库托管及基本的 Web 管理界面以外，GitHub 还提供订阅、讨论组、文本渲染、在线文件编辑器、代码片段分享等功能。其托管的开源项目数量非常多，并且许多项目都非常知名。GitHub 拥有超过千万的开发者用户，目前已经成为了管理软件开发和寻找可复用代码的首选。

作为一个分布式的版本控制系统，Git 中并不存在主代码库这样的中心化概念。换言之，每一份复制出的代码库都可以独立使用，并且任何两个代码库之间的不一致之处都可以进行合并。

GitHub 的独特卖点在于便捷了从其他项目进行分支的操作，这使开发者用户为任何一个项目贡献代码的过程变得非常简单：首先单击项目站点上的 Fork 按钮，然后将代码克隆或者同步，并将新的修改加入刚才分出的代码库中，最后通过内置的 pull request 机制向项目的负责人申请代码合并即可。

9.2.2 GitHub 远程仓库的创建与配置

首先,我们需要在 GitHub 网站上注册一个独立账号(本书作者 GitHub 账号为 godfanmiao)。然后,如图 9.5 所示,创建一个 GitHub 上具有公开性质的远程仓库,命名为 ML-Kaggle-GitHub,同时选择是否添加 README、.gitignore 和特定的授权许可。

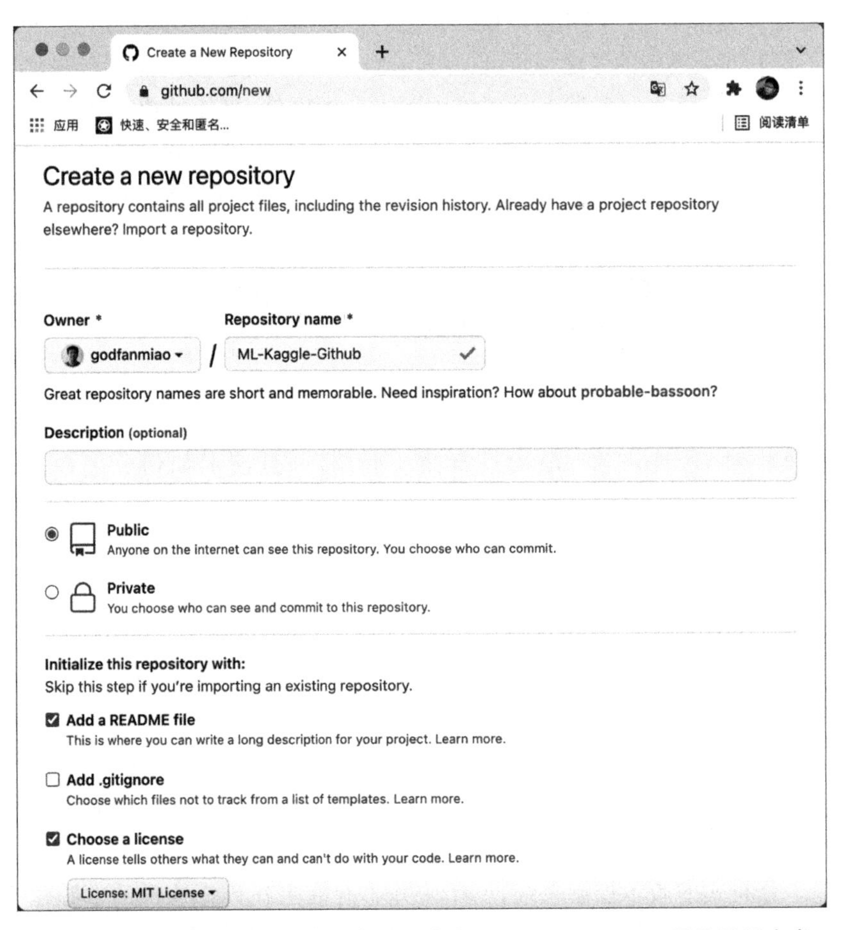

图 9.5 在 GitHub 平台上创建一个远程仓库 ML-Kaggle-GitHub,用于开源本书全部代码和数据

由于 ML-Kaggle-GitHub 是用户名为 godfanmiao 的用户在 GitHub 平台上公开的一个远程仓库,因此港澳台和海外地区的网络用户都可以通过链接 https://github.com/godfanmiao/ML-Kaggle-GitHub 进行访问。

9.2.3　Gitee 介绍

Gitee(码云)是 2013 年国内正式推出的基于 Git 的合作代码托管平台。Gitee 由开源中国基于 GitLab 所开发,致力于为国内开发者提供优质稳定的托管服务,目前可以免费自由创建公开或者私人仓库,并且已成为国内最大的代码托管系统。

与 GitHub 的功能类似,Gitee 除了可以提供最基础的 Git 代码托管之外,还提供了代码在线查看、历史版本查看、Fork、Pull Request、打包下载任意版本、Issue、Wiki 、保护分支、代码质量检测等功能。

9.2.4　Gitee 远程仓库的创建与配置

首先,我们需要在 Gitee 网站上注册一个独立账号(本书作者的 Gitee 账号为 godfanmiao)。然后,如图 9.6 所示,创建一个 Gitee 上具有公开性质的远程仓库,并命名

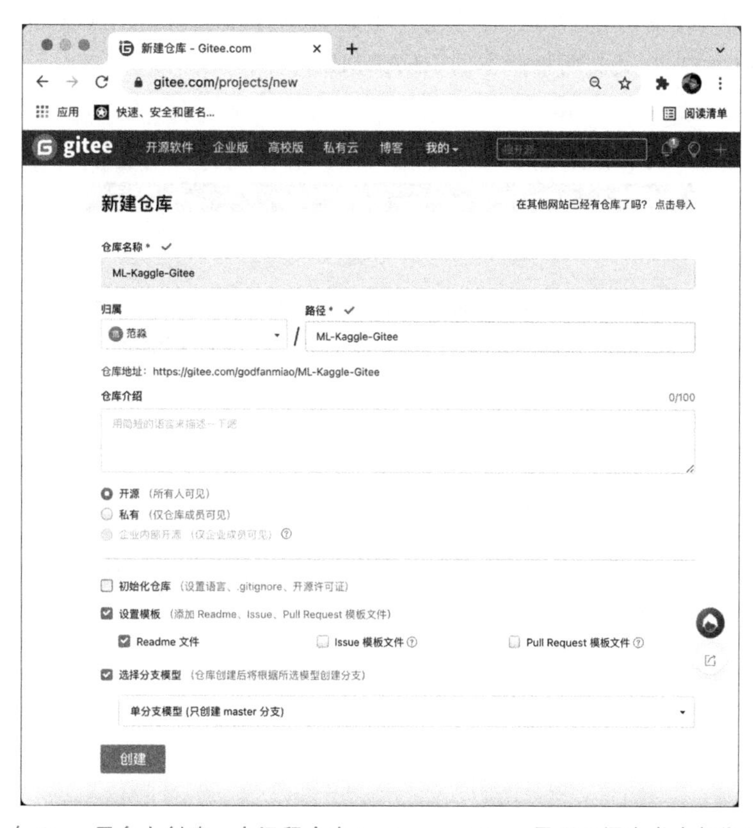

图 9.6　在 Gitee 平台上创建一个远程仓库 ML-Kaggle-Gitee,用于开源本书全部代码和数据

为 ML-Kaggle-Gitee。其他选项包括添加 README、.gitignore 和特定的授权许可等。同时，我们暂时选择默认的单分支模型（创建 master 分支）。

由于 ML-Kaggle-Gitee 是用户名为 godfanmiao 的用户在 Gitee 平台上公开的一个远程仓库，读者都可以通过扫描书后二维码进行访问。

9.3 Git 基本指令

本节将以 Gitee① 为例介绍唯一的项目管理者如何使用 Git 的基本指令，如克隆仓库、提交修改、推送代码和数据至远程的目标仓库，用于开源本书第 1 章至第 8 章的全部实践代码和数据。

9.3.1 克隆仓库

在前面的章节，我们在 Gitee 上已创建了远程仓库 ML-Kaggle-Gitee，其中内容如图 9.7 所示，包含中文、英文两种版本的 README 文件。

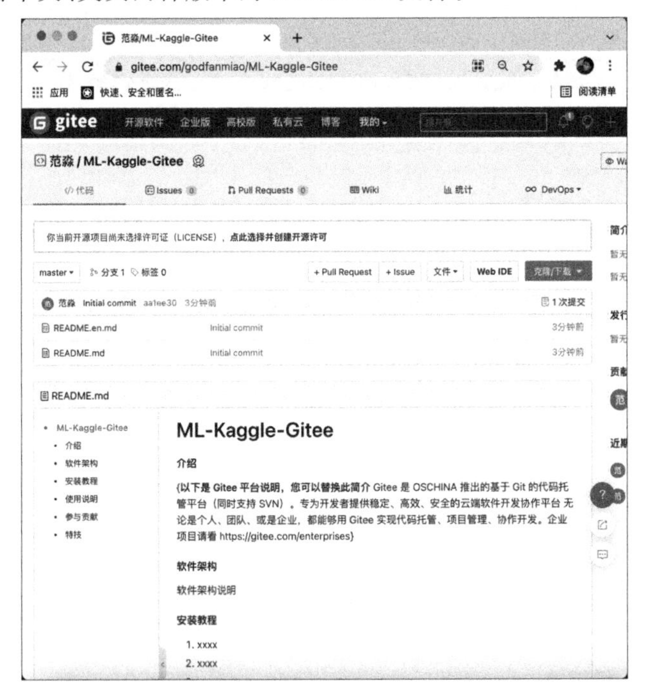

图 9.7 初始化后的 Gitee 远程仓库 ML-Kaggle-Gitee

① 因为都采用了 Git 作为分布式代码管理工具，所以 GitHub 上的操作流程与 Gitee 几乎完全一致。

如图 9.8 所示，作为 Gitee 上的公开项目，所有安装了 Git 工具的用户都可以使用命令向本地克隆一份代码仓库。

```
ML-Kaggle-Gitee — -zsh — 80×24
(base) michael_fan@michael-fandeMacBook-Air ~ % git clone https://gitee.com/godf
anmiao/ML-Kaggle-Gitee.git
Cloning into 'ML-Kaggle-Gitee'...
remote: Enumerating objects: 4, done.
remote: Counting objects: 100% (4/4), done.
remote: Compressing objects: 100% (4/4), done.
remote: Total 4 (delta 0), reused 0 (delta 0), pack-reused 0
Receiving objects: 100% (4/4), done.
(base) michael_fan@michael-fandeMacBook-Air ~ % cd ML-Kaggle-Gitee
(base) michael_fan@michael-fandeMacBook-Air ML-Kaggle-Gitee % ls
README.en.md    README.md
(base) michael_fan@michael-fandeMacBook-Air ML-Kaggle-Gitee %
```

图 9.8 从 Gitee 远程仓库 ML-Kaggle-2nd-Edition-Gitee，克隆一个本地版本的代码仓库

9.3.2 提交修改

接下来，我们通过 macOS 的终端进行如下操作：

(1) 使用 git rm 指令删除本地代码仓库中的 README.en.md 文件；

(2) 向本地代码库增加一个 Chapter_1 的文件夹；

(3) 使用 git status 指令查看本地代码库的修改状态。

如图 9.9 所示，git status 指令全面地显示了我们对于本地代码库的修改，同时也追踪到了哪些是与远程仓库不一致的修改(如删除 README.en.md)，哪些是没有被版本管理体系追踪的变化(如增加 Chapter_1 文件夹)。

```
(base) michael_fan@michael-fandeMacBook-Air ML-Kaggle-Gitee % git status
On branch master
Your branch is up to date with 'origin/master'.

Changes to be committed:
  (use "git restore --staged <file>..." to unstage)
        deleted:    README.en.md

Untracked files:
  (use "git add <file>..." to include in what will be committed)
        .DS_Store
        Chapter_1/

(base) michael_fan@michael-fandeMacBook-Air ML-Kaggle-Gitee %
```

图 9.9 使用 git status 指令查看本地代码库与远程仓库的差异

使用 git add 指令会把指定的目标文件或者文件夹纳入版本管理体系中，这些文件与对应在远程代码库的文件的差异将被保持追踪。如图 9.10 所示，我们使用 git add -A 指

令将目前没有被追踪的 Chapter_1 文件夹中的内容全部加入版本管理体系中，并再次使用 git status 指令查看本地与远程仓库代码的差异。

```
ML-Kaggle-Gitee — -zsh — 80×24
(base) michael_fan@michael-fandeMacBook-Air ML-Kaggle-Gitee % git status
On branch master
Your branch is up to date with 'origin/master'.

Changes to be committed:
  (use "git restore --staged <file>..." to unstage)
        deleted:    README.en.md

Untracked files:
  (use "git add <file>..." to include in what will be committed)
        .DS_Store
        Chapter_1/

(base) michael_fan@michael-fandeMacBook-Air ML-Kaggle-Gitee % git add -A
(base) michael_fan@michael-fandeMacBook-Air ML-Kaggle-Gitee % git status
On branch master
Your branch is up to date with 'origin/master'.

Changes to be committed:
  (use "git restore --staged <file>..." to unstage)
        new file:   .DS_Store
        new file:   Chapter_1/.ipynb_checkpoints/Section_1.3-checkpoint.ipynb
        new file:   Chapter_1/Section_1.3.ipynb
        deleted:    README.en.md
```

图 9.10　使用 git add 指令，新增文件到代码管理和追踪体系

使用 git commit 指令会将确认上述修改，并封装为一次更新。我们使用 git commit -a 指令确认图 9.10 中显示的全部修改（新增文件、删除文件等），并填写这次修改的日志文件，保存并退出（如图 9.11 所示）。

```
ML-Kaggle-Gitee — vi ◂ git commit -a — 80×24
update
# Please enter the commit message for your changes. Lines starting
# with '#' will be ignored, and an empty message aborts the commit.
#
# On branch master
# Your branch is up to date with 'origin/master'.
#
# Changes to be committed:
#       new file:   .DS_Store
#       new file:   Chapter_1/.ipynb_checkpoints/Section_1.3-checkpoint.ipynb
#       new file:   Chapter_1/Section_1.3.ipynb
#       deleted:    README.en.md
#
~
~
~
~
~
~
~
~
~
~
-- INSERT --
```

图 9.11　使用 git commit 指令确认本地修改并填写修改日志

9.3.3 远程推送

如图 9.12 所示，使用 git push 指令会将本地已经确认的修改推送到远程仓库进行同步。由于目前的远程和本地代码库均默认只有一个 master 分支，所以，作为该项目的管理者，上述的简单指令就可以完成一次本地与远程的代码同步推送。

```
(base) michael_fan@michael-fandeMacBook-Air ML-Kaggle-Gitee % git commit -a
[master b533b97] update
 4 files changed, 488 insertions(+), 36 deletions(-)
 create mode 100644 .DS_Store
 create mode 100644 Chapter_1/.ipynb_checkpoints/Section_1.3-checkpoint.ipynb
 create mode 100644 Chapter_1/Section_1.3.ipynb
 delete mode 100644 README.en.md
(base) michael_fan@michael-fandeMacBook-Air ML-Kaggle-Gitee % git push
Enumerating objects: 7, done.
Counting objects: 100% (7/7), done.
Delta compression using up to 8 threads
Compressing objects: 100% (6/6), done.
Writing objects: 100% (6/6), 122.92 KiB | 12.29 MiB/s, done.
Total 6 (delta 0), reused 0 (delta 0), pack-reused 0
remote: Powered by GITEE.COM [GNK-6.1]
To https://gitee.com/godfanmiao/ML-Kaggle-Gitee.git
   aa1ee30..b533b97  master -> master
(base) michael_fan@michael-fandeMacBook-Air ML-Kaggle-Gitee %
```

图 9.12 使用 git push 指令，完成一次本地向远程仓库的代码同步

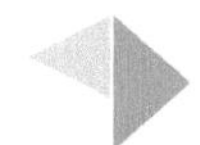

9.4 Git 分支管理

对于功能稍复杂的项目，除了项目管理者以外，还会有其他核心团队成员参与到项目的日常维护和开发工作中。为了让团队能够高效地协同开发项目，Git 提供了分支管理这一“必杀技”。而正是因为分支管理，Git 成为了分布式版本控制系统的经典之作。使用分支意味着开发者可以从主线（master）上分离开来，然后在不影响主线的同时继续在分支上做开发，调试好了后再合并到主分支。这样既随时保证了主线版本的稳定性和可发布性，也可以在现有版本的基础上高效并行地开发若干新项目。Git 分支是由指针管理起来的，所以创建、切换、合并、删除分支都非常快，十分适合大型项目的开发。

假设我们开发完了一个项目上线了，版本号为 V1.0.0。随后需要在这个项目的基础上迭代新的功能，并被要求在有限的时间内发布 V1.1.0 版本。但非常不幸的是，这时我们发现 V1.0.0 版本有十分严重的 bug，必须尽快修复并发布 V1.0.1 版本。如果没有分支管理，我们不得不删除那些为 V1.1.0 版本开发到一半的功能代码，转而修复 V1.0.0 版本的 bug；并且在发布一个 V1.0.1 版本之后，才能开始串行开发 V1.1.0 版本。换言之，我们

开发 V1.1.0 版本的起始时间需要强烈依赖 V1.0.1 版本的 bug 修复结束时间。这样一来，我们极有可能在紧张的期限内无法完成这个项目 V1.1.0 版本的发布。

分支管理为上述的麻烦提供了高效的解决方案。如图 9.13 所示，我们可以在 V1.0.0 的代码库的主线上创建另外一个分支（bug-fix）；此时，两支不同能力的团队（即新功能开发 develop 团队和 bug 修复团队）可以分别在 master 和 bug-fix 分支上分别从事各自的工作。develop 分支可以随时发布 V1.0.1 的 bug 修复版本，也可以随时将 bug 修复代码合入（merge）正在开发的新功能版本 V1.1.0 中。即便 bug 修复的进度延期，也可以在 V1.1.0 版本发布之后合入并发布 V1.1.1 版本。因为在 bug-fix 分支修复 bug 时不会影响 master 分支的主流开发进度，所以开发效率得到了显著的提升。

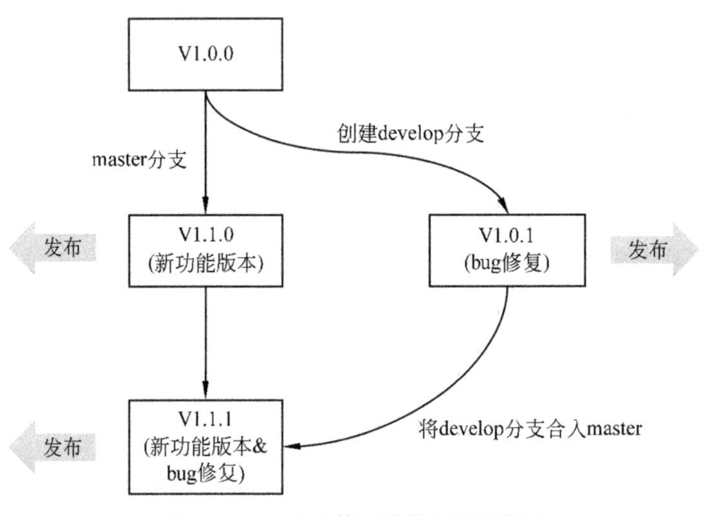

图 9.13　Git 分支管理的版本控制举例

本节将继续以 Gitee 为例，介绍作为本书开源代码项目的核心成员，如何借助 Git 分支管理的能力，继续开发和改进本书第 1 章至第 8 章的全部实践代码和数据。

9.4.1　创建分支

首先，我们需要同时在本地和远端分别创建一个分支，命名为 develop，专门用于项目的进一步开发和改进。如图 9.14 所示，使用 git branch 与 git branch -r 指令分别查看本地与远端的现有分支的情况。

```
ML-Kaggle-Gitee — -zsh — 80×24
(base) michael_fan@michael-fandeMacBook-Air ML-Kaggle-Gitee % git branch
* master
(base) michael_fan@michael-fandeMacBook-Air ML-Kaggle-Gitee % git branch -r
  origin/HEAD -> origin/master
  origin/master
(base) michael_fan@michael-fandeMacBook-Air ML-Kaggle-Gitee % git branch develop

(base) michael_fan@michael-fandeMacBook-Air ML-Kaggle-Gitee % git branch
  develop
* master
(base) michael_fan@michael-fandeMacBook-Air ML-Kaggle-Gitee % git push origin de
velop:develop
Total 0 (delta 0), reused 0 (delta 0), pack-reused 0
remote: Powered by GITEE.COM [GNK-6.1]
remote: Create a pull request for 'develop' on Gitee by visiting:
remote:     https://gitee.com/godfanmiao/ML-Kaggle-Gitee/pull/new/godfanmiao:dev
elop...godfanmiao:master
To https://gitee.com/godfanmiao/ML-Kaggle-Gitee.git
 * [new branch]      develop -> develop
(base) michael_fan@michael-fandeMacBook-Air ML-Kaggle-Gitee % git branch -r
  origin/HEAD -> origin/master
  origin/develop
  origin/master
(base) michael_fan@michael-fandeMacBook-Air ML-Kaggle-Gitee %
```

图 9.14 在 Gitee 开源项目 ML-Kaggle-Gitee 的本地与远端同时创建新的 develop 分支

从图 9.14 中可见，目前项目中只有主分支 master。因此，我们需要使用指令 git branch develop 在本地创建名称为 develop 的分支，并且使用指令 git push origin develop:develop 将本地分支 develop 同步推送到远端。

再次借助指令 git branch 与 git branch -r 查验发现，我们已经同时在项目的本地环境和远端创建了新的 develop 分支。

9.4.2 分支合并

本节将在 develop 分支上修改，并确认 README.md 的新内容，之后将 develop 分支的修改合入 master。

我们首先需要使用指令 git checkout develop 切换到 develop 分支。然后，在项目的本地 develop 分支上确认这个修改，并使用命令 git push --set-upstream origin develop 远程推送到远端的 develop 分支。最后，如图 9.15 所示，在本地切换回 master 分支，使用指令 git merge develop 合入本地 develop 分支的修改，并远程推送到对应的远端 master 分支。

```
ML-Kaggle-Gitee — -zsh — 80×24
Counting objects: 100% (5/5), done.
Delta compression using up to 8 threads
Compressing objects: 100% (3/3), done.
Writing objects: 100% (3/3), 288 bytes | 288.00 KiB/s, done.
Total 3 (delta 2), reused 0 (delta 0), pack-reused 0
remote: Powered by GITEE.COM [GNK-6.1]
To https://gitee.com/godfanmiao/ML-Kaggle-Gitee.git
   7e9a8be..a66f60e  develop -> develop
Branch 'develop' set up to track remote branch 'develop' from 'origin'.
(base) michael_fan@michael-fandeMacBook-Air ML-Kaggle-Gitee % git checkout maste
r
Switched to branch 'master'
Your branch is up to date with 'origin/master'.
(base) michael_fan@michael-fandeMacBook-Air ML-Kaggle-Gitee % git merge develop
Updating b533b97..a66f60e
Fast-forward
 README.md | 3 +--
 1 file changed, 1 insertion(+), 2 deletions(-)
(base) michael_fan@michael-fandeMacBook-Air ML-Kaggle-Gitee % git push
Total 0 (delta 0), reused 0 (delta 0), pack-reused 0
remote: Powered by GITEE.COM [GNK-6.1]
To https://gitee.com/godfanmiao/ML-Kaggle-Gitee.git
   b533b97..a66f60e  master -> master
(base) michael_fan@michael-fandeMacBook-Air ML-Kaggle-Gitee %
```

图 9.15　将 Gitee 开源项目 ML-Kaggle-Gitee 的 develop 分支上已确认的修改合入 master 分支

9.4.3　合并冲突

由于我们无法保证多个并行的分支，即无法保证各自独立开发时时刻保持沟通和交流，因此，在分支合并的过程中，不可避免地会产生冲突。如图 9.16 所示，master 和 develop 分支在相同的 README.md 文件的同一行添加了两种内容，直接导致了如图 9.17 所示，master 分支在尝试合并 develop 分支的代码修改时出现了冲突。

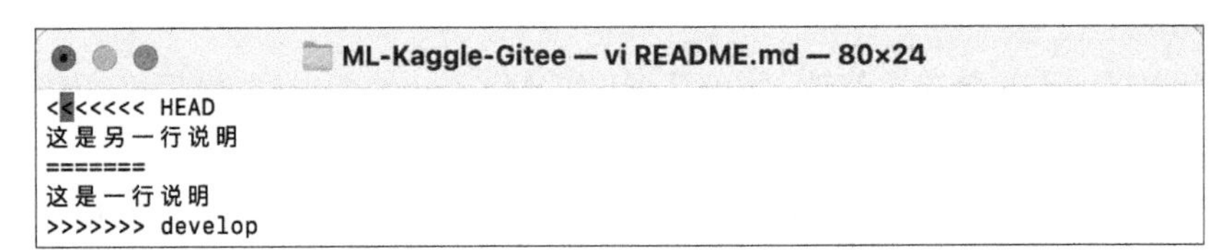

图 9.16　出现冲突的 README.md 文件内容

这时，我们需要在 master 分支上修改 README.md 文件，并且根据 Git 工具标示的冲突位置给出最终的统一修改。如图 9.17 所示，当删除了冲突的内容并统一修改之后，就可以自动合并两个分支，并推送到远端的 master 分支。

```
(base) michael_fan@michael-fandeMacBook-Air ML-Kaggle-Gitee % git merge develop
error: Merging is not possible because you have unmerged files.
hint: Fix them up in the work tree, and then use 'git add/rm <file>'
hint: as appropriate to mark resolution and make a commit.
fatal: Exiting because of an unresolved conflict.
(base) michael_fan@michael-fandeMacBook-Air ML-Kaggle-Gitee % vi README.md
(base) michael_fan@michael-fandeMacBook-Air ML-Kaggle-Gitee % git commit -a
[master d879cf6] Merge branch 'develop'
(base) michael_fan@michael-fandeMacBook-Air ML-Kaggle-Gitee % git push
Enumerating objects: 10, done.
Counting objects: 100% (10/10), done.
Delta compression using up to 8 threads
Compressing objects: 100% (4/4), done.
Writing objects: 100% (6/6), 537 bytes | 537.00 KiB/s, done.
Total 6 (delta 2), reused 0 (delta 0), pack-reused 0
remote: Powered by GITEE.COM [GNK-6.1]
To https://gitee.com/godfanmiao/ML-Kaggle-Gitee.git
   49646c0..d879cf6  master -> master
(base) michael_fan@michael-fandeMacBook-Air ML-Kaggle-Gitee %
```

图 9.17 修改冲突后，master 自动合并 develop 剩余的修改，并可以推送到远端 master 分支

9.4.4 删除分支

许多大型公司的项目有大量迭代和并发开发的需求，因此会在项目中创建大量的分支。但是，为了项目维护的便利性，我们需要经常删除已经结项的临时分支。如图 9.18

```
(base) michael_fan@michael-fandeMacBook-Air ML-Kaggle-Gitee % git checkout maste
r
Switched to branch 'master'
Your branch is up to date with 'origin/master'.
(base) michael_fan@michael-fandeMacBook-Air ML-Kaggle-Gitee % git branch -d deve
lop
Deleted branch develop (was 020b619).
(base) michael_fan@michael-fandeMacBook-Air ML-Kaggle-Gitee % git push origin -d
elete develop
error: did you mean `--delete` (with two dashes)?
(base) michael_fan@michael-fandeMacBook-Air ML-Kaggle-Gitee % git push origin --
delete develop
remote: Powered by GITEE.COM [GNK-6.1]
To https://gitee.com/godfanmiao/ML-Kaggle-Gitee.git
 - [deleted]         develop
(base) michael_fan@michael-fandeMacBook-Air ML-Kaggle-Gitee % git branch
* master
(base) michael_fan@michael-fandeMacBook-Air ML-Kaggle-Gitee % git branch -r
  origin/HEAD -> origin/master
  origin/master
(base) michael_fan@michael-fandeMacBook-Air ML-Kaggle-Gitee %
```

图 9.18 在 Gitee 开源项目 ML-Kaggle-Gitee 的本地与远端同时删除 develop 分支

所示，使用指令 git branch -d develop 即可在本地删除 develop 分支，然后使用指令 git push origin --delete develop 即可删除远端 develop 分支。使用 git branch 与 git branch -r 指令查验本地与远端分支可以发现，该项目本地和远端均只剩下 master 单分支。

9.5 贡献 Git 项目

9.3 节和 9.4 节分别介绍了作为项目管理者和核心团队成员，如何使用基本的 Git 指令和分支管理特性，在 Gitee 中高效管理本书的开源项目。但是，对于一个更加大型的项目而言（如 Linux 开发项目），需要汇集全球开发者的智慧。这些开发者也许不能够像核心团队成员一样频繁地改进项目，但也许会发现一些关键性的 bug 并贡献自己的修复补丁。

本节将继续以 Gitee 为例，使用另一个账号 michael-fanmiao 向各位读者介绍作为本书开源代码项目的外部贡献者，如何使用 Git 的拉取请求（Pull Request），在项目的 bug-fix 分支上勘误本书第 1 章至第 8 章的全部实践代码和数据。

9.5.1 Fork 项目

首先，作为项目的外部贡献者，需要使用自己的 Gitee 账号，这里以账号 michael-fanmiao 为例，对 godfanmiao/ML-Kaggle-Gitee 采取 Fork 操作，如图 9.19 所示。随后，

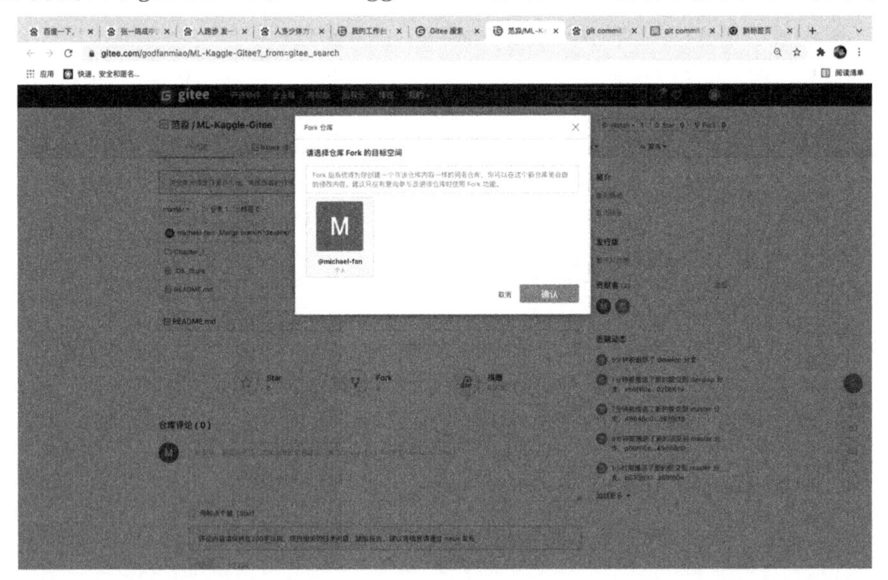

图 9.19　在 Gitee 的 michael-fanmiao 账号下，对 godfanmiao 的开源项目 ML-Kaggle-Gitee 进行 Fork 操作

在自己的 Gitee 空间下就有了一个该项目最新的克隆版本。

9.5.2　本地克隆、修改与推送

用户 michael-fanmiao 目前已经拥有了对自己代码空间中项目的处置权。

任何有意愿提交勘误代码的读者，都可以先将自己代码空间中 Fork 的 ML-Kaggle-Gitee 项目克隆到本地。以用户 michael-fanmiao 为例，如图 9.20 所示，然后确认修改的代码。最后，使用指令 git push origin master:bug-fix 将本地 master 分支的修改推送至远程的 bug-fix 分支。

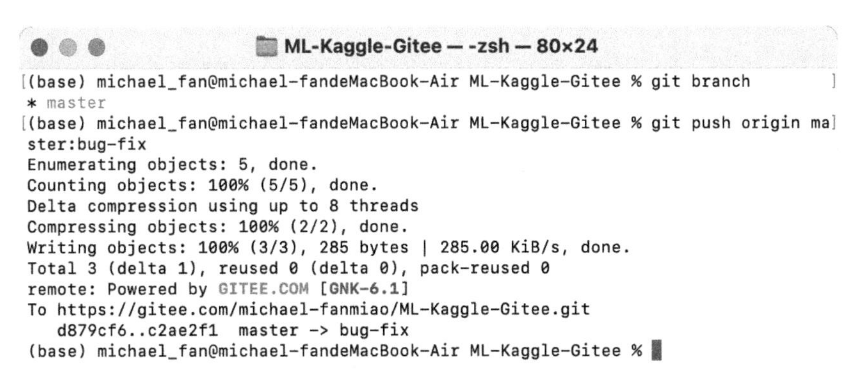

图 9.20　在 Gitee 的 michael-fanmiao 账号下，将 forked 的项目克隆到本地；然后，将本地 master 分支的修改推送至远端的 bug-fix 分支上

9.5.3　发起拉取请求

如果项目管理者 godfanmiao/ML-Kaggle-Gitee 的项目没有特别的修改，贡献者 michael-fanmiao 可以借助 Gitee 的图形化界面发起拉取请求，如图 9.21 所示。发起拉取请求时，务必要将各项信息填写详细。

如图 9.22 所示，在贡献者 michael-fanmiao 提交了拉取请求之后，项目管理者 godfanmiao 会接收到请求并负责对本次请求进行审查和测试。如果贡献者的修改内容同时通过了审查和测试，那么项目管理者 godfanmiao 将有权发起合入，这样 michael-fanmiao 便成功地对本书的开源项目做出了一次重要的更新，同时 Gitee 也会自动记录下这次贡献。

图 9.21　michael-fanmiao/ML-Kaggle-Gitee 的 bug-fix 分支向 godfanmiao/ML-Kaggle-Gitee 的 bug-fix 分支发起拉取请求

图 9.22　项目管理者 godfanmiao 接收到外部贡献者 michael-fanmiao 的拉取请求，并负责对本次拉取请求进行审查和测试

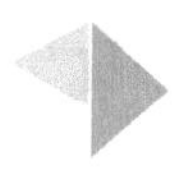

9.6 章末小结

Git 分布式版本控制系统的出现彻底颠覆了原有代码管理的组织模式。一旦使用 Git，我们便不再依赖唯一的、集中式的版本库。Git 让每个开发者在本地都拥有一份完整的本地版本库，这份本地版本库来自 GitHub 或者 Gitee 托管的共享版本库。使用 Git 做版本控制，主要有项目管理者、核心团队开发成员、项目贡献者 3 种关键角色。因此，本章以 Git 作为代码管理工具，分别介绍了这 3 种关键角色的主要职责。

后 记

时隔多年，笔者终于可以利用不多的闲暇时间将这本书的最新版付梓。当我校验完这本书最后一段文字和最后一行代码之后，终于稍稍松了一口气。虽然名义上这本书是对上一版本的补充，但是细心的读者经过认真比对之后就会发现：本书前后两个版本，不论是从整体的篇幅，还是从内容的丰富程度上相比都相差很大。一方面，这说明了机器学习相关领域发展之迅猛；另一方面，本书的不断完善也见证了我自身在这个领域的积累与成长。

自本书的第 1 版发行之后，我非常欣喜地发现后续有大量国内外类似的书籍接连问世，话题也涉及 pandas、Scikit-learn、TensorFlow、PyTorch、PaddlePaddle，以及 PySpark-ML 等工具和平台的方方面面。这给了我很大的信心，也让我能够博采众家之长来更新后续的版本；也间接地印证了我多年前对行业开源工具和平台选择的正确判断。

本书（下称 2022 年度版）的改版与其说是对上一版书籍的补充，不如说是一场增量式的变革。首先，2022 年度版增加了大量的篇幅，来分享深度学习与分布式机器学习相关的实践案例，这契合当下学术界和产业界的共同需求。其次，笔者也并没有放弃对于传统机器学习模型的深入探讨和实践，有以下 3 方面原因。

（1）尽管现在有很多新上线的公开课程或者读物直接讲授有关深度学习方面的知识，但是许多初学者始终不理解，为什么我们现在要追捧深度学习？为什么深度神经网络会在很多机器学习的任务上表现卓越。这是因为，很多新人没有使用传统机器学习模型的机会和经验，自然也就少了很多更深的体悟。

（2）笔者在业界经常会作为面试官，对初出茅庐的优秀博士、硕士毕业生进行评估。除了要求他们当场手写代码以外，我也会经常考察他们对于项目的整体把控能力，特别是对于基本的特征工程、模型设计、模型选择和验证，以及项目最终交付的规划。而这些知识其实在机器学习课程也涉及很多，且比较详细。事实上，产业界一直没有完全抛弃传统的机器学习方法。

（3）这几年笔者经常参加学术界的各个重要国际会议，诸如 IJCAI、AAAI、ICML、NIPS、CVPR、ACL、INTERSPEECH、KDD、WWW、SIGIR 等。我惊讶地发现，学术研究越来越年轻化，有许多本科还没有毕业的学生就做出了十分出色的研究成果，这是非常可喜的。然而，深入交谈之后才发现，许多学生的研究思路并不是自己的，对于自己发表的研究成果也是知其然而不知其所以然。如同武侠小说里经常描述的一些角色人物，外家招式要得十分了得，但是却没有丝毫的内劲。

所以，我坚定地认为夯实根基才是最重要的。作为一个从 2009 年就开始涉猎人工智能领域的从业人员，我被这个领域的许多知名人物教导过、面试过，也有幸认识了这个行业中许多的杰出人才。总结下来，笔者个人非常看重 4 方面能力的提升，分别是优秀的算法编程能力、扎实的数据分析能力、出色的机器学习模型应用能力，以及熟练的分布式数据处理能力。这些能力也构成了本书的脉络核心，我希望本书能够对广大读者朋友培养上述能力起到抛砖引玉的作用。

因能力所限，书中定有不足之处，还望各位读者批评指正，及时勘误。本书的勘误可以从上述 Gitee 或者 GitHub 的链接中找到。也随时欢迎大家关注我的新浪微博 https://weibo.com/fanmiaothu，或者发电子邮件到 fanmiao.cslt.thu@gmail.com 与我讨论。

最后，再次感谢您购阅《Python 机器学习及实践：从零开始通往 Kaggle 竞赛之路（2022 年度版）》。借史蒂夫·乔布斯的一句名言，作为全书的收尾：求知若饥、虚心若愚（Stay Hungry，Stay Foolish）。希望在今后的人生道路上，能与读者们继续共勉。

范淼

2022 年 1 月

本书源程序